El futuro de la energía en 100 preguntas

El futuro de la energía en 100 preguntas

Pedro Fresco

Colección: 100 preguntas esenciales
www.100Preguntas.com
www.nowtilus.com

Título: *El futuro de la energía en 100 preguntas*
Autor: © Pedro Fresco
Director de la colección: Luis E. Íñigo Fernández

Copyright de la presente edición: © 2018 Ediciones Nowtilus, S.L.
Camino de los Vinateros 40, local 90, 28030 Madrid
www.nowtilus.com

Elaboración de textos: Santos Rodríguez

Diseño de cubierta: NEMO Edición y Comunicación

Cualquier forma de reproducción, distribución, comunicación pública o transformación de esta obra solo puede ser realizada con la autorización de sus titulares, salvo excepción prevista por la ley. Diríjase a CEDRO (Centro Español de Derechos Reprográficos) si necesita fotocopiar o escanear algún fragmento de esta obra (www.conlicencia.com; 91 702 19 70 / 93 272 04 47).

ISBN Papel: 978-84-9967-970-9
ISBN Impresión bajo demanda: 978-84-9967-971-6
ISBN Digital: 978-84-9967-972-3
Fecha de publicación: octubre 2018

Impreso en España
Imprime:
Depósito legal: M-29163-2018

A Olivia, para que entienda mejor
el futuro, su presente

Índice

Prólogo 15

I. La energía en el mundo

1. ¿Qué es la energía? 19
2. ¿Se usaban combustibles fósiles en la Antigüedad? 22
3. ¿Por qué fue el Reino Unido la primera potencia mundial durante el siglo XIX? 25
4. ¿Cuál es el país que más energía consume? 28
5. ¿Cuál es el país que más contamina? 31
6. ¿Cómo se genera la electricidad? 34
7. ¿Qué sucede con la electricidad una vez sale de la central eléctrica? 36
8. ¿Es verdad que la electricidad tiene cada hora un precio distinto? 40
9. ¿Cómo se convierte en petróleo en gasolina? 43
10. ¿Se puede transportar gas natural en un barco? 46
11. ¿Cuánta energía consume una persona en un año? 48
12. ¿Es lo mismo energía renovable que energía limpia? 51

9

II. Las energías fósiles

13. ¿Cómo se originó el carbón? 53
14. ¿Tiene futuro el carbón como fuente de energía? 56
15. ¿Tiene el petróleo siempre la misma composición? ... 60
16. ¿Qué país acumula
    las mayores reservas de petróleo? 63
17. ¿Estamos cerca del *Peak Oil*? 65
18. ¿ Por qué oscilan tanto los precios del petróleo? 68
19. ¿Es el gas natural el combustible fósil
    menos contaminante?... 71
20. ¿Por qué el gas natural es mucho más caro
    en Japón que en Estados Unidos? 74
21. ¿Puede ser el gas natural
    un combustible de transición? 77
22. ¿En qué consiste en *fracking*? 80
23. ¿Cómo funciona una central térmica? 83
24. ¿Por qué las centrales de ciclo combinado
    son más eficientes que las térmicas? 86
25. ¿Cuál es la central térmica más grande del mundo? ... 89
26. ¿Es el cuerpo humano una central térmica? 92

III. La energía nuclear

27. ¿Por qué romper un átomo genera energía? 95
28. ¿Qué es el humo que emite una central nuclear? 99
29. ¿En qué país se utiliza más la energía nuclear? 101
30. ¿Qué peligros tienen para el ser humano
    los residuos radioactivos? 104
31. ¿Cuáles han sido los accidentes
    nucleares más graves de la historia? 107
32. ¿Cuál es la central nuclear
    más grande del mundo? 110
33. ¿Tiene futuro la energía nuclear? 113

IV. Energías hidráulica, eólica y solar

34. ¿Se pueden comparar los costes
 de los distintos tipos de energía? 117
35. ¿Cuántos tipos de centrales hidroeléctricas hay? 121
36. ¿Existen países que generen toda su
 electricidad gracias a centrales hidroeléctricas? 124
37. ¿Es verdad que la central más grande
 del mundo es una central hidroeléctrica? 127
38. ¿Por qué los aerogeneradores tienen tres palas? 129
39. ¿Se pueden instalar aerogeneradores en el mar? 133
40. ¿Es España un país
 de referencia en energía eólica? 136
41. ¿Cuánta superficie puede
 ocupar un parque eólico? 139
42. ¿Podríamos cubrir todas nuestras necesidades
 energéticas con la energía del sol? 141
43. ¿Puede una planta solar
 generar energía de noche? 144
44. ¿Cómo genera electricidad
 una placa fotovoltaica? 148
45. ¿Qué implantación tiene
 la energía solar fotovoltaica en el mundo? 152
46. ¿En qué partes del mundo
 es más interesante instalar energía solar? 155
47. ¿Dónde está la planta fotovoltaica
 más grande del mundo? 159

V. Energías geotérmica, marina y biomasa

48. ¿Qué usos tiene la energía geotérmica? 163
49. ¿Qué relación existe entre
 la energía geotérmica y la tectónica de placas? 167
50. ¿Se puede extraer energía del mar? 171
51. ¿Está desarrollada
 la energía marina en el mundo? 174

11

52. ¿Se puede generar electricidad
    con huesos de aceituna? 177
53. ¿Cuáles son los principales biocombustibles? 180
54. ¿Se puede obtener energía de la basura? 183
55. ¿La biomasa es realmente neutra
    en emisiones de CO_2? 187
56. ¿Es verdad que las energías renovables
    generan más empleo que las tradicionales? 189

VI. El cambio climático

57. ¿Por qué se está calentando la tierra? 193
58. ¿Desde cuándo se sabe que
    las emisiones de CO_2 provocan
    el calentamiento del planeta? 196
59. ¿Hasta cuántos grados se podría calentar la tierra? ... 200
60. ¿Qué consecuencias para el ser humano
    tendría el cambio climático? 203
61. ¿Existen dudas razonables
    sobre el cambio climático? 207
62. ¿Por qué es tan importante
    el acuerdo de París? 211
63. ¿Cómo afecta el acuerdo de París
    al futuro de la energía? 214
64. ¿Cómo funcionan los sistemas
    de comercio de emisiones de CO_2? 217
65. ¿Cuáles son las acciones individuales
    más efectivas para combatir el cambio climático? ... 220
66. ¿Se puede consumir electricidad verde? 223

VII. Hacia un mix eléctrico 100 % renovable

67. ¿Cuáles son las principales dificultades
    para que toda la electricidad sea renovable? 227
68. ¿Qué mecanismos existen
    para almacenar energía? 230

69. ¿Por qué han sido tan revolucionarias
 las baterías de litio? 234
70. ¿Hay alternativas a las baterías de litio? 237
71. ¿Hay países que generen toda su
 electricidad mediante fuentes renovables? 240
72. ¿Podría América Latina desarrollar
 un mix eléctrico completamente renovable? 243
73. ¿Existe una revolución energética
 en marcha en China e India? 246
74. ¿En qué consiste
 el autoconsumo de electricidad? 250
75. ¿Qué mecanismos existen
 para desarrollar las energías renovables? 254
76. ¿Cuánta electricidad consume internet? 257

VIII. La movilidad sostenible

77. ¿Cómo funciona un motor de combustión? 261
78. ¿Qué vehículo contamina más,
 un diésel o un gasolina? 264
79. ¿Qué ventajas tienen los vehículos
 que funcionan con gas? 268
80. ¿Cómo pueden los coches híbridos
 producir electricidad al frenar? 271
81. ¿Por qué no se desarrolló antes
 el vehículo eléctrico? 274
82. ¿Puede ser el vehículo eléctrico
 una fuente de ingresos? 277
83. ¿Hay suficiente litio en el mundo
 para que todos los coches sean eléctricos? 281
84. ¿Tienen futuro los vehículos
 que funcionan con hidrógeno? 283

13

IX. La eficiencia energética
85. ¿Por qué es tan importante la eficiencia energética? 287
86. ¿Por qué consume tan poca electricidad
   una bombilla LED? 290
87. ¿En qué situaciones merece
   la pena cambiar la iluminación a LED? 294
88. ¿Cuál es el sistema de climatización
   que menos energía consume? 298
89. ¿Se puede conseguir que una casa
   no necesite climatización? 302
90. ¿Cuál es la cogeneración más famosa
   del mundo (y que ignoramos que lo es)? 305
91. ¿Qué medidas de eficiencia energética
   se realizan en el sector industrial? 308
92. ¿Contribuye el reciclaje al ahorro energético? 311

X. Más allá del futuro
93. ¿Por qué hay tantas esperanzas
   en la fusión nuclear? 315
94. ¿Qué se está haciendo
   para conseguir la fusión nuclear? 318
95. ¿Puede ser la fusión nuclear
   la energía del futuro? 321
96. ¿Llegaremos a ver un mundo
   movido por hidrógeno? 324
97. ¿Cuáles serán las baterías del futuro? 328
98. ¿Se podrá eliminar el CO_2 del aire? 331
99. ¿Es el decrecimiento la única
   solución para el planeta? 334
100. ¿Llegaremos a ver un mundo
   donde la energía sea 100% renovable? 337

Glosario de términos 341
Bibliografía 345

Prólogo

Parece más que evidente que, si queremos un futuro energético sostenible, el actual modelo energético es inviable. La humanidad se enfrenta al que posiblemente es el reto común más importante al que nos hemos enfrentado nunca, un cambio climático que amenaza con alterar enormemente nuestros ecosistemas y nuestras estructuras sociales, y una de las acciones clave para poder mitigarlo es la generalización del uso de fuentes de energía renovables. Cuando comencé mi carrera investigadora a finales de los años 70 del siglo pasado en el campo de la física de los semiconductores, las energías renovables eran una curiosidad científica con muy escasas aplicaciones comerciales. Durante la realización de mi Tesis Doctoral, dedique varios años al estudio de las propiedades de un semiconductor, el CdS y en años posteriores, a las del CuGaInSe$_2$. Hoy en día, esos materiales forman parte de células solares que han alcanzado un notable éxito comercial, lo cual ni en el mejor de mis sueños podía imaginar que llegara a suceder.

Con el paso de los años, gracias a la continua investigación y el esfuerzo inversor de organismos públicos y privados, las energías renovables mejoraron y se hicieron más eficientes y competitivas hasta el punto de poder rivalizar con las fuentes de energía tradicionales. Por poner un ejemplo de esta evolución:

15

PRÓLOGO

el precio del vatio fotovoltaico a finales de los 70 estaba por encima de los 70 dólares mientras que a mediados de la década del 2010 su coste ya había caído por debajo de los 30 centavos de dólar, lo que ha implicado un abaratamiento extremo de la electricidad generada por esta fuente de energía. Energías como la eólica o la solar fotovoltaica ya son plenamente competitivas, no necesitan ni ayudas ni subsidios en gran parte de los países y sus costes todavía se reducirán más en los próximos años.

Otras energías renovables como la termosolar o la marina aún no han alcanzado ese grado de madurez, pero si siguen una curva de aprendizaje parecido al de la eólica y la fotovoltaica lo serán en unos años. Sin embargo, las energías renovables no están exentas de problemas. El principal inconveniente de algunas fuentes energéticas modernas como la eólica o la solar es su intermitencia, lo que las hace poco previsibles y no permite que puedan satisfacer las necesidades energéticas de nuestra sociedad por sí mismas. Desarrollar sistemas de almacenamiento adecuados y a gran escala es necesario para poder aumentar el valor de este tipo de energías y su desarrollo será uno de los grandes retos del futuro.

Hoy en día estamos en un proceso de transición energética que no tiene vuelta atrás. No por casualidad, el expresidente de los Estados Unidos de América, Barak Obama, publicó el 9 de enero de 2017, un artículo en la prestigiosa revista *Science*, con el llamativo título *The irreversible momentum of clean energy*. (B. Obama, Science, 10.1126/science.aam6284 [2017]).

La mayoría de potencias mundiales están haciendo un enorme esfuerzo inversor para propiciar esta transición que, sin embargo, no está exenta de dificultades. La principal de ellas es que estamos aún en un punto muy incipiente del camino, pues los combustibles fósiles todavía satisfacen el 85 % del mix energético mundial. Por muy rápido que sea este proceso tardaremos décadas en completar esta transición. De hecho, el principal debate político y técnico que existe en este terreno no es si se debe acometer esta transición energética, algo que casi todo el mundo da por descontado, sino la velocidad de la misma. Las grandes empresas multinacionales, desde compañías petroleras hasta la industria automovilística, ya han comenzado a adaptarse al cambio y están trabajando en campos como las energías renovables o la movilidad eléctrica, pero todavía existe una inercia y unos intereses consolidados que generan discrepancia sobre la velocidad y la profundidad de este cambio.

En este libro, Pedro aborda esta problemática haciendo un repaso al pasado, presente y posible futuro de la energía con un estilo divulgativo, ameno y enormemente didáctico, tan familiar para mí desde los tiempos en que compartíamos tribuna en una de las secciones del diario Público. La temática y el formato es otro, pero la claridad expositiva es la misma. Además, el libro contiene una cantidad de datos completamente actualizados verdaderamente asombrosa y será de extraordinaria utilidad a quienes tengan interés en esta temática, de tanta actualidad en este momento. Por todas estas razones, el libro podrá ser leído sin dificultad por un amplio abanico de lectores.

La estructura del libro ayuda al lector no especialista a familiarizarse con la naturaleza y problemática de las principales fuentes de energía antes de abordar el apasionante reto de la transición energética y de sumergirse en el futuro a medio y largo plazo, con la obvia dificultad que tiene esta tarea. Se aborda una amplia cantidad de temas en un espacio relativamente corto, lo que supone un gran esfuerzo de síntesis que probablemente dejará al lector con ganas de ampliar conocimientos en los temas que le resulten más atractivos. Si lo consigue, si el lector se queda con esas ansias de conocimiento, entonces el libro habrá cumplido su principal objetivo.

Deseo a Pedro un gran éxito con este libro tan interesante y que aporta tanto al debate presente. Y a los lectores desearles que se apasionen con este futuro de la energía, que tantos y tan importantes retos plantea y en el que todos nos jugamos tanto.

Ignacio Martil
Doctor en física y catedrático de electrónica en la
Universidad Complutense de Madrid

La energía en el mundo

1
¿Qué es la energía?

En física se define energía como la capacidad que tiene un objeto para realizar trabajo, entendiendo trabajo también como concepto físico, es decir, como una fuerza que es capaz de generar movimiento en un cuerpo. Podríamos decir, por tanto, que la energía sería la capacidad que tienen los cuerpos para poder generar movimiento en sí mismos o en otros cuerpos. Esta definición es coherente con el origen etimológico del término energía, proveniente del griego *enérgeia* que podría traducirse como 'capacidad para realizar acción'. Así es, la energía produce acción, cambios en otros cuerpos y lo hace de distintas formas como movimiento, como calor, emitiendo luz, etcétera.

Todas estas formas son consecuencias de las distintas maneras como se manifiesta la energía en la naturaleza. Simplificando un poco, podríamos dividir la energía en seis tipos principales:

- Energía mecánica: Es la suma de la energía cinética, que es la energía que posee un cuerpo por estar en movimiento, y la energía potencial, que es la energía que tiene un cuerpo por estar situado dentro de un campo de fuerzas

y que en la Tierra está asociada a la distancia que tiene un cuerpo respecto al centro gravitatorio de la Tierra. A más velocidad más energía cinética tiene un cuerpo y a mayor altura respecto al suelo, mayor energía potencial contiene.
- Energía térmica: Es la energía relacionada con el calor que poseen los cuerpos, reflejo del movimiento de las partículas en su interior. Se transmite en forma de calor.
- Energía química: Es la energía interna que tienen los cuerpos a causa de la interacción entre los átomos y moléculas que lo componen. Se expresa a través de las reacciones químicas.
- Energía eléctrica: Es aquella que se basa en la atracción o repulsión de algunas partículas de la materia. Se expresa mediante el flujo de electrones que se da entre dos puntos con diferencia de potencial eléctrico, lo que se conoce como corriente eléctrica.
- Energía radiante: Es la energía que poseen las ondas electromagnéticas como pueden ser la luz o las microondas. Todos los cuerpos emiten radiación electromagnética siempre que estén a más temperatura del cero absoluto.
- Energía nuclear: Es la energía que se produce cuando los núcleos de los átomos se rompen o se unen.

Si analizamos las distintas formas como se manifiesta la energía nos percataremos de que todo lo que nos rodea posee energía. Al fin y al cabo, toda la materia conocida está a más temperatura que el cero absoluto, está compuesta de moléculas y átomos, y está sometida a campos de fuerza. De hecho, todos los cuerpos, solo por el hecho de tener masa, ya tienen energía. La cuestión es que esta energía subyacente no es más que una característica inherente que no sabemos transformar en trabajo, que es realmente lo que nos interesa desde el punto de vista humano.

La etimología de la palabra y las formas como se expresa nos permite entender el concepto de energía aplicado a la sociedad humana en su vertiente económica y tecnológica, que es la que nos interesa en este libro. La energía es lo que nos permite accionar cosas, bien en forma de movimiento (hacer funcionar un motor, por ejemplo), bien en forma de calor (encender la calefacción), o bien en forma de luz (iluminar una estancia). Estos son básicamente los usos que demandamos como sociedad y por eso necesitamos fuentes de energía que cubran nuestras necesidades.

La unidad con la que se mide la energía en el sistema internacional es el joule o julio (J) que matemáticamente representa la cantidad de trabajo realizado por una fuerza de un newton durante un metro. Sin embargo, el joule es una magnitud demasiado pequeña para analizar la energía desde el punto de vista industrial y social, pues un joule es más o menos la energía que libera una persona en reposo durante una centésima de segundo. Si comparamos eso con la energía que puede ofrecer una corriente eléctrica o un motor alimentado con gasolina veremos que es una cantidad ridículamente pequeña. En cambio, sí se suelen usar algunos de los múltiplos del joule sobre todo cuando se habla de energía térmica, como el megajoule (MJ), que como su nombre indica representa un millón de joules, aunque los anglosajones también usan una unidad que se llama British Thermal Unit (BTU) que equivale a algo más de 1055 joules.

En cualquier caso, es más habitual el uso de otras unidades dentro de la gran variedad que tenemos para definir la energía. Cuando hablamos de energía eléctrica normalmente usamos el kilovatio hora (kWh) para cuantificar la energía, unidad que equivale aproximadamente a 3 600 000 joules. Un ejercicio mental simple para intentar interiorizar la unidad es pensar que un kWh es la energía necesaria para iluminar una de esas antiguas bombillas incandescentes de 100W durante 10 horas. Cuando hablamos de electricidad, también tenemos que hacer referencia a la potencia eléctrica que se mide en vatios (W) o sus múltiplos. La potencia representa la cantidad de energía generada o absorbida en un instante determinado. Por ejemplo, y siguiendo el ejemplo anterior de la bombilla de 100 W, si esta funciona durante una hora tendremos un consumo de 100 Wh (0,1 kWh), si funciona durante 10 horas consumirá 1 kWh y si funciona durante mil horas gastará 100 kWh. Por decirlo de otro modo, la potencia nos indica la capacidad de generar o consumir energía.

No obstante, cuando hablamos de energía en general y en grandes cantidades se suele usar la tonelada equivalente de petróleo (tep) que como su nombre indica representa la cantidad de energía que contiene una tonelada de petróleo y equivale 11 630 kWh. También existe como unidad la tonelada equivalente de carbón (tec) que equivale a 8138,90 kWh. Y gracias a conocer estas unidades ya hemos visto un dato interesante en el que repararemos más adelante: el petróleo tiene más densidad energética que el carbón.

21

2
¿Se usaban combustibles fósiles en la Antigüedad?

Los seres humanos hemos estado usando la energía de los recursos naturales desde el descubrimiento del fuego, que por lo que sabemos sucedió hace al menos 790.000 años. El fuego permitió a los hombres prehistóricos recibir energía en forma de luz y de calor, lo que les facilitó cambios en su estilo de vida. Pudieron comenzar a moverse de noche, el fuego permitía mantener alejados a ciertos depredadores y, sobre todo, permitió cocinar los alimentos, lo que aumentó la esperanza de vida de la especie y probablemente también facilitó el aumento de la masa encefálica. Más adelante, durante el neolítico, el fuego permitió que se comenzasen a fabricar piezas de cerámica y en la edad de los metales se pudieron moldear estos para crear todo tipo de herramientas. Probablemente, si hubiésemos preguntado a estas personas qué energía estaban usando nos hubiesen dicho que usaban el fuego, pero realmente la fuente de energía que estaban usando era la madera o la paja, es decir, usaban biomasa. El fuego no es más que el conjunto de partículas incandescentes que se producen en la reacción de oxidación de la materia orgánica. Pura química.

Los hombres también han estado transformando la energía cinética de las corrientes de agua y del viento desde la Antigüedad. Ya en el siglo III a. C. se tiene constancia del uso de ruedas de noria para canalizar agua usando la propia energía mecánica de los ríos. Desde el siglo I a.C. se conoce la existencia de molinos de agua que se usaban para moler grano aprovechando la corriente del río para hacer girar una piedra de molino encargada del molido. Los molinos de agua fueron muy habituales en la Edad Media y Moderna, y todavía se pueden ver antiguos molinos de agua en buen estado en algunos sitios como en el Principado de Asturias en España. El uso de la energía del viento es todavía más antiguo. Desde hace más de 5000 años se usa esta energía para la navegación en el antiguo Egipto que es donde se tienen constancia de la existencia de las primeras embarcaciones a vela. Mucho más tarde, en el siglo VII d. C., nos encontramos con los primeros molinos de viento en la actual Afganistán que usaban la energía cinética del viento con un funcionamiento y objetivos básicamente similares a los molinos de agua.

Más complicado resulta hablar del uso de la energía solar o por lo menos de su transformación, puesto que la recepción de la energía del sol de forma pasiva es indispensable para la vida pero no representa realmente ningún uso tecnológico de la misma. Quizá la referencia más clara de la manipulación de la energía solar en la Antigüedad es la leyenda del rayo de calor de Arquímedes. Cuenta la leyenda que Arquímedes creó un gran espejo cóncavo que podía concentrar la luz del sol en un punto concreto a larga distancia. Gracias a este artilugio se supone que consiguió incendiar la flota romana que asediaba Siracusa. La leyenda se suele considerar falsa pero lo cierto es que se ha relatado al menos desde el siglo II d. C., lo que demuestra que al menos sí se conocían las posibilidades teóricas del uso de la energía del sol, de hecho, este artilugio tiene los mismos fundamentos que los de las modernas cocinas solares parabólicas y parecidos a los de las centrales termosolares de concentración.

A pesar de que se suele creer que el carbón no fue usado por el hombre hasta la revolución industrial, esto realmente no fue así. Sobre el año 1000 a. C. en China se comenzó a usar carbón vegetal para alimentar los hornos de función del cobre y posteriormente también lo usaron los romanos. El carbón era más calorífico que la madera y permitía alcanzar temperaturas más altas, lo que facilitaba el manejo de los metales en fundición. De hecho, se considera que la metalurgia del hierro se desarrolló gracias al carbón vegetal.

La fabricación de carbón vegetal a partir de la madera se consigue mediante un proceso de carbonización relativamente simple. Primero se seca la madera y luego se somete a un proceso de pirólisis (calentamiento sin oxígeno) a aproximadamente 300 °C. Al no tener oxígeno la madera no se quema y convierte en ceniza, sino que se descompone químicamente y se convierte en carbón. Desde la Antigüedad esta transformación la hacían personas específicas, los carboneros. Para fabricar el carbón se dirigían al monte y buscaban una superficie despejada. Con troncos y ramas fabricaban una especie de chimenea con forma de cono y abierta por arriba que iban creando por capas y que al final cubrían con hojas y tierra, la llamada carbonera. Cuando estaba acabada, introducían una brasa por el orificio superior y tapaban el agujero para provocar la pirólisis en el centro de la base del cono. Durante varios días se alimentaba el fuego varias veces al día hasta que el carbón se había formado y entonces tapaban todos los agujeros de la carbonera y la dejaban apagar durante

23

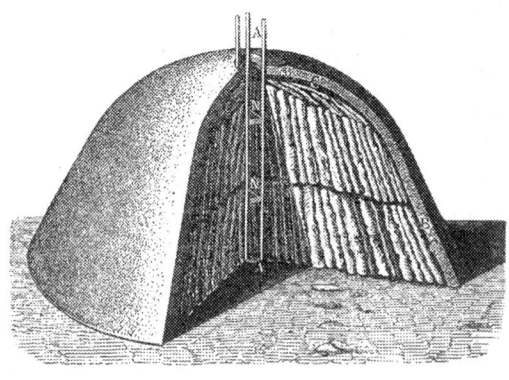

Imagen típica de una carbonera mostrada en sus distintas capas, con los troncos apilados y un orificio en forma de chimenea para poder introducir las brasas

varios días más. Los carboneros vivían en chozas improvisadas cerca de las carboneras, ya que debían controlar la reacción y alimentar el fuego, y muchas veces morían al caerles la pila ardiente encima. Este proceso fue muy habitual durante toda la Edad Media y Moderna. Aún hoy se utiliza en muchos países del mundo, aunque en hornos algo más sofisticados y menos peligrosos.

El carbón vegetal encontró un duro competidor durante la Edad Media. Se estima que desde el siglo XI ya se usaba de forma puntual el carbón mineral o carbón de piedra, como se llamaba entonces, que se extraía en algunas minas a cielo abierto en Inglaterra. Desde el siglo XV se tiene constancia de que este carbón se exportaba a Francia y Holanda, así que su uso es previo a la Revolución Industrial.

Más antiguo aún es el uso del petróleo y el gas natural, usados desde la Antigüedad. Aunque el petróleo se conoce desde más o menos el año 3000 a. C., los primeros que lo utilizaron como fuente de energía parece que fueron los chinos, sobre el año 350 a. C. Perforaban la tierra con cañas de bambú para extraer el petróleo y luego lo canalizaban hacia las salinas para quemarlo allí y evaporar la salmuera a fin de conseguir sal. Exactamente lo mismo hacían con el gas natural que aparecía en las mismas perforaciones y también sabían que podían quemar. El petróleo también se usaba como fuente de energía en la antigua Roma, al menos desde el siglo I, donde se quemaba en lucernas (pequeñas lámparas para iluminación que tenían la forma de la lámpara de Aladino) que sustituyó al aceite de oliva, que era el combustible tradicional de estas lámparas.

3

¿POR QUÉ FUE EL REINO UNIDO LA PRIMERA POTENCIA MUNDIAL DURANTE SIGLO XIX?

El comienzo del uso masivo de la energía en nuestra sociedad se produjo con el inicio de la Primera Revolución Industrial en Gran Bretaña a finales del siglo XVIII. El invento más importante del período fue la máquina de vapor, invento generalmente atribuido a James Watt, pero que, en realidad, fue un invento anterior que Watt mejoró e hizo económicamente viable. Máquinas de vapor anteriores a la de Watt ya se usaban en las minas de la Inglaterra del siglo XVII para bombear agua, y el uso del vapor de agua para generar movimiento se conoce desde la Antigüedad, tal y como dejó escrito Herón de Alejandría en el siglo I d. C.

Una máquina de vapor es básicamente un motor que convierte el calor en trabajo gracias a la presión que produce el vapor del agua sobre un pistón. El vapor de agua se genera en un recipiente cerrado y, cuando alcanza la presión suficiente, empuja un pistón hacia arriba el cual acciona una serie de mecanismos que acaban transfiriendo el movimiento hacia la función que se desea realizar. La máquina de vapor se adaptó a sectores como la fabricación textil, la minería o la fabricación de papel, y también fue la que permitió la expansión del ferrocarril.

Que la invención de la máquina de vapor se hiciese en el Reino Unido estuvo probablemente condicionado por el uso que ya se hacía en aquel país del carbón mineral, pues se usaba más o menos desde el siglo XI. El carbón fue, a la vez, fuente de energía para las máquinas de vapor (era con lo que se calentaba el agua para generar vapor) y solución para los problemas de la minería que necesitaba bombear el agua fuera de las minas para poder seguir explotándolas. El Reino Unido fue la potencia dominante en el mundo hasta principios del siglo XX, a la vez que con el período de máximo esplendor del carbón, lo que demuestra hasta qué punto las fuentes de energía han sido clave para confeccionar la geopolítica y la historia del mundo.

El carbón mineral fue la fuente de energía predilecta durante todo el siglo XIX, sin embargo, a mitad de siglo le apareció otro competidor, el petróleo. El primer pozo de petróleo se perforó en Pensilvania en 1859 y en los años siguientes la perforación de pozos creció exponencialmente en los Estados Unidos En principio ese petróleo se destilaba para obtener queroseno, usado en la época para las lámparas de mecha, pero a finales del siglo xix se comenzó a usar otro de los productos de la destilación del petróleo para el funcionamiento de los motores de explosión: la gasolina.

La extracción de petróleo fue un negocio muy lucrativo en los Estados Unidos tanto que se generó el primer trust de la historia, la Standard Oil Company que llegó a dominar el 90 % del mercado del petróleo en los Estados Unidos y enriqueció al que se considera el hombre más acaudalado de todos los tiempos, el empresario John D. Rockefeller. Esta compañía fue desmantelada en 34 compañías distintas por orden del tribunal supremo de los Estados Unidos en 1911, en aplicación de las leyes anti-trust.

El desarrollo del gas natural en Estados Unidos fue paralelo al del petróleo, al obtenerse en los mismos yacimientos. Se usó durante el siglo xix como combustible para iluminación y después de la extensión de la electricidad se usó para calefacción o agua caliente sanitaria. Su desarrollo a nivel mundial fue más tardío que el del petróleo por las dificultades de transporte asociadas a su estado gaseoso. El uso del petróleo superó al del carbón en los Estados Unidos aproximadamente en 1950 y a nivel mundial unos años después. El gas natural también superó al carbón en Estados Unidos en 1958, aunque a nivel mundial todavía se sigue usando más carbón que gas natural. Al igual que en el caso del Reino Unido y el carbón, que el petróleo se desarrollase inicialmente en los Estados Unidos probablemente favoreció su conversión en la superpotencia del siglo xx.

Paralelamente al uso de los combustibles fósiles, el otro gran desarrollo de finales del siglo xix fue la electricidad. Conocida desde la antigüedad, la primera aplicación práctica relevante fue el telégrafo, pero su uso generalizado se produjo en las últimas dos décadas del siglo xix después del invento de la bombilla incandescente por parte de Thomas Edison en 1879, que dejó obsoletas las peligrosas luces de arco eléctrico que se estaban instalando durante la década anterior. Solo tres años después, en 1882, se abrieron las dos primeras centrales eléctricas comerciales de la historia en Londres y Nueva York, centrales que generaban electricidad quemando carbón. Ambas suministraban electricidad en corriente continua, tenían una potencia de alrededor de 100 KW y servían para poco más que dar servicio a unos cientos de luminarias incandescentes, aunque en el caso de la central de Pearl Street en Nueva York, esta también suministraba vapor. Una acabó cerrada 4 años después por ser económicamente inviable y la otra se quemó en 1890.

En pocos años la corriente continua fue desplazada por la corriente alterna, lo que minimizó los costes de energía relacionados con el transporte y permitió que las plantas de generación de electricidad se situasen lejos de los consumidores, lo que facilitó el desarrollo de las plantas hidroeléctricas. Gracias al desarrollo de la turbina de vapor, en poco más dos décadas las centrales eléctricas alcanzaron potencias de 25 000 KW (25 MW). A principios del siglo XX las principales ciudades se electrificaron, tanto a nivel de iluminación como de transporte urbano, básicamente tranvías y ferrocarriles metropolitanos, e incluso comenzaron a circular los primeros coches eléctricos.

A mediados del siglo XX se desplegó la energía nuclear civil. La energía nuclear fue desarrollada con objetivos bélicos pero posteriormente se vio en ella la posibilidad de generar energía para otros usos. El primer uso también fue militar, pero en este caso para propulsar los submarinos que hasta ese momento funcionaban con gasóleo. El motor nuclear permitía que los submarinos no tuviesen que emerger continuamente a coger aire (es necesario aire para que el motor diésel funcione correctamente), no necesitasen repostar y fuesen mucho más grandes. El primer submarino atómico fue el USS *Nautilus* que comenzó a operar en 1954.

Pero el uso fundamental de la energía nuclear fue la generación de electricidad para usos civiles. La primera central nuclear de la historia fue la de Óbninsk, en la antigua URSS, que se puso en marcha en 1954 y funcionó durante 52 años. Durante los años 60 la energía nuclear se expandió, pero su verdadero crecimiento se produjo después de la crisis del petróleo del 73 y duró hasta finales de los años 80. A partir de entonces la cantidad de reactores nucleares activos a nivel mundial prácticamente ha permanecido constante.

Finalmente, las crisis del petróleo de los 70 y el creciente movimiento antinuclear fueron los que catalizaron el interés por las energías alternativas como la eólica y la solar, cuya expansión comenzó en una época muy reciente. La eólica comenzó a expandirse a mediados de los 90 y la solar a mediados de los 2000 con un crecimiento continuo que llega hasta nuestros días y parece que va a seguir produciéndose durante muchos años más.

4
¿Cuál es el país que más energía consume?

Para analizar la cantidad de energía que se consume en el mundo lo primero que debemos tener claro es qué queremos medir exactamente, porque tenemos dos maneras diferentes de medir el consumo de energía. Por un lado, tenemos la energía primaria, que es la energía bruta antes del proceso de conversión de la misma, y, por otro lado, tenemos la energía efectivamente consumida por los consumidores finales. Entre la energía primaria y la energía final consumida hay una diferencia de alrededor de un 30%, que es energía que se pierde en los procesos de transformación de la misma. Esta energía se pierde fundamentalmente en forma de calor en los procesos de generación de energía eléctrica de las centrales térmicas, pero también debido a las pérdidas de electricidad por el transporte a través de la red eléctrica, el refinado de petróleo y otros procesos.

Cuando analizamos cuestiones como el consumo de electricidad de un determinado país o la energía suministrada por una determinada fuente de energía, lo más razonable es usar la energía final consumida, pero si lo que queremos medir es el consumo de recursos la mejor manera de hacerlo es usar la energía primaria, y así se suele hacer cuando se analiza el consumo mundial de energía. Por lo tanto, analizaremos los datos de energía primaria para responder a esta pregunta.

El consumo de energía primaria en el mundo en el año 2016 fue de 13 276 millones de toneladas equivalentes de petróleo (Mtep) o 154 400 teravatios-hora (TWh), con un 1% de crecimiento respecto al año 2015. En este cálculo se excluye la mayoría de la biomasa utilizada para generar calor (como la leña), tan solo se tienen en cuenta las energías comercializables.

La fuente de energía más utilizada fue el petróleo, que representó el 33,25% de esa energía primaria, seguida por el carbón (28,1%), el gas natural (24,15%), la energía hidroeléctrica (6,9%), la nuclear (4,4%) y el resto de renovables (3,2%). Las energías fósiles siguen representando más del 85% de la energía primaria que se consume en el mundo, mientras que las renovables escasamente superan el 10%. Respecto al año 2015 hubo un crecimiento muy importante de las renovables de más del 15% y el comienzo de retroceso en el uso del carbón de casi el 1,5%.

Si miramos el consumo por regiones, fue la región Asia-Pacífico la que más energía consumió con el 42% de la energía mundial consumida, seguida por Europa y Rusia (21,6%), Norteamérica (21%), Oriente Medio (6,75%), América Central y del Sur (5,3%) y finalmente África (3,35%). El aumento respecto a 2015 estuvo concentrado básicamente en el área Asia-Pacífico, habiendo incluso descendido el consumo de energía primaria en el continente americano.

España consumió, en 2016, 135 Mtep de energía primaria (2,9 tep por persona) que representa un consumo un 14% más bajo que en 2007, efecto tanto de la crisis económica como de un aumento de la eficiencia energética en todas sus variantes. España destaca por su relativo alto consumo de energía por fuentes renovables (17,5%), a pesar de que su fuente de energía primaria es, como en la mayoría de países, el petróleo (46,3%), algo fuertemente condicionado por el consumo de combustibles de automoción. El gas natural es mucho más usado que el carbón (18,7% del gas frente a un 7,7% del carbón) y la energía nuclear supone el 9,8% restante del consumo de energía primaria.

América Latina tiene grandes diferencias dependiendo el país. El país que más energía consume es Brasil (297,8 Mtep), que representa un tercio del consumo de la región y tiene un 60% más de consumo que su inmediato seguidor, México (186,5 Mtep), aunque ambos tienen unos consumos per cápita similares (1,43 y 1,46 tep). No obstante, de los países grandes de la región quien tiene más consumo energético per cápita es Venezuela (2,36 tep), seguido de Chile (2,05 tep) y Argentina (2,03 tep).

En determinados países de América Latina la energía hidroeléctrica es una fuente de energía fundamental (como Brasil, en el que más del 29% de la energía primaria proviene de esta fuente, o Colombia, casi el 26%), sin embargo, en otros es casi testimonial (como es el caso México, escasamente el 3,5%). El resto de energías renovables están poco desarrolladas en la región, excepto el Brasil y Chile, donde cubren sobre el 6,3% de la energía primaria. La energía nuclear también está muy poco implantada en América Latina, siendo Argentina el país que más la genera, donde solo cubre algo más del 2% de la energía consumida, valor que en cualquier caso está lejos de valores europeos o norteamericanos.

Los países que más energía primaria consumieron en año 2016 fueron China (3053 Mtep, el 23% mundial) y los Estados Unidos (2273 Mtep, 17,1%), con enorme diferencia respecto a los siguientes, la India (724 Mtep. 5,5%) y Rusia (674 Mtep, 5,1%). China y Estados Unidos consumieron el 40% de la energía primaria mundial, sin embargo, sus consumos per cápita son muy distintos y en ese punto se invierte el orden de consumo. China tenía en 2016 una población 1379 millones de habitantes mientras los Estados Unidos tenían una población de 323 millones de habitantes, por lo que el consumo de energía primaria per cápita de Estados Unidos fue de más de 7 tep por habitante mientras que China tuvo un consumo de 2,2 tep por habitante, menos de la tercera parte. Rusia tuvo un consumo de energía primaria por habitantes de 4,67 tep y la India no llegó a 0,55 tep.

La cantidad de energía primaria consumida por habitante en Estados Unidos es enorme, de hecho, prácticamente duplica al de países como Alemania, Francia o Japón, triplica a los de España o Italia y cuadruplica a los de Chile o Argentina. Estados Unidos es un país altamente despilfarrador de energía, pero a pesar de eso no es el país que tiene el mayor consumo per cápita del mundo. Países petroleros como Trinidad y Tobago, Catar, Bahréin o Kuwait tienen más consumo de energía per cápita que los Estados Unidos y también otro país que *a priori* no se espera entre los mayores consumidores de energía primaria: Islandia.

El motivo por el que Islandia está entre esos países es la existencia de grandes industrias de aluminio que son muy intensivas en el uso de energía y que disparan el consumo per cápita de los escasos 330 000 habitantes del país. Pero lo más curioso es que Islandia tiene una generación de electricidad casi 100% renovable basada en la energía hidroeléctrica y la geotérmica, así que a pesar de ser el primer país del mundo en consumo energético per cápita es uno de los que menos contaminación producen por la generación de esa energía.

Ejemplos como estos son importantes para percatarnos de que las estadísticas en los países pequeños pueden ser equívocas. Tener industrias intensivas en energía en países pequeños dispara el consumo de energía primaria per cápita y no por ello tienen que ser países especialmente despilfarradores de energía. En cambio, estos efectos se diluyen en los países más grandes, en los que el consumo energético per cápita y otras variables sí son reflejo de estas realidades. De hecho, se estima que un hogar medio en

Estados Unidos o Canadá consume entre el doble y el triple de energía que un hogar medio europeo y nueve veces más que un hogar medio chino.

5
¿Cuál es el país que más contamina?

Para responder a esta pregunta hay que hacer antes un pequeño análisis de los tipos de contaminación que existen, porque contaminación no es un concepto único y tenemos varios tipos de «contaminaciones».

Podríamos dividir la contaminación que se produce en la generación de energía en tres grandes bloques. Por un lado, tenemos aquellos contaminantes que provocan el calentamiento de la tierra mediante el efecto invernadero, el principal de ellos, el CO_2, que sin embargo no es tóxico para el ser humano. Por otro lado, tenemos los contaminantes atmosféricos que afectan a la calidad del aire y pueden provocar lluvia ácida y problemas en la salud humana, como los óxidos de nitrógeno (NOx), los óxidos de azufre (SOx), el monóxido de carbono (CO), las partículas en suspensión (PM) o los compuestos orgánicos volátiles (COV). Finalmente tenemos los residuos radioactivos de las centrales nucleares cuya peligrosidad se mantiene en algunos casos durante miles de años. Hay más tipos de impactos ambientales provocados por la generación y uso de energía (vertidos relacionados con el petróleo, impacto en los ecosistemas, etc.) pero por ahora los vamos a obviar.

Comparar estos tipos de contaminaciones es muy complicado ¿Qué contamina más, una tonelada de CO_2, una de NOx o una de residuos radioactivos de alta actividad? Al final estamos comparando impactos muy distintos y una respuesta categórica no es posible. El CO_2, por ejemplo, no fue una preocupación hasta prácticamente los años 80 mientras los residuos nucleares o la contaminación de las ciudades sí lo eran, algo que ha cambiado conforme ha ido aumentando la preocupación por el cambio climático.

La Organización Mundial de la Salud (OMS) calcula que la mala calidad del aire provoca más de tres millones de muertes prematuras al año y que podrían duplicarse para el año 2050. Según algunos estudios el país en el que más muertes prematuras provoca la contaminación atmosférica es China, con 1 357 000 muertes anuales en 2010. Le siguen en segunda posición la India (con 645 000), Pakistán (111 000), Bangladesh (92 000) y Nigeria (89 000).

Los países menos desarrollados y sobre todo aquellos que han sufrido una industrialización rápida son los que más muertes prematuras tienen, pero no son los únicos ni mucho menos. En 6.ª posición está Rusia (67 000 muertes), en 7.ª Estados Unidos (55 000), en la 12.ª Alemania (34 000) y en la 15.ª Japón (25 000). Y estos datos de 2010 están siendo corregidos al alza por nuevos estudios, como uno reciente de la Agencia Europea del Medio Ambiente que duplica la cifra alemana y sitúa también a Italia, Francia o el Reino Unido por encima de las 50 000 muertes prematuras anuales.

No obstante, y probablemente debido a la creciente preocupación por el cambio climático, en los últimos tiempos cuando se habla de países más contaminantes se suele hacer referencia a las emisiones de CO_2, el principal responsable del mismo. En el año 2016 se emitieron a la atmósfera, debido al uso de combustibles fósiles, 33 432 millones de toneladas de CO_2 ($MtCO_2$). El principal país generador de CO_2 fue China que ese año emitió 9193 $MtCO_2$, el 27,3 % de todas las emisiones a nivel mundial. El segundo país que más emitió fue los Estados Unidos con 5350 $MtCO_2$ (16 % mundial), seguido por la India (2271 $MtCO_2$, 6,8 %) y Rusia (1490 $MtCO_2$, 4,5 %). Como se puede observar el ranking es el mismo que en el caso del consumo de la energía, aunque las diferencias relativas son distintas. Por ejemplo, China consume un casi un 35 % más de energía que los Estados Unidos, sin embargo sus emisiones son un 70 % mayores que las de la potencia norteamericana.

Este aparente desacople se debe en parte importante a las fuentes de energía utilizadas. Estados Unidos genera casi el 8,5 % de su energía primaria gracias a la energía nuclear (China el 1,6 %) y, sobre todo, no usa tanto carbón (15,7 % Estados Unidos frente al 61,8 % chino) que es la fuente de energía que más CO_2 emite. Ni siquiera la mayor presencia de la energía hidroeléctrica en el mix energético chino (8,6 % frente al 2,6 % estadounidense) consigue compensar las mayores emisiones que produce el carbón.

Otros países del mundo también muestran diferencias notables entre consumo de energía primaria y emisiones de CO_2. En 2016 Francia consumió el 1,8 % de la energía primaria mundial

Imagen aérea de la ciudad de Shangai, en China, cubierta por una densa niebla a causa de la contaminación atmosférica. El caso de Shangai no es único, la contaminación atmosférica es algo muy preocupante en las grandes urbes chinas, sobre todo en su capital, Pekín.

pero solo emitió el 0,9% del CO_2. Canadá, gran consumidor de energía primaria (2,5% de la energía mundial), emitió el 1,6% del CO_2. El caso de Suecia y Noruega es todavía más espectacular, con un consumo del 0,4% de la energía mundial cada uno sus emisiones fueron del 0,1%. Francia consigue esas bajas emisiones gracias a que el 75% de su energía eléctrica tiene origen nuclear y Canadá, Noruega y Suecia gracias a sus altos porcentajes de energía hidroeléctrica en su mix eléctrico (entre el 45 y el 95%). En general, los países más desarrollados tienen unas emisiones de CO_2 por unidad de energía primaria consumida menores que los países en vías de desarrollo. Los países de la OCDE (Organización para la Cooperación y el Desarrollo Económicos) han reducido sus emisiones de CO_2 en los últimos 10 años un 0,9% anual (2% anual en la Unión Europea), mientras que el resto de países aumentaron sus emisiones un 3,4% al año en ese mismo período.

España emitió 282,4 $MtCO_2$ en 2016, el 0,8% mundial, cuando consume el 1% de la energía. El descenso de emisiones en los últimos años ha sido de media un 2,5% al año, producto de la crisis económica, del aumento de la generación de electricidad renovable y de las mejoras en eficiencia energética.

Brasil es otro de esos países que consumen bastante energía (2,2% mundial) y emiten relativamente poco (1,4% de las emisiones mundiales), gracias a la importancia de la generación hidroeléctrica y el uso de biocombustibles. De hecho, emitió en 2016 menos CO_2 que México, que tiene la mitad de habitantes (458 $MtCO_2$ Brasil frente a 470,3 $MtCO_2$ México). El resto de América Latina tiene unas emisiones de CO_2 por unidad de energía consumida similares a la media mundial y toda ella ha aumentado las emisiones en la década anterior, 3,1% anual de incremento sin contar a México (que aumentó menos, 0,9 %anual). En definitiva, ¿cuál es el país que más contamina? En términos globales, China, tanto a nivel de contaminantes atmosféricos como de CO_2, aunque no a nivel de residuos nucleares, donde Estados Unidos es el país que más los genera. Eso sí, si atendemos a emisiones per cápita de CO_2, Estados Unidos vuelve a ganar a China.

6
¿Cómo se genera la electricidad?

La electricidad es un fenómeno físico que se produce por la presencia de cargas eléctricas en la materia. Su nombre deriva de la palabra griega *élektron*, que significa 'ámbar', identificación que proviene de las observaciones del pensador griego Tales de Mileto que se percató que al frotar el ámbar con lana este atraía pequeños objetos e incluso se podía observar alguna chispa. Esa misma observación la desarrolló muchos siglos después el científico francés Charles François de Cisternay du Fay al identificar dos tipos de cargas eléctricas distintas. Por un lado, estaban las producidas al frotar el ámbar, que él llamó «carga resinosa», y por otro las que se producían al frotar el vidrio, que llamó «carga vítrea». La carga resinosa es lo que hoy en día se llama carga negativa y la carga vítrea es la positiva, tal y como las definió Benjamin Franklin muchas décadas después.

Hay algunos materiales que tienen tendencia a perder electrones y otros a ganarlos. Si frotamos dos materiales con tendencias distintas, uno de ellos perderá electrones y el otro los ganará, quedando el que pierde electrones cargado positivamente y el que los gana cargado negativamente; así se genera la electricidad estática. Los cuerpos cargados producen una fuerza de atracción o repulsión sobre los cuerpos que tienen alrededor en función de la carga de estos, de manera que se repelen los cuerpos cargados con el mismo signo y se atraen los de signos distintos. En cierta manera es como si los cuerpos quisiesen volver al estado de equilibrio anulando su carga y para ello buscasen a los de sus cargas contrarias.

Sin embargo, la electricidad estática no tiene muchas utilidades, las aplicaciones prácticas de la electricidad se obtienen gracias a la

Fotografía de un generador de corriente alterna proveniente de una central hidroeléctrica expuesto en el Museo Henry Ford en Michigan. Se pueden observar el rotor (la parte móvil que gira junto al eje central) y el estátor (la carcasa estática). El movimiento del rotor generaba corriente eléctrica en el estátor que posteriormente se inyectaba en la red eléctrica.

electricidad dinámica, que es aquella que se genera por un flujo de electrones permanente. El primer flujo de electricidad constante lo generó Alessandro Volta mediante una reacción química de oxidación-reducción entre el zinc y el cobre en la conocida como «pila de Volta». La pila de Volta era una simple estructura de discos de zinc y cobre apilados y separados por una capa de cartón impregnada en salmuera que generaba una corriente eléctrica gracias a la oxidación del zinc y la reducción del cobre. Esta pila es el origen de todas las pilas y baterías modernas que se basan en el uso de la energía química para conseguir electricidad o bien en el proceso contrario, en usar la electricidad para generar la reacción química inversa con el objetivo de poder almacenar esa energía de forma química y así poder liberarla cuando sea necesaria.

El segundo modo de obtener electricidad dinámica es mediante la transformación de energía mecánica en energía eléctrica, lo que se consigue mediante generadores eléctricos. Los generadores son máquinas rotativas que se componen de una parte fija, llamada «estátor», y una parte móvil, llamada «rotor». Cuando está en funcionamiento, uno de los dos elementos induce una corriente eléctrica en el otro elemento. Hay fundamentalmente de dos tipos: las dinamos, que generan corriente continua, y los alternadores, que generan corriente alterna y que son los que se usan hoy día para generar electricidad a partir de la energía mecánica.

La clave de la transformación de la energía mecánica en eléctrica está en la inducción electromagnética. La inducción electromagnética consiste básicamente en la generación de una corriente en un material conductor cuando este se encuentra en presencia de un campo magnético variable. Fue descubierto por el científico inglés Michael Faraday, que observó que el movimiento de un imán dentro de una espira inducía una corriente eléctrica en la misma y que esta corriente era proporcional a la rapidez con la que se movía el imán, es decir, con la rapidez con la que cambiaba el campo magnético.

En los generadores de corriente alterna, el rotor, con su movimiento, genera un flujo magnético que induce una corriente eléctrica en el estátor mediante inducción electromagnética. Es, por tanto, la energía cinética la que produce el movimiento del rotor y la que genera la electricidad. Imaginemos un ejemplo simple de un molino de agua o de viento que se mueve haciendo girar un eje. Ese eje, convertido en rotor de un generador eléctrico, es el que generaría electricidad inducida en el estátor. Este ejemplo simple nos vale para entender cómo se genera electricidad y aunque parezca mentira, la mayoría de la generación eléctrica del mundo acaba produciéndose mediante máquinas rotativas que comparten fundamentos con este ejemplo. Las turbinas de vapor o de gas de las centrales térmicas y nucleares, las turbinas hidráulicas de las centrales hidroeléctricas o los propios aerogeneradores producen electricidad de esta manera.

7

¿Qué sucede con la electricidad una vez sale de la central eléctrica?

Al encender un interruptor de la luz o un electrodoméstico muchas veces no somos conscientes de cómo esa energía llega a nuestros hogares. Esta energía ha sido generada probablemente a centenares de kilómetros de nuestras casas y ha sufrido multitud de transformaciones antes de llegarnos con la intensidad y tensión adecuada para su uso.

El sistema de suministro eléctrico se compone de tres partes: la generación, el transporte y la distribución al consumidor final. Como la electricidad no se puede almacenar como tal, es necesario que la producción de electricidad y la demanda estén en equilibrio y, por tanto, la generación se debe adaptar al consumo, ya que en caso contrario habría bajadas de tensión o apagones. De forma mayoritaria la electricidad se genera en grandes centrales eléctricas y son estas las que funcionarán en un régimen adecuado para las necesidades de la demanda. La cuestión es que cada central eléctrica tiene su propia naturaleza y se gestiona de una manera distinta. Las centrales térmicas tienen versatilidad para generar o dejar de generar en función de la demanda, pero una central nuclear funciona de forma casi ininterrumpida y no puede estar parando y reiniciando la generación continuamente por cuestiones de demanda. Las centrales hidroeléctricas con presa pueden gestionar cuándo generan electricidad, sin embargo, se pueden ver limitadas por la cantidad de agua disponible. La energía fotovoltaica y la eólica funcionan solo cuando hay viento y sol, y cuando lo hay no es razonable que no generen electricidad porque esa energía se pierde, aunque los aerogeneradores se pueden parar por cuestiones de saturación de red o por seguridad.

La función de cuadrar la oferta y la demanda la realizan los operadores del sistema eléctrico mediante previsiones primero (se calcula la demanda del país en el día anterior en función de variables como la climatología o la demanda histórica) y después en tiempo real, de manera que dan órdenes a los generadores para que aumenten o disminuyan la generación de energía según oscila la demanda.

Una vez que la energía se genera en una central, se produce una conversión de voltaje mediante una subestación eléctrica elevadora con el objetivo de subir el mismo antes de entregar la energía a la red eléctrica. Este aumento de voltaje se realiza para evitar, en la medida de lo posible, las pérdidas de energía en forma de calor que se producen en el transporte y que son proporcionales a la intensidad de la corriente. Al aumentar la tensión se puede disminuir la intensidad de corriente transmitiendo la misma potencia eléctrica, así que se consiguen menos pérdidas con el mismo resultado. Normalmente la tensión se eleva a entre 110 000 y 400 000 V dependiendo la distancia a la que se quiera transportar y se inyecta en la red de transporte. La red de transporte se compone de un mallado de cables fabricados con un material conductor, generalmente cobre o aluminio, sujetos por torres de alta tensión, en el caso de la transmisión aérea, o de cables donde el metal conductor está cubierto por un aislante, en el caso de la transmisión subterránea o subacuática.

Cuando se ha transportado la energía hacia el lugar donde están los consumidores finales, esta se debe reducir de tensión para poder ser distribuida en condiciones adecuadas. Son las subestaciones eléctricas reductoras las encargadas de hacer esa reducción de tensión y la posterior distribución a toda la zona de consumo. Una vez reducida la tensión, la electricidad pasa a la red de reparto donde se distribuye hacia otras estaciones de transformación más pequeñas que se llaman estaciones de distribución, que nuevamente reducen la tensión hasta valores de media tensión, entre 1000 y 36000 V. Con este nivel de tensión ya se entrega electricidad a algunos consumidores finales, generalmente empresas y grandes consumidores, que reciben la electricidad con ese voltaje, aunque luego dentro de sus propias instalaciones deberán tener un transformador propio para transformar la electricidad a baja tensión, entre 110 y 240 V dependiendo el país, y poder realizar así sus actividades. Sin embargo, para los clientes domésticos se requiere todavía de una transformación más que se hace en centros de transformación, parte de la propia red de distribución, que serán los que generen corriente en baja tensión para distribuir a los hogares.

Como hemos comentado, todo este tránsito de electricidad desde los generadores a los consumidores finales genera pérdidas de electricidad. El transporte genera pérdidas en forma de calor y la transformación de la tensión también genera pérdidas, así que cuantos más procesos de transformación se produzcan más pérdidas habrá. Por tanto, un consumidor que reciba electricidad en media tensión habrá sufrido menores pérdidas respecto a la energía en origen que un consumidor doméstico que reciba la electricidad en baja tensión. También existen otras pérdidas que no son reales, sino que provienen de la energía que no se contabiliza como gastada al no medirse, por enganches ilegales, fraudes, errores en la medición u otras razones. Generalmente a los usuarios se les cobra estas pérdidas en función del nivel de tensión al que reciban la energía, aunque esto en cualquier caso es una decisión económica de distribución de costes.

No todos los países tienen las mismas pérdidas de electricidad, de hecho, son muy distintas. España, por ejemplo, tiene unas pérdidas medias del 10%, pero América Latina las tiene del 17%, la región del mundo que más pérdidas de electricidad padece. Generalmente los países más desarrollados y que tienen mejores

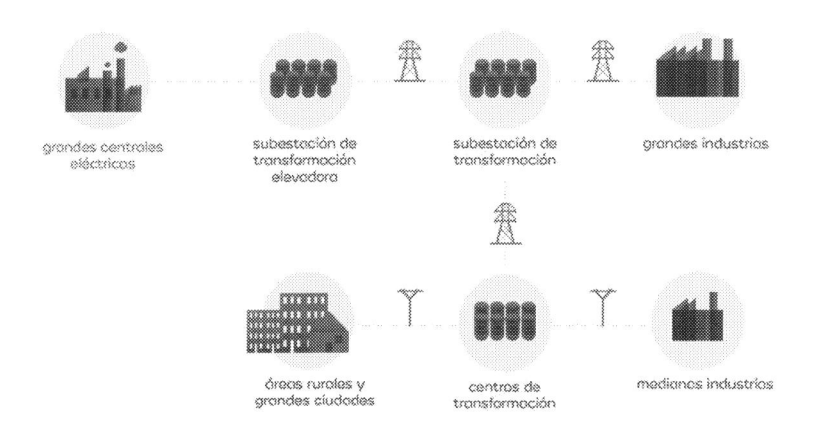

Esquema simplificado de una red de transporte y distribución eléctrica que muestra el tránsito de la corriente eléctrica desde su generación hasta su recepción por los consumidores finales. En este ejemplo solo hay dos reducciones de tensión antes de llegar al usuario final, algo que sucede en muchas ocasiones. Imagen cedida por EDP.

infraestructuras eléctricas, tienen menos pérdidas. Los países más pequeños también deberían tener menos pérdida por transporte, pero este efecto queda bastante diluido debido a que el 80% de las pérdidas se producen en la distribución eléctrica.

Existe un cuarto proceso en todo sistema eléctrico que es la comercialización de electricidad, donde los consumidores finales pagan por la energía consumida en función de sus contratos y del consumo que marcan sus aparatos de medida. Dependiendo la legislación del país y la tipología de cliente, la comercialización puede hacerse bien con una compañía comercializadora a elección del cliente, bien con la compañía que distribuye la electricidad en esa zona, a precios regulados o a precios liberalizados (o parcialmente liberalizados, pues siempre hay partes reguladas).

En todo caso, el pago de la electricidad suele tener un componente fijo y uno variable. El fijo depende de la capacidad de demandar potencia, que puede ser un precio por KW contratado o bien una tasa fija en función de la tipología de cliente, mientras que el coste variable depende de los kWh consumidos. Para grandes clientes los contratos pueden ser más complejos y tener cláusulas de consumos mínimos, compromisos a largo plazo o fórmulas complejas para el cálculo de los precios finales.

8

¿Es verdad que la electricidad tiene cada hora un precio distinto?

Sí, es verdad, pero habría que matizar la respuesta. La electricidad tiene un precio distinto cada hora en uno de los mercados mayoristas de electricidad, en los mercados diarios, pero eso no quiere decir que las facturas de los consumidores finales tengan un precio distinto cada hora, pueden tenerlo o no tenerlo en función de lo que hayan contratado o de la legislación del país en cuestión. Sin embargo, el mercado diario es el mercado mayorista fundamental en donde ofertan casi todos los generadores y donde se obtiene la mayoría de energía, siendo la piedra angular de la comercialización de electricidad.

En el mercado diario de electricidad se negocian los precios de forma horaria, así que se obtiene un precio distinto cada hora del día. Esto tiene bastante sentido si atendemos a la ley de la oferta y la demanda, al ser la demanda eléctrica muy distinta en función de la hora del día y al cambiar la naturaleza de la generación en función de las condiciones que se dan en cada una de estas horas, ya que hay parte de la generación que solo tiene lugar cuando se dan determinadas condiciones climáticas. La mayoría de mercados diarios del mundo son marginalistas, esto es, se calcula el precio de mercado en función del precio ofertado por el último productor que vende la energía en ese mercado, cobrando todos los productores lo mismo aunque hayan hecho una oferta de venta a un precio inferior.

El funcionamiento es más o menos el siguiente: para cada hora del día todos los productores hacen sus ofertas en función del precio al que están dispuestos a vender su electricidad. Por otro lado están los consumidores (la demanda) que indican a cuánto están dispuestos a comprar electricidad a esa hora. Los generadores van entrando a cubrir la demanda por orden de menor a mayor precio, mientras que los compradores se ordenan al revés, primero los que tienen que consumir energía obligatoriamente y luego una serie de compradores que solo comprarán energía si esta está a un precio que les interese. La acumulación de estas ofertas se convierte en dos curvas, una curva de oferta y una de demanda, que se cruzan en un punto que es el que fijará el

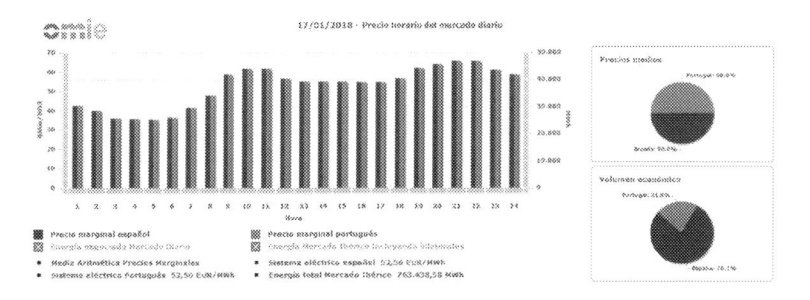

Resumen del mercado ibérico de la electricidad del día 17/01/2018. Como se puede comprobar cada hora tiene un precio diferente, oscilando entre los 35,45 €/MWh de la hora 5 (de 4 a.m. a 5 a.m.) a los 65,50 €/MWh de la hora 22 (de 9 p.m. a 10 p.m.). Las dos barras representan el precio en España y en Portugal que, aunque generalmente es el mismo (como este día), hay ocasiones en que difiere. Fuente: OMIE.

precio de mercado para esa hora, aunque algunas veces el precio de casación varíe del teórico a causa de ofertas con condiciones complejas. Es importante destacar que en el mercado debe haber más oferta que demanda y para ello los generadores están obligados a ofertar en casi todas las circunstancias.

No todos los mercados eléctricos del mundo son marginalistas, hay una minoría en la que los generadores cobran el precio al que ofertan y el precio final se genera por una media de todas las ofertas, que se conocen como *mercados pay as bid*. Intuitivamente puede parecer que en un mercado *pay as bid* los precios finales serán más baratos (al no cobrar todos los generadores que entran en el sistema el precio del más caro), el problema es que el precio de las ofertas se adapta a la naturaleza del mercado y en un mercado *pay as bid* muchos generadores ofertarían a un precio más alto que el ofertado en un mercado marginalista.

Cada central y cada tipo de energía tiene costes muy distintos. Una central de gas o de carbón tiene importantes costes variables (ya que gasta combustible para producir) y el precio tendrá en cuenta estos costes y también la amortización de los costes fijos (el coste de haber construido la central, el coste de los trabajadores, etc.). Sin embargo, energías renovables no gestionables como la eólica o solar hacen un cálculo radicalmente distinto, ya que su «combustible» (el viento y el sol) es gratuito y por tanto su coste es básicamente de amortización de costes fijos, no tiene prácticamente costes variables. Adicionalmente tenemos las centrales nucleares

41

que no se pueden permitir parar por no entrar en casación y que tienen costes variables también muy bajos, o la hidráulica gestionable que, a pesar de tener un coste variable casi nulo, sí que tiene un coste de oportunidad, es decir, puede especular con el agua para desembalsarla precisamente en las horas más caras que le aporten mayor beneficio.

En un mercado marginalista las centrales nucleares y las renovables no gestionables ofertarán a precio cero o cercano a cero, no porque ese sea su coste sino porque lo que quieren es entrar en la casación independientemente del precio, ya que prefieren ganar muy poco que parar la generación. Obviamente saben que el precio de casación va a ser más alto y esperan que con el precio de mercado puedan compensar sus costes fijos y sacar beneficio. Las centrales térmicas, en cambio, ofertarán siempre un precio por encima del de sus costes variables, pues no tiene sentido generar energía perdiendo dinero. Sin embargo, en un sistema *pay as bid* las ofertas serían distintas. Al cobrar el precio al que se oferta, una central nuclear o un parque eólico ofertarían a un precio que cubriese sus costes fijos, que sería en todo caso muy superior a cero, y eso nos daría un precio final que nada tendría que ver con la media de las ofertas en un sistema marginalista.

La ciencia económica nos dice que los sistemas marginalistas y los *pay as bid* al final ofrecen precios muy similares. Probablemente esta sea una idea excesivamente simple porque cada mercado funciona de una manera y no es lo mismo tener un parque de generación amortizado que uno que no, con una mayoría de energías gestionables que no gestionables o un sistema con muchos agentes que con pocos. Quizá con el tiempo, conforme el porcentaje de energías renovables sea mayoritario en la generación eléctrica, se vuelvan a hacer comparaciones entre ambos sistemas y se llegue a una conclusión diferente.

La estructura de precios de un sistema marginalista combinado con la existencia de muchas tecnologías que casi no tienen costes variables nos lleva a que haya una gran diferencia de precios en función de la hora y del día. Hay veces que los generadores que ofertan a precio prácticamente cero para entrar en el sistema cubren ellos solos la demanda y esas horas acaban con un precio de mercado cercano a cero, cero e incluso negativo, como sucede en algunos países donde la regulación lo contempla en casos donde más vale perder dinero que parar la generación. En España, por ejemplo, hay horas con precio próximo a cero cuando hay mucho viento y mucha agua que hay que desembalsar, y la eólica e hidráulica combinada con la nuclear cubre casi toda la demanda en esas horas, generalmente de noche. Sin embargo, en otras horas u otros momentos de menor entrada de energía renovable en el sistema, quien cubre la demanda son las centrales térmicas, que ofertan a precios más altos. Como muestra de esto, podemos ver que en España el precio mayorista de electricidad del día 25 de enero de 2017 a las 21 horas fue de 101,99 €/MWh, mientras tan solo unos días después, el lluvioso y ventoso domingo 5 de febrero, el precio fue de 8 €/MWh a las 6 horas.

En España, los consumidores domésticos que no han optado por cambiar a mercado libre tienen por defecto, desde abril de 2014, el Precio Voluntario para el Pequeño Consumidor (PVPC) que es un sistema de precios vinculado al mercado mayorista. Si el consumidor ya tiene un contador inteligente se le facturará un precio distinto cada hora en función de su consumo, y si no lo tiene, se le factura en función de un perfil de consumo tipo. En la mayoría de países los consumidores domésticos no suelen tener este tipo de tarifas horarias sino precio fijos de carácter más estable, de manera que los precios horarios quedan como una opción para los consumidores de mayor consumo.

9

¿CÓMO SE CONVIERTE EL PETRÓLEO EN GASOLINA?

Los combustibles que utilizamos en nuestros vehículos, fundamentalmente la gasolina y el gasóleo, son derivados del petróleo que se obtienen por destilación del mismo. Desde el petróleo crudo hasta la llegada del producto final en la estación de servicio, este pasa por multitud de etapas y transformaciones.

Al extraerse el petróleo de los pozos petrolíferos este se bombea y se transporta por oleoductos, que son enormes tuberías de acero o plástico, generalmente terrestres, por las que circula el petróleo. La circulación de petróleo se consigue intercalando en todo el trayecto estaciones de bombeo que permiten velocidades de entre 5 y 20 kilómetros por hora. Los oleoductos tienen dos posibles destinos, pueden llegar a una refinería de petróleo que esté situada en la misma área geográfica y que esté interconectada con el pozo, o bien pueden llegar a estaciones de embarque en un puerto para, desde allí, transportar el petróleo mediante buques petroleros.

Los buques petroleros son buques cisterna especialmente diseñados para el transporte de petróleo por alta mar y para la carga y descarga del mismo. Actualmente, alrededor de la mitad del transporte de petróleo en el mundo se hace mediante buques petroleros. Hay de muchos tipos, desde los más pequeños que se dedican a hacer viajes constantes en un trayecto corto, hasta los más grandes de ellos que realizan viajes interoceánicos. El petrolero más grande que se ha llegado a fabricar hasta el momento fue el *Knock Nevis*, dado de baja en 2009. Tenía 458 metros de eslora y 69 metros de manga, lo que lo hacía más grande que el Empire State Building de Nueva York, y tenía una capacidad de 650 000 m^3 o, en otra unidad, 4,1 millones de barriles de petróleo.

Una vez llega el buque petrolero a puerto, este se amarra a un dispositivo flotante conocido como monoboya y que está conectado a una tubería submarina que envía directamente el crudo a los tanques de la refinería. La descarga de un buque grande puede hacerse en alrededor de un día.

Al llegar el crudo a la refinería, este se somete a un proceso de destilación fraccionada a presión atmosférica para poder sacar de él los hidrocarburos individuales que contiene la mezcla. Este tipo de destilación se produce en una columna de fraccionamiento, una torre compuesta por diferentes platos o pisos que están a diferentes alturas y a diferentes temperaturas, menor conforme más alto es el piso, lo que provoca que los gases vayan condensandose en los distintos pisos en función de su temperatura de condensación. Estas torres suelen medir alrededor de 60 metros de altura.

La primera destilación se produce a unos 400 °C, lo que hace evaporar todos los compuestos volátiles que suben por la columna de fraccionamiento. Los gases (el butano y el propano básicamente) se extraen por la parte alta de la columna, ya que no condensan, mientras en los diferentes platos se van produciendo condensaciones ricas en los diferentes componentes del petróleo. En las columnas de fraccionamiento se producen muchos ciclos de evaporación-condensación, lo que permite que los líquidos que se extraen a cada altura sean bastante puros.

En los platos superiores se obtienen algunos disolventes, como el éter de petróleo, que condensan a alrededor de los 50 °C. Justo más abajo se extrae la gasolina, sobre 150 °C, después el keroseno (a unos 200 °C), el gasóleo (a 300 °C) y el fuel-oleo (370 °C).

Esquema simple de una columna de fraccionamiento donde se puede observar los distintos platos y las temperaturas a las que condensan los distintos derivados del petróleo. Las temperaturas indicadas son aproximadas. Imagen: Theresa Knott, Wikimedia Commons.

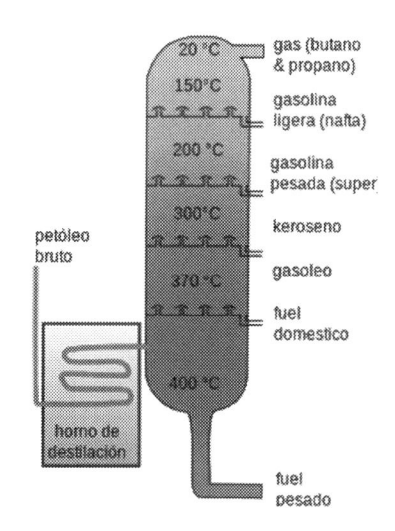

La destilación del petróleo produce un residuo que se llama residuo atmosférico y que todavía contiene hidrocarburos útiles, pero que no se pueden extraer a presión atmosférica porque se produciría antes su destrucción térmica, así que este residuo se pasa a otra torre de fraccionamiento que trabaja al vacío, lo que permite extraer hidrocarburos que no se han podido extraer en la torre de fraccionamiento a presión atmosférica. En esta segunda torre se separan otros compuestos como las parafinas y los aceites lubricantes, mientras que los residuos de este proceso sirven para la fabricación del asfalto.

Cada una de las fracciones obtenidas en los distintos procesos de destilación pasa posteriormente por otros procesos dentro de la refinería con el objetivo de purificarlos, eliminar el azufre presente, aumentar los octanajes de las gasolinas, generar hidrocarburos más ligeros, etcétera.

Una vez obtenidos los productos finales en la refinería estos se almacenan en diferentes tanques para su posterior distribución. En el caso de la gasolina y el gasóleo, que son líquidos, estos se introducen en una red de oleoductos que se conectan con instalaciones de almacenamiento que están distribuidas por todo el territorio. Desde esas instalaciones de almacenamiento, el transporte final del producto se hace en camiones cisterna que surten a las estaciones de servicio donde se guardan los combustibles en tanques, esperando a que los consumidores finales vayan a surtirse del producto final.

10

¿Se puede transportar gas natural en un barco?

Para que pueda llegar el gas a nuestros hogares este pasa por un periplo bastante parecido al de los combustibles líquidos derivados del petróleo. Realmente hay dos formas en la que nos puede llegar el gas: una es por tubería y otra es en recipientes a presión, las típicas botellas de butano (o propano) que aún se utilizan desde hace casi un siglo. El butano y el propano, que cuando están mezclados se conocen como Gases Licuados de Petróleo (GLP), son hidrocarburos que se obtienen de la destilación del crudo en las refinerías de petróleo o también asociados a las bolsas de gas natural presentes en el subsuelo. Estos gases se comercializan en botellas porque a presiones relativamente bajas pasan a estado líquido, sobre todo el butano que a una presión del doble de la atmosférica ya se convierte en líquido. Se comercializa desde principios de los años 30 en Estados Unidos y a mediados de esa misma década llegó a Europa.

Sin embargo, el gas natural que obtenemos por tubería es otro gas, el metano, el hidrocarburo más simple de todos. El gas natural se obtiene de forma similar al petróleo, ya que está presente en bolsas geológicas que suelen estar a varios kilómetros por debajo de la superficie, bien como único componente en la bolsa bien asociado a los yacimientos de petróleo. Su extracción se consigue por perforación de la tierra hasta llegar a la bolsa, brotando de forma espontánea en algunos casos y teniendo que bombear el gas en otros. Una vez extraído del pozo, se pasa a una planta de procesamiento de gas natural para extraerle los gases que son tóxicos (como el ácido sulfídrico) o que no son energéticos (como el nitrógeno o el CO_2) y también para separar el gas metano del porcentaje de propano o butano que pueda haber en el gas, que también se utiliza y comercializa posteriormente.

Una vez separado, el gas se transporta por gaseoductos que son tubos esencialmente similares a los oleoductos pero con dos diferencias fundamentales. La primera diferencia es que los gaseoductos suelen estar enterrados uno o dos metros bajo tierra mientras que los oleoductos suelen estar en la superficie. La segunda diferencia es que no disponen de estaciones de bombeo sino de compresión

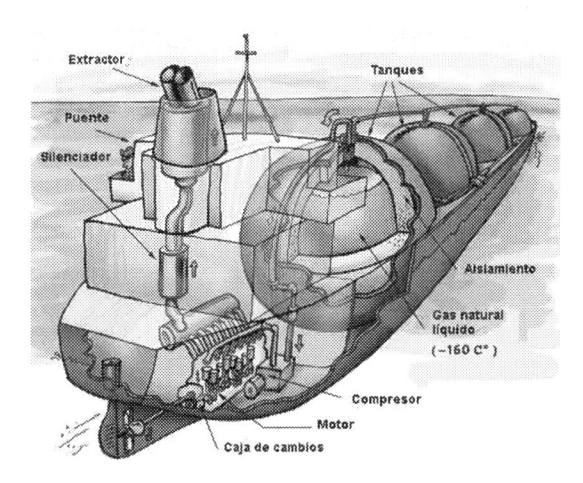

Boceto de un buque metanero con sus partes principales. La mayor parte del buque está compuesta por los tanques donde se almacena el GNL. Como se puede observar el propio GNL sirve como combustible para estos barcos, usándose el gas evaporado para esta función. Imagen: Welleman, Wikimedia Commons.

cuya función es mantener la presión en el oleoducto (alrededor de 70 bar).

Al igual que pasa con el petróleo, el gas natural puede ser enviado a unos tanques situados en los puertos donde este se almacena en estado líquido, para lo que hay que enfriarlo hasta −161 °C (se suele llamar entonces Gas Natural Licuado o GNL). Posteriormente, este gas se transporta en buques metaneros, un tipo de buque que posee varios tanques de forma generalmente esférica donde se almacena el gas natural a esa temperatura de −161 °C y a una presión ligeramente superior a la atmosférica. Los metaneros pueden transportar volúmenes de gas de hasta 260 000 m^3, aunque un buque típico transporta unos 140 000 m^3 de gas natural licuado. Alrededor del 30% del consumo mundial de gas natural se realiza mediante buques metaneros, el resto es transportado mediante gaseoducto.

Al llegar a destino, los metaneros descargan en las llamadas plantas de regasificación. Las plantas de regasificación también almacenan este gas a temperatura de −161 °C hasta que se requiere su introducción en la red de gas, entonces el GNL se convierte de nuevo a estado gaseoso inyectándolo en un sistema de vaporización que calienta el GNL con el agua del mar (téngase en cuenta que el agua del mar está a temperatura bastante superior a −161°C). Una vez el GNL ha vuelto a estado gaseoso, se transporta por gaseoductos hasta lugares cercanos a las zonas de consumo, donde se deriva a la red de distribución de gas pasando por las estaciones de regulación y medida que son las encargadas de reducir la presión del gas antes de introducirlo en las tuberías de la red de distribución.

Como pasa en el caso de la electricidad, hay consumidores industriales que reciben el gas a alta presión y, por tanto, disponen de su estación de regulación y medida propia, mientras que los suministros domésticos y de las empresas que no hacen un uso intensivo del gas suelen ser en baja presión, menor a 4 bar. En todos los casos los consumidores finales disponen de equipos de medida que miden los metros cúbicos de gas consumidos.

Finalmente, todo esto se convierte en una factura de gas donde se suele pagar un término fijo (por capacidad) y otro variable (por consumo). La estructura tarifaria varía por país y por tipología de consumidor, pero el consumidor final acaba pagando no solo los costes del gas natural sino también todos los costes del transporte, la distribución, el almacenamiento y la transformación de presión del gas que son necesarios para poder suministrar el mismo.

11

¿Cuánta energía consume una persona al año?

La respuesta más fácil a esta pregunta nos la daría dividir el consumo energético mundial por la cantidad de habitantes del mundo. El consumo energético mundial de energía primaria en 2016 fue 13 276,3 millones de toneladas equivalentes de petróleo (Mtep) y la población mundial 7442 millones de habitantes, lo que nos da un consumo por persona de 1,784 tep, o bien, para usar una unidad intuitivamente más accesible para el ciudadano común, 20 748 kWh/año. Este consumo es una media, en la que existe una enorme variación de situaciones en función del país, desde los 222 644 kWh/año que consume cada catarí hasta los 2311 kWh/año de un bangladesí.

Sin embargo, este dato no muestra el consumo estrictamente personal, sino el consumo medio por habitante. En estas cantidades están incluida toda la energía que gasta la industria, el transporte de mercancías, la iluminación urbana, etc. Por lo que, si bien es representativo del consumo de toda la estructura productiva, no nos muestra el consumo personal sobre el que podemos tener influencia directa.

Para medir el consumo personal deberíamos medir la energía consumida en forma de electricidad, en forma de gas, para la calefacción o la cocina, y los combustibles líquidos que usamos también para calefacción o en nuestros vehículos particulares. Como las diferencias de consumo son muy amplias en función del país, tomemos el caso en concreto de España para analizar nuestro consumo energético individual.

El Instituto Nacional de Estadística de España (INE) publica anualmente la encuesta de presupuestos familiares donde analiza el gasto general medio por familia y persona en España. Los datos se obtienen mediante 24000 encuestas a familias y nos puede dar una idea aproximada de los hábitos de consumo en España. En esta encuesta se pregunta también por el gasto energético, en 2016 los datos de consumo por persona y año fueron estos:

- Electricidad → 1,146 kWh
- Gas natural canalizado → 85,9 m^3 → 916 kWh
- Gas butano/propano en botella → 17 kg → 216 kWh
- Gasóleo calefacción → 405 litros → 405 kWh
- Combustibles sólidos (madera, carbón vegetal, etc.) → 48 kg → 320 kWh

Para la transformación en kWh se usan poderes caloríficos inferiores medios y en el caso de los combustibles sólidos se ha usado la media de los poderes caloríficos de la madera y el carbón vegetal. Podemos observar cómo en el hogar cada persona consume unos 3000 kWh anuales. Puede sorprender que el consumo de gas sea menor que el de electricidad, ya que cualquier persona que tenga gas canalizado para calefacción se habrá percatado que su consumo de gas, en kWh, es mayor que el de electricidad. Sin embargo, lo que pasa es que no todas las viviendas tienen calefacción por gas en España (de hecho, son una minoría) y, en cambio, todas las viviendas tienen electricidad, de ahí que el consumo eléctrico por persona sea mayor.

Estos son los gastos dentro del hogar, tanto en electricidad como en combustibles para calefacción o cocina, pero no son todos los gastos personales en energía. Otro gasto fundamental son

los combustibles del vehículo particular que según el INE tienen estas medias anuales de consumo por persona:
- Gasolina → 190,4 litros → 1640 kWh
- Gasóleo → 223 litros → 2263 kWh

El consumo de energía anual por persona en combustibles para automoción es de 3903 kWh, mayor que en el hogar. Puede parecer mucho, pero fijémonos esa cantidad de litros de combustible permite hacer entre 7000 y 8000 km por persona y año, distancia muy inferior a la que recorre casi cualquier coche particular anualmente.

Así pues, cada persona consume anualmente algo menos de 7000 kWh. Sin embargo, si analizamos el consumo de energía primaria que tiene España por persona veremos que es de 2,9 tep, esto es, 33640 kWh, alrededor de cinco veces más que el consumo personal (la diferencia sería incluso mayor, porque en el cálculo del consumo personal hemos contado la madera y el carbón vegetal, y el dato de energía primaria no está contemplado) ¿Dónde está el resto?

Para responder a esta pregunta hay que hacer una consideración previa. Recordemos que no es lo mismo la energía consumida que la energía primaria, ya que en el proceso de conversión y transporte de la energía se pierde más de un 30% de la misma. Esto es especialmente relevante para la generación eléctrica, pues en centrales que funcionan con combustibles fósiles se llega a perder hasta el 65 o 70% de la energía primaria más lo que luego se pierde en el transporte de la electricidad, pero también afecta a procesos como el refinado de los combustibles. Así que cuando consumimos 1 kWh de energía hay que tener en cuenta que estamos gastando, de media, un 30% más de energía primaria.

Una vez se tiene en cuenta esto, la respuesta es que la mayoría de la energía que consume un país no es consumo particular propiamente dicho, sino consumo de los sectores económicos o servicios públicos. En España la industria consume más de la cuarta parte de la energía final, la agricultura y el sector servicios alrededor del 15%. En el sector transporte es el que más energía consume (más del 40%), pero más de la mitad de ese consumo se concentra en el transporte de mercancías por carretera y el transporte aéreo.

Al final, la parte de la demanda energética estrictamente personal es de alrededor de un tercio del consumo total, pero quedarnos ahí sería hacernos trampas a nosotros mismos. A fin de cuentas, los ciudadanos cogemos aviones, nos desplazamos en transporte público, acudimos a hoteles o disfrutamos de la iluminación urbana y de los servicios públicos. Y también somos los receptores finales de los productos que fabrican las industrias y que se transportan por carretera. Individualmente hacemos un consumo minoritario, pero nuestras actividades, decisiones de consumo y formas de vida son las que condicionan el consumo total. Así que usar el consumo de energía primaria por persona es, probablemente, la respuesta más sensata a esta pregunta.

12
¿Es lo mismo energía renovable que energía limpia?

Existe bastante confusión con los términos «energía renovable», «energía alternativa» y «energía limpia», ya que muchas veces se usan estos tres términos indistintamente para hacer referencia a las mismas energías. Sin embargo, los términos no son exactamente iguales y el uso de cada uno de estos adjetivos puede inducir a confusión o ser usados incluso para provocar esa confusión.

La energía renovable es aquella que usa recursos naturales que son virtualmente inagotables. La energía que proviene del sol, del viento, del agua de los ríos, de las olas y mareas, del calor de la tierra o de los productos vegetales (biomasa y biocombustibles) es virtualmente inagotable y, por tanto, es renovable. Energías no renovables serían, por tanto, aquellas que se pueden agotar o no provienen de fuentes naturales, como las energías fósiles (carbón, petróleo y gas natural) o la nuclear.

Las energías alternativas, en cambio, son todas aquellas que surgen como alternativa a las energías convencionales. El problema, por tanto, es definir qué es una energía convencional, algo en lo que no hay consenso. Para mucha gente las energías convencionales son aquellas que provienen de los combustibles fósiles (lo que convierte la energía nuclear en una energía alternativa), mientras que para otros serían todas aquellas que no son renovables (equiparando energía renovable a energía alternativa). En cualquier caso, la idea de energía convencional parece hacer referencia a energías tradicionalmente usadas y, por ejemplo, la energía hidroeléctrica, que es renovable, se lleva usando desde finales del siglo XIX, así que resulta conceptualmente complicado introducirla dentro de las energías alternativas. Esa división entre convencionales y alternativas resulta un tanto versátil y polémica, así que no es muy útil.

Finalmente, tenemos el concepto de energía limpia, que sería aquella que no produce contaminación. También se suele equiparar con las energías renovables, pero inmediatamente surgen varias dudas. Por ejemplo, ¿es la biomasa una energía limpia? Porque es renovable, pero sin embargo produce emisiones de CO_2 y de otros contaminantes. Por otro lado, tenemos la energía nuclear, que no produce CO_2 pero en cambio sí que produce los peligrosos residuos radioactivos. Algunas veces se ve calificar el gas natural como energía limpia porque, a pesar de que produce contaminantes, la cantidad que genera es menor al resto de energías fósiles.

En realidad, ninguna energía es 100% limpia si atendemos a todo su ciclo de vida. Para fabricar un panel solar o un aerogenerador hay que extraer primero los materiales, después fabricarlo, transportarlo, instalarlo y finalmente desmontarlo y reciclarlo, procesos todos ellos que consumen energía y que provocan emisiones atmosféricas. Esto es lo que se conoce como la huella de carbono de las fuentes de energía, que mide el CO_2 emitido por cada unidad de energía generada. No obstante, aunque todas las energías generan CO_2 en su ciclo de vida las diferencias son colosales. Por ejemplo, la energía hidráulica produce menos de 5 gramos de CO_2 por kWh generado, la eólica sobre 10 gCO_2/KWh y la solar fotovoltaica sobre 50 gCO_2/kWh, mientras que el gas natural produce sobre 450 gCO_2/kWh, el petróleo más de 800 gCO_2/kWh y el carbón más de 1000 gCO_2/kWh. Con estas diferencias de rango, podemos considerar que las energías renovables tienen emisiones de CO_2 prácticamente despreciables.

En resumen, a pesar de que se suele usar energía renovable y energía limpia como sinónimos, el término energía limpia es menos claro, puede inducir a la confusión y usarse con fines más propagandísticos que descriptivos, intentando hacer pasar como «limpias» energías que realmente no lo son. El término energía renovable es más transparente y describe mejor la naturaleza de los distintos tipos energía.

LAS ENERGÍAS FÓSILES

13

¿CÓMO SE ORIGINÓ EL CARBÓN?

El carbón mineral es una sustancia fósil que se ha generado a partir de restos orgánicos vegetales. La mayoría del carbón mineral que actualmente usamos se generó hace millones de años, concretamente en el período conocido como carbonífero, que comenzó hace 359 millones de años y finalizó hace 299 millones de años. En esa época existían enormes bosques pantanosos compuestos por grandes helechos y enormes árboles de corteza de lignina más gruesa que la de los árboles actuales. Al morir estas plantas, quedaban sumergidas en el agua, protegidas de la degradación del oxígeno. Allí comenzaron un lento proceso de descomposición, llevado a cabo por bacterias anaerobias, que se conoce como diagénesis y dieron lugar a una sustancia un tanto esponjosa y de color verde oscuro que se denomina turba. Posteriormente, estas turbas fueron sepultadas por nuevas capas de materia orgánica y sedimentos, lo que condujo a un aumento lento y progresivo de temperatura y presión en un proceso conocido como metamorfismo, que duró miles de años y transformó la turba en carbones más ricos en carbono. Las mayores reservas de carbón se encuentran en Europa, Norteamérica y Asia, regiones que durante el período carbonífero se encontraban cercanas al trópico y que por tanto contaban con una vegetación muy frondosa.

El carbón que se extrae para su uso como fuente de energía suele encontrarse en depósitos relativamente cercanos a la superficie. En función de cuán cercanos estén a la misma, para su extracción se opta entre la minería superficial o a cielo abierto y la minería subterránea. En la minería a cielo abierto se trabaja sobre la superficie, retirándose capas de terreno con excavadoras u otra maquinaria. Cuando la mina está agotada, se puede ver esa imagen típica de un enorme cráter con «escalones» en los bordes o caminos laberínticos que desembocan en el fondo del agujero.

En cambio, cuando los depósitos de carbón son demasiado profundos se recurre a la minería subterránea, donde se cavan largos túneles hasta llegar al yacimiento de carbón, túneles que se deben estabilizar para que no se derrumben y que se deben ventilar para garantizar que se pueda trabajar en el interior. Hay minas de carbón de hasta 900 metros de profundidad, compuestas por un laberinto de túneles, ascensores e incluso raíles con vagonetas en los que se extrae el carbón a la superficie y pueden hasta llevarlo directamente a la central eléctrica.

En función de la cantidad de carbono que contienen, los carbones se pueden dividir en cinco tipos:

- Turba: Es el primer carbón que se produce producto de la descomposición de la materia orgánica por bacterias anaerobias. Es de color verde oscuro y tiene demasiada agua, por lo que hay que secarlo antes de utilizarlo como combustible. La turba también se usa en jardinería como sustrato para el suelo, ya que permite mejorar su capacidad de retención de agua. Su contenido en carbono es de entre el 50 y el 55%, por lo que es el carbón de peor calidad. Su poder calorífico es bajo, alrededor 15 megajoules por kilo (MJ/kg).
- Lignito: De color marrón oscuro y con una proporción de carbono entre el 55 y el 75%. Es un carbón de baja calidad, pero se usa para producir energía. Su poder calorífico también es bajo, entre 15 y 20 MJ/kg.
- Carbón sub-bituminoso o lignito negro: Es de color negro, de características intermedias entre el lignito y el carbón bituminoso. Su poder calorífico es algo superior al del lignito, entre 20 y 25 MJ/kg.

- Hulla o carbón bituminoso: De color negro, su contenido en carbono es entre el 75 y el 90%. Es el carbón más utilizado. Su poder calorífico es alto, entre 25 y 35 MJ/kg.
- Antracita: Es el carbón de mayor calidad, con una proporción de carbono entre el 90 y el 95 % y de un color entre negro y gris metálico. A pesar de ser el carbón de mayor calidad, no se usa mucho porque es escaso y caro. Su poder calorífico es similar al de los carbones bituminosos (25-35 MJ/kg).

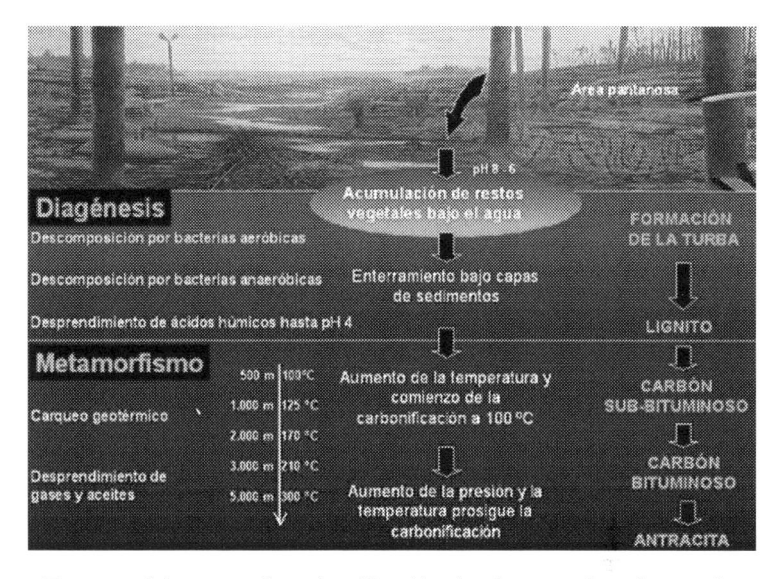

Esquema del proceso de carbonificación donde se pueden observar las distintas etapas del mismo y su relación con los distintos tipos de carbón. Imagen cortesía de J. Ángel Menéndez Díaz.

Para la generación de energía en las centrales térmicas, los carbones que se suelen usar son el lignito, el sub-bituminoso y el bituminoso. La turba normalmente no se usa por su escaso valor calorífico y alta humedad, mientras que la antracita es cara y escasa, por lo que no es competitiva respecto a otros combustibles.

A pesar de que los lignitos son menos energéticos y más contaminantes y problemáticos que los carbones bituminosos, estos se siguen utilizando masivamente en las centrales térmicas para la generación de energía eléctrica. La cuestión no es solo el precio de mercado menor, sino también los subsidios que hacen rentable el uso de este carbón de peor calidad. Muchos países tienen una minería de carbón importante y sin subsidios esta directamente no sería viable, así que se subsidia su uso o extracción para proteger a empresas, puestos de trabajo y cierto grado de independencia energética en los propios países, al ser un recurso autóctono. La agencia internacional de la energía calcula que en 2015 se destinaron en todo el mundo 325 000 millones de dólares a subsidios a los combustibles fósiles, cifra muy alta pero decreciente, al estar muchos países eliminando progresivamente los subsidios para poder cumplir los compromisos de reducción de emisiones de CO_2.

Además de su uso en centrales térmicas, el carbón mineral tiene otros usos. Uno de los principales es la obtención del coque. El coque se produce por destilación destructiva del carbón bituminoso, que se somete a temperaturas de casi 1000 °C en ausencia de oxígeno, en un proceso muy parecido a la carbonización de la madera (pero a mayor temperatura). El coque tiene un porcentaje muy alto de carbono al haberse desprendido de todos los componentes volátiles en el proceso de coquización. Se usa principalmente en los altos hornos como combustible y como reductor siderúrgico. El carbón también se usa como materia prima para la producción del acero y, en algunos países, se gasifica para obtener gas de síntesis (CO e Hidrógeno) y con él varios productos químicos.

14

¿Tiene futuro el carbón como fuente de energía?

El carbón es la segunda fuente de energía más utilizada en la actualidad por detrás del petróleo, pero en cambio es la primera fuente de energía para la generación de electricidad, ya que genera alrededor del 40% del total mundial. El carbón fue la principal fuente de energía en el mundo hasta los años 50, cuando fue superado por el petróleo. A partir de ahí el uso de carbón siguió aumentando, pero a ritmo inferior de lo que lo hacían las necesidades energéticas y el resto de combustibles fósiles. Sin embargo, a partir del año 2000 el uso del carbón volvió a dispararse fundamentalmente debido al aumento espectacular de la demanda energética en China. Durante

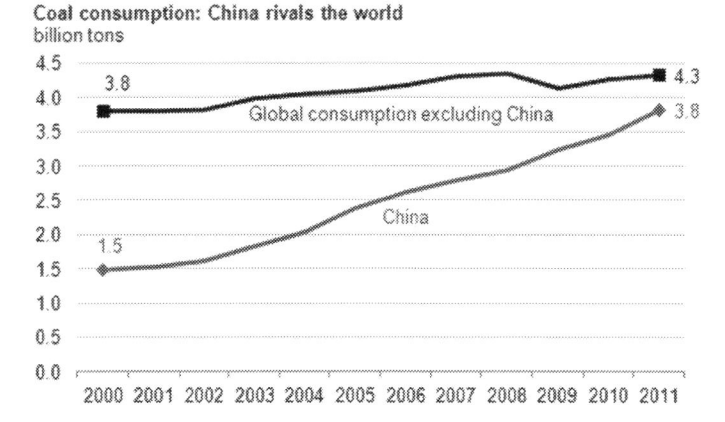

Coal consumption: China rivals the world
billion tons

```
4.5
        3.8                                              4.3
4.0 ━━━━━━━━━━━━━━━━━━━━━━━━━━━━━━━━━━━━━━━━━━━━━━━━━━━━ 3.8
3.5         Global consumption excluding China
3.0
2.5
                                      China
2.0    1.5
1.5
1.0
0.5
0.0
    2000 2001 2002 2003 2004 2005 2006 2007 2008 2009 2010 2011
```

Consumo de carbón en el mundo entre los años 2000 y 2011, segregando China del resto del mundo. Como se puede observar, mientras el consumo de carbón estaba relativamente estancado en el resto del mundo, en China su consumo se multiplicó por 2,5 veces en poco más de una década, aunque ha parado desde el año 2013. Gráfico publicado por U.S Energy Information Administration en enero de 2013.

la primera década del siglo XXI el uso del carbón en Europa, Rusia y Norteamérica se estancó e incluso descendió, mientras en China se duplicó, pasando este país a representar del 28% de la demanda mundial de carbón al 48%. Este aumento se produjo hasta el año 2013 que fue el de máximo consumo de carbón en China y en el mundo, aunque se ha producido un ligero descenso desde entonces. A pesar de todo ello, el carbón es un combustible fósil muy abundante. Según estimaciones hechas con datos de 2016, al ritmo de consumo actual hay reservas de carbón para 153 años, lo que lo convierte en el combustible fósil más abundante y con menor riesgo de agotamiento a largo plazo.

El carbón tiene un poder calorífico distinto en función de su naturaleza, desde los 15 MJ/kg de los lignitos hasta los 35 MJ/kg de los mejores carbones bituminosos. Pero incluso los mejores carbones tienen poderes caloríficos inferiores al resto de combustibles fósiles. El fueloil tiene un poder calorífico superior a los 40 MJ/kg y el gas natural alrededor de los 50 MJ/kg, lo que convierte al carbón en el menos energético de entre todos los combustibles fósiles.

Además de eso, el carbón es la fuente de energía más contaminante y el principal responsable del cambio climático. Para producir un kWh térmico con carbón se emite 350 gramos de CO_2, mientras que producirlo con gasoil produce 280 gramos de CO_2 y producirlo con gas natural 200 gramos de CO_2. Pero, además, las centrales térmicas pierden la mayoría de la energía en forma de calor, así que para generar un kWh de electricidad todavía se emite más CO_2. Las centrales térmicas de carbón son poco eficientes energéticamente (tienen una eficiencia de alrededor del 34%), así que para producir un kWh de electricidad se acaba emitiendo a la atmósfera 1 kilogramo de CO_2. Esta cantidad es mucho mayor que lo que se emite para generar un kWh de electricidad con fueloil (700 gCO_2, un 30% menos) y más del doble de lo que se emite con la electricidad producida por un ciclo combinado de gas natural (menos de 500 gCO_2 por kWh).

Las emisiones de CO_2 no son el único problema medioambiental del carbón, de hecho, en algunos lugares del mundo se considera incluso un problema secundario. Además de CO_2, la combustión de carbón emite enormes cantidades de dióxido de azufre (SO_2), unas dos veces y media más de la que produce el fueloil y del orden de varios miles de veces más de lo que emite la combustión del gas natural (que el único SO_2 que emite es por el odorizante que se le introduce por seguridad). En el caso de los óxidos de nitrógeno (NOx), la combustión del carbón también emite más que el fueloil (sobre un 15% más) y más del doble que el gas natural. Y en cuanto a las partículas en suspensión (PM), emite del orden de cinco veces más partículas sólidas que fueloil (el gas natural, en principio, no debería emitir partículas).

Todos estos contaminantes producen efectos en el medio ambiente y en la salud humana. El SO_2 es uno de los principales responsables de la lluvia ácida que provoca la destrucción de los bosques y la acidificación de las aguas. Los NOx también contribuyen a la generación de lluvia ácida, pero su principal problema es sobre la salud de los seres humanos, ya que produce inflamaciones en las vías respiratorias, afecciones en los sistemas circulatorio e inmunológico, etc. Y las partículas en suspensión son todavía más peligrosas para la salud humana, sobre todo las más pequeñas, porque están fuertemente relacionadas con el aumento de mortalidad a causa de problemas respiratorios y cardiovasculares.

El ejemplo más paradigmático de los efectos contaminantes del carbón se puede ver en su principal utilizador, China. China sufre alrededor de 1 300 000 muertes prematuras al año a causa de la contaminación del aire y muchas de sus principales ciudades, destacadamente Pekín, sufren continuos episodios de contaminación extrema, con una intensa niebla tóxica (*smog*) que obliga a restricciones al tráfico, cierre de escuelas e incluso recomendaciones de no salir a la calle. La causa de esta contaminación no es solo por el uso del automóvil como podría parecer, de hecho, una de sus causas principales son las emisiones de las centrales de carbón que rodean Pekín y de las calderas, también de carbón, que son tradicionales en aquel país. Para intentar solucionar este problema el gobierno chino subvenciona gratuitamente el cambio de calderas de carbón por calderas de gas natural y ha iniciado una política de reducción del uso del carbón que es especialmente intensa en las provincias que cobijan a las principales ciudades del país.

¿Por qué se sigue usando entonces el carbón? Hay varias razones. Para empezar, y sobre todo en los países más avanzados, las centrales térmicas de carbón, en cumplimiento de la legislación, han ido instalando sistemas de desulfuración de gases, filtros de partículas y sistemas de desnitrificación que reducen las emisiones de estos contaminantes hasta cumplir las cada vez más exigentes regulaciones ambientales. Por otro lado, el carbón es un combustible relativamente barato. El carbón cotiza en los mercados internacionales de energía y existen varias referencias principales, pero en general y en la última década, su precio ha oscilado entre los 50 y los 130 $/tonelada. Este precio es ligeramente más alto al del barril de petróleo y además este tiene más densidad energética que el carbón, pero hay que tener en cuenta que un barril de petróleo pesa solamente alrededor de 150 kilogramos. Al final, generar energía con carbón es más barato que con el resto de combustibles fósiles y a esto hay que añadirle un descenso del precio de los derechos de emisión de CO_2 en mercados como el europeo. También hay que tener en cuenta que el carbón es la energía fósil más abundante que existe y su uso está garantizado para más de un siglo, lo que evita preocupaciones de suministro o de carestía a largo plazo.

Finalmente, existen motivaciones políticas y sociales para que se siga consumiendo carbón autóctono en los diferentes países, ya que hay diferentes tipos de subvenciones tanto para la extracción como para el consumo de carbones autóctonos de inferior calidad que los hace más competitivos. Millones de personas en todo el mundo dependen directamente de la minería del carbón y cortar eso de raíz es algo socialmente problemático y políticamente complejo.

15
¿Tiene el petróleo siempre la misma composición?

El petróleo, al igual que el carbón, tiene su origen en la descomposición de la materia orgánica, pero mientras el carbón se formó por descomposición de restos vegetales, el petróleo lo hizo por descomposición de algas y plancton marino principalmente. De forma muy parecida al carbón, el proceso de generación de petróleo se inicia con la descomposición de la materia orgánica por parte de bacterias anaerobias para, posteriormente, ser sometido a mayores temperaturas a causa de su enterramiento a profundidades cada vez más acusadas.

En el proceso de generación de petróleo a partir de materia orgánica se distinguen tres etapas. La primera es la diagénesis, que es la etapa que se produce cerca de la corteza terrestre y a temperaturas no superiores a los 65 °C. En ella se producen la eliminación de los productos solubles y la pérdida de la mayoría de los compuestos de nitrógeno y oxígeno, generándose un residuo orgánico con alta concentración de productos insolubles que se denomina kerógeno. La siguiente etapa se conoce como catagénesis, que se produce entre los 65 °C y los 150 °C y en la que tiene lugar la destilación del kerógeno y la rotura de las moléculas orgánicas para generar cadenas de hidrocarburos. En esta etapa es donde se produce la mayor parte del petróleo y también del gas natural. Finalmente, la última etapa, la metagénesis, se produce a partir de los 150 °C y hasta más de 200 °C, provocándose una destrucción mayor de las cadenas de hidrocarburos hasta que finalmente solo queda metano y un residuo de grafito, es en esencia un proceso de carbonización. En función de la naturaleza del kerógeno este producirá más hidrocarburos líquidos, más hidrocarburos gaseosos o ninguno de los dos. Los kerógenos que provienen de algas y fuentes marinas suelen producir petróleo, mientras que los provenientes de vegetación terrestre producen gas natural o, directamente, casi no producen hidrocarburos.

El petróleo se origina en lo que se conoce como roca madre o roca generadora, una roca sedimentaria con cierto contenido en materia orgánica proveniente de los restos de algas y materia vegetal que se mezclaron con los materiales inorgánicos en el momento del depósito de la roca. Una vez generado el petróleo, este no

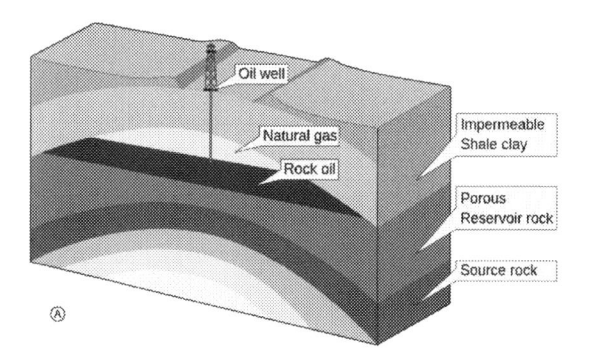

Esquema de una trampa petrolífera. El petróleo se generó en la roca madre (*source rock*) y migró hacia la roca almacén (*porous reservoir rock*) hasta llegar a una roca impermeable (*impermeable shale clay*) donde frena su migración y se crea una bolsa de petróleo, en este caso asociada a una bolsa de gas natural. Imagen: MagentaGreen. Wikimedia Commons.

se queda en la roca madre sino que migra hacia las llamadas rocas almacén, rocas de estructura porosa (arenas y carbonatos generalmente) que son permeables al paso del petróleo. El movimiento natural del petróleo es hacia arriba, así que si no encontrase obstáculos, migraría hasta la superficie. Sin embargo, lo que pasa es que generalmente durante el tránsito se encuentra rocas impermeables que impiden que la migración continúe. En el momento que la migración el petróleo no puede continuar, este queda atrapado en determinadas zonas donde se va acumulando con el paso de los años, creándose bolsas o trampas de petróleo que son los yacimientos en los que la extracción de petróleo ha sido económicamente rentable hasta hace unos años.

Químicamente, el petróleo es una mezcla de una gran variedad de hidrocarburos que coexisten en diferentes estados. Contiene los cuatro tipos fundamentales de hidrocarburos que existen (parafinas, olefinas, hidrocarburos aromáticos y naftenos) en cantidades variables en función del yacimiento y también una cantidad minoritaria de compuestos sulfurados, nitrogenados y oxigenados, además de trazas de metales y una cantidad variable de agua en emulsión, a veces salada. En función de su composición química se dividen en petróleos parafínicos, más fluidos y en los que predominan los hidrocarburos parafínicos; petróleos asfálticos, más viscosos y en los que predominan los naftenos e hidrocarburos aromáticos; y petróleos mixtos, con una composición equilibrada entre los distintos tipos de hidrocarburos.

61

Sin embargo, la clasificación del petróleo a nivel comercial se suele hacer con otros dos parámetros. El primero es la densidad del mismo, que se mide con el llamado grado API (American Petroleum Institute) que diferencia los crudos entre ligeros (grado API mayor de 31,1°), medios (entre 22° y 29,9° API), pesados (entre 10° y 21,9°) y extra-pesados (inferiores a 10° API). El segundo parámetro es la cantidad de azufre, que diferencia entre petróleos dulces (con un porcentaje de azufre menor al 0,5%) y los ácidos (más de 0,5% de azufre). Ambos parámetros son esenciales a la hora de definir la calidad de los petróleos y de hecho son las características básicas que definen a los petróleos comerciales.

En cualquier caso, la industria del petróleo distingue los petróleos en función de su origen. Cada región del mundo tiene su crudo de referencia que tiene un grado API y un contenido de azufre determinado, son estas referencias las que suelen usarse a la hora de hacer operaciones de compra y venta de petróleo. Existen 161 tipos distintos de petróleo según su origen, pero los principales crudos de referencia son cinco:

- West Texas Intermediate (WTI): De referencia en los Estados Unidos Proveniente de los campos petrolíferos de Texas y Oklahoma. Tiene un contenido en azufre muy bajo (0,24 %) y es ligero (API 39,6°).
- Brent: Petróleo de referencia en Europa, extraído de los yacimientos petrolíferos del mar del Norte. Con bajo contenido en azufre (0,37 %) y ligero (API 38°).
- Dubai: Es el petróleo de referencia en Asia. Es un petróleo de baja calidad, con bastante azufre (2,04%) y algo menos ligero que los anteriores (API 31°).
- Arab light: Petróleo de referencia en Arabia Saudí. Con contenido en azufre del 1,74 % y ligero (API 34°).
- Cesta OPEP: La Organización de Países Exportadores de Petróleo (OPEP) genera una referencia con una cesta con 12 referencias distintas de petróleos producidos por miembros de la OPEP. Son crudos de calidad media o baja, así que suele ser más barata que el Brent o el WTI.

Estas referencias no solo sirven para las transacciones de petróleo, también son referencias para muchos contratos de suministro de gas natural. De hecho, incluso los pequeños consumidores de gas tienen usualmente contratos indexados a alguna de estas referencias.

16
¿QUÉ PAÍS ACUMULA LAS MAYORES RESERVAS DE PETRÓLEO?

Como hemos comentado el petróleo es, desde hace décadas, la principal fuente de energía primaria del mundo al representar casi un tercio de la energía consumida mundialmente. Estados Unidos es el país en el que se desarrolló la industria petrolera y aún hoy es el que más petróleo consume y refina, por encima de China (Estados Unidos consume un 50% más de petróleo que China). Sin embargo, el país que mayores reservas probadas de petróleo tiene en el mundo es Venezuela, el 17,6% de las reservas mundiales; seguido por Arabia Saudí, con el 15,6%, y Canadá, con el 10%. A nivel de producción, los mayores productores de petróleo han sido tradicionalmente, por este orden, Arabia Saudí, Rusia y Estados Unidos, aunque este pódium se ha visto alterado desde 2014 a causa de la expansión del *fracking* en Estados Unidos que ha convertido a este país en el principal productor mundial de petróleo.

Que el petróleo sea la principal fuente de energía del mundo se entiende por el gran gasto energético que realiza el transporte. El transporte consume alrededor del 27% de la energía primaria mundial y casi toda esta energía se genera a partir de los derivados del petróleo. Excepto el transporte por tren, que está bastante electrificado, tanto el transporte en carretera como el transporte marítimo y aéreo dependen casi en su totalidad de los derivados del petróleo.

Según datos de 2012, un tercio de las emisiones mundiales de CO_2 producto de la actividad humana se deben al petróleo y sus derivados, por debajo del carbón (43% de las emisiones) pero por encima del gas natural (18%). A pesar de no ser la principal fuente de emisiones de CO_2, la realidad es que al usarse principalmente para el transporte su sustitución es mucho más complicada que la del carbón. Al fin y al cabo, una central térmica de carbón se puede sustituir fácil, relativamente, por otro tipo de central o de combustible, pero para cambiar los combustibles de los vehículos de transporte hacen falta alternativas que en la actualidad no están muy desarrolladas. No es solo cambiar un motor, es necesario crear una infraestructura de suministro adecuada y eso es mucho más complejo.

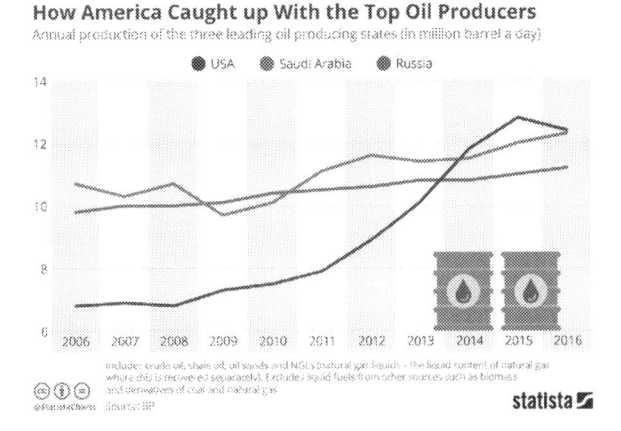

Producción de petróleo en millones de barriles diarios de los tres principales países productores entre 2006 y 2016. Como se puede observar en el gráfico, la producción de petróleo en Estados Unidos en 2006 estaba muy por debajo de Arabia Saudí y Rusia, mientras que ocho años después se situó como primer productor mundial a causa del *fracking*. Imagen: Gráfica creada por Statista con datos de BP.

Además de las emisiones de CO_2, el petróleo y sus derivados también generan el resto de contaminantes típicos de la combustión de hidrocarburos: SO_2, NOx, CO y partículas en suspensión. Sus efectos son especialmente relevantes para la salud humana, ya que derivados como el gasóleo y la gasolina se usan de combustible en los coches y sus emisiones afectan de lleno a los núcleos urbanos. Debido a las continuas normativas medioambientales y las mejoras técnicas las emisiones varían mucho según la época de fabricación de un vehículo, por ello son los vehículos nuevos bastante menos contaminantes que los antiguos. No obstante, por norma general, los vehículos diésel generan muchos problemas por la emisión de óxidos de nitrógeno y partículas de hollín, mientras que los coches gasolina emiten más monóxido de carbono (CO) debido a defectos en la combustión.

El transporte aéreo y el marítimo también tienen impactos relevantes sobre el medio ambiente. La aviación es responsable de entre el 2 y el 3% de las emisiones de CO_2 mundiales, sin embargo, los expertos consideran que es responsable del 3,5% del cambio climático antropogénico. Esta discrepancia se debe a que los efectos de los compuestos emitidos a grandes altitudes no son los mismos que a nivel del suelo. Así, las emisiones de NOx en la tropopausa son especialmente perjudiciales porque generan ozono, que es un gas de efecto invernadero. Por otro lado, el vapor de agua favorece la formación de estelas de condensación que también parecen contribuir al calentamiento del planeta. Respecto al transporte marítimo, también se estima que produce entre el 3,5 y el 4% de las emisiones de CO_2 mundiales, alrededor del 25% de todas las emisiones de NOx y el 9% de las emisiones de SO_2. Esta sobre emisión de SO_2 y NOx se debe al tipo de combustible que utilizan la mayoría de los grandes barcos y a las menores regulaciones medioambientales a las que han estado tradicionalmente sometidos. Diversos estudios aseguran que las emisiones de los buques han llegado a causar alrededor del 25% de las partículas en suspensión presentes en las zonas costeras y que son responsables de la muerte prematura de 60 000 personas al año.

Los problemas medioambientales que ocasiona el petróleo no acaban aquí. Un problema conocido y localmente muy grave son los derrames de petróleo producidos generalmente por la rotura o hundimiento de un buque petrolero y, en menor medida, por incendios en plataformas petrolíferas. Al ser el petróleo menos denso que el agua, estos derrames producen que el mar quede cubierto de una capa oscura de petróleo que afecta a toda la cadena alimentaria. La capa de petróleo impide el paso de la luz del sol, lo que impide que las algas puedan hacer la fotosíntesis y pueden llegar a morir. Los peces comen este petróleo y bioacumulan sustancias nocivas que pasan a sus depredadores provocando eventualmente su muerte. Las aves acaban cubiertas de petróleo y suelen morir de hipotermia o bien al comer este petróleo por intentar limpiarse las plumas. Los derrames de petróleo también generan problemas económicos, como los daños al sector pesquero que faena en esas aguas o la caída del turismo.

17

¿ESTAMOS CERCA DEL *PEAK OIL*?

El *peak oil* es un concepto ampliamente debatido en el mundo de la política y la energía que hace referencia al momento en que la producción de petróleo habrá alcanzado su máximo, decayendo a partir de ese momento hasta su abandono definitivo. Se basa en los estudios del estadounidense Marion King Hubbert, geólogo de la compañía petrolera Shell que describió cómo evolucionaba la extracción de petróleo de un yacimiento concreto. Según Hubbert, la extracción de petróleo de un yacimiento evolucionaba de forma similar a una campana de Gauss, aumentando el ritmo de extracción hasta llegar a consumir la mitad del petróleo para, a partir de ahí, comenzar a declinar. La extracción de cada barril se hacía progresivamente más costosa hasta que finalmente no compensaba seguir extrayendo, ya que se gastaba más energía en la extracción de la que se obtenía con el petróleo conseguido.

Hubbert razonó que si esa era la manera en que funcionaba un pozo en concreto, a nivel mundial debería pasar algo similar y llegaría un momento en que se alcanzaría un máximo de producción para ir decayendo a partir de ese punto, haciéndose el petróleo cada vez más caro. Hubbert publicó en 1956 que el pico máximo de producción de petróleo en los Estados Unidos se produciría entre 1965 y 1970, teoría que fue criticada por sus colegas en ese momento. Sin embargo, en 1971 se produjo ese pico de producción en los Estados Unidos, lo que popularizó la teoría de Hubbert. Sin cumplir una distribución estrictamente gaussiana, porque hubo un pequeño repunte a finales de los 70, la producción petrolera en los Estados Unidos más o menos cumplió lo predicho por Hubbert hasta 2010, aunque a partir de ahí se ha vuelto a ver un repunte importante producido por algo que Hubbert no predijo: el *fracking*. Otra de sus predicciones fue que el pico de producción a nivel mundial sería alrededor de 1995, algo en lo que no acertó.

El debate entre los defensores y detractores del *peak oil* es bastante enconado. Los detractores dicen que los nuevos descubrimientos de petróleo, los avances tecnológicos y las nuevas técnicas como el *fracking* hacen que esta teoría no tenga sentido. Los defensores argumentan que el petróleo, como recurso finito, llegará inevitablemente a su declinación y que, por tanto, las ideas que se extraen del pico de Hubbert son ciertas en lo esencial ¿Quién tiene razón?

Según el boletín estadístico anual de la petrolera BP del año 2016, las reservas probadas de petróleo durarán 50 años y medio al ritmo de consumo actual. Esto son las reservas probadas a día de hoy, es posible que haya descubrimiento de nuevo pozo en los próximos años o que el ritmo de consumo cambie y por tanto ese número de años varíe. No obstante, si miramos el mismo boletín

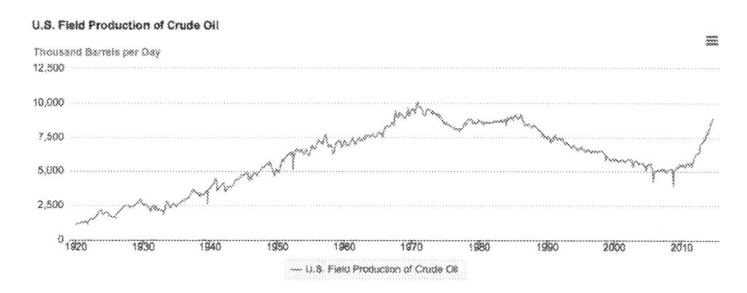

U.S. Field Production of Crude Oil
Thousand Barrels per Day

Evolución de la producción de petróleo en los Estados Unidos de 1920 a 2014. Como se puede observar, la producción de petróleo fue máxima en 1971 y a partir de ahí decayó hasta prácticamente 2010, siguiendo las predicciones de Hubert. Pero a partir de 2010 la producción de petróleo volvió a repuntar con fuerza gracias al *fracking*.

del año 2014 vemos que allí las reservas probadas garantizaban petróleo para 53 años. Esto quiere decir que no ha habido grandes descubrimientos, de hecho, si observamos los datos veremos cómo las reservas escasamente han aumentado.

Eso no quiere decir que no vayan a haber nuevos descubrimientos, los habrá, pero es evidente que el petróleo es un recurso finito y se acabará algún día y que, por tanto, llegaremos en algún momento a un decaimiento de la producción. Este decaimiento no tiene por qué ser continuo ni seguir una campana de Gauss perfecta, puede ser un bache que podría vivir repuntes puntuales, pero esa será fatalmente la tendencia. No obstante, ese momento aún no ha llegado, la producción de petróleo sigue aumentando año a año y no está claro cuándo comenzará a declinar con las consecuencias previstas de aumento progresivo de precio, si es que lo va a hacer.

No obstante, ya hay algunos analistas que han comenzado a utilizar otro concepto aplicado al petróleo, el *peak demand* ('pico en la demanda'). La diferencia entre el *peak oil* y el *peak demand* es que el primero implica un aumento progresivo y constante de precios en cuanto la demanda comience a caer, mientras que el *peak demand* implicaría simplemente que la producción de petróleo caerá por una menor demanda, sin que tenga que producirse ese aumento de precio esperado por los costes de producción.

El *peak demand* podría llegar en breve sencillamente porque el mundo deje de necesitar tanto petróleo. Una cosa que Hubbert no pudo pronosticar hace décadas es que las energías renovables podrían llegar a ser tanto o más competitivas que el petróleo y que habría múltiples alternativas para sustituirlo. Hoy se comienza a hablar de una inminente extensión de los coches eléctricos por las principales economías del mundo, de buques que van a funcionar con gas natural, de eliminación progresiva de los combustibles fósiles en la generación de electricidad, de aumentar los costes por emisiones de CO_2, etc. Estas realidades deberían llevar a una reducción de la demanda de petróleo a medio plazo y esta caída de demanda, probablemente, lo que hará será bajar el precio del petróleo, no aumentarlo, al menos mientras este se mantenga por encima de los costes de extracción.

En definitiva, quizá el *peak oil* no llegue como predijo Hubbert, quizá simplemente lleguemos a un *peak demand* sin las catastróficas consecuencias del *peak oil*. Pero lo que es seguro es que las reservas de petróleo no durarán para siempre si se sigue utilizando de forma masiva y que tarde o temprano el petróleo tendrá que ser sustituido por otras fuentes de energía.

18
¿Por qué oscilan tanto los precios del petróleo?

Cualquiera que siga las noticias económicas o simplemente quien haya puesto combustible en su automóvil durante varios años es consciente de que el precio del petróleo tiene subidas y bajadas muy pronunciadas sin un patrón normal aparente. Estamos acostumbrados a determinados tipos de cambios de precios, subidas de precio por carestía temporal de un determinado bien, bajadas de precio por madurez tecnológica de determinados bienes tecnológicos o subidas generales de precio debidas a la inflación, pero estas subidas y bajadas de precio tan bruscas y aparentemente aleatorias como las del petróleo suelen ser desconcertantes para el ciudadano, que no entiende bien cómo algo puede duplicar su valor o hundirse a la mitad en pocos meses.

Podría pensarse que los precios del petróleo dependen de sus costes de extracción, a los que los productores sumarían un margen lógico para dar un precio final que se vería parcialmente afectado por cuestiones de oferta y demanda, pero esto realmente no funciona así. No todos los yacimientos tienen los mismos costes de extracción, de hecho, hay diferencias enormes entre ellos. La consultora especialista en petróleo y gas, Rystad Energy, calculó que, para el año 2016, los precios de producción oscilaban entre los 8,5 $ el barril que tiene Kuwait hasta los 52,5 $ el barril que le cuesta al Reino Unido extraer el petróleo del mar del Norte, estando entre estos valores todos los principales productores de petróleo convencional (los países de Oriente Próximo tienen costes de extracción menores a 13 $ el barril, Rusia a 17,3 $, Venezuela a 23,5 $, México a 29 $, EEUU y Noruega a poco más de 36 $, Canadá a 41,1 $ y Brasil a 48,8 $). Independientemente del coste de extracción, todos estos países venden el petróleo a precios similares (cambian en función de la referencia, pero las variaciones son pequeñas) y lo que varía es su margen de beneficio.

El petróleo no es solo un bien físico, también es un valor que cotiza en los mercados internacionales. Los petróleos de referencia, como el Brent o el Texas, cotizan en mercados de materias primas como el International Petroleum Exchange de Londres o el New York Mercantile Exchange. Al igual que otros productos financieros, como las acciones, su precio varía cada minuto y está sometido a oscilaciones habituales de mercado, especulativas o no. Las tendencias de precio a largo plazo suelen estar condicionadas básicamente por la oferta y la demanda, pero en el mundo del petróleo estas son particulares: la demanda es bastante inelástica (no se deja de demandar petróleo porque suba el precio, porque en la mayoría de ocasiones no hay con qué sustituirlo) y hasta ahora ha sido ascendente, y la oferta la proveen un número limitado de países y muchos de ellos están formando un cártel, la Organización de Países Exportadores de Petróleo (OPEP).

La OPEP es una organización que reúne a la mayoría de los principales países productores de petróleo del tercer mundo. Se fundó en 1960 por cinco países (Venezuela, Arabia Saudí, Irak, Irán y Kuwait), pero posteriormente se fueron añadiendo más países hasta llegar a los catorce miembros actuales. Se creó originariamente para poder tener más poder de negociación frente a las grandes petroleras que dominaban el precio del mercado y que pagaban a los países productores, según la percepción de estos, una cantidad muy pequeña de los beneficios que posteriormente obtenían con la venta del petróleo extraído. La función de la OPEP es coordinar las políticas de producción de los países miembros, lo que suele hacer ajustando las cuotas de producción de cada uno de ellos para así poder controlar la oferta. Cuando la OPEP baja la producción el precio internacional sube y al revés, cuando sube la producción los precios caen. Dependiendo la situación del mercado pueden preferir hacer una cosa u otra. Por ejemplo, si hay mucha demanda normalmente aumentarán la producción en una cantidad que no haga caer muchos los precios y así obtener mayores ingresos. En cambio, si el precio está muy deprimido tenderán a recortar la producción para hacerlo subir. También podría ser que quisiesen evitar la entrada de competidores en el mercado, lo que les podría llevar a aumentar la producción y deprimir el precio voluntariamente. Los países productores buscan su beneficio a medio plazo y, en base a eso, trazan una estrategia común.

Si analizamos la evolución de los precios del petróleo durante el último medio siglo veremos que la OPEP ha tenido un papel relevante en la mayoría de las grandes oscilaciones. La crisis del petróleo de 1973, por ejemplo, se produjo por la decisión de la OPEP de dejar de vender petróleo a los países que habían apoyado a Israel en la guerra del Yom Kipur, entre ellos los Estados Unidos y la mayoría de países de la Europa occidental. El embargo solo duró seis meses, pero en este tiempo el precio del barril de petróleo se multiplicó por cuatro (de 2,90 $ a 11,90 $). Otro ejemplo fue el pacto de la OPEP de 1999 por el que los productores redujeron su producción en más de dos millones de barriles diarios, lo que provocó que el precio del petróleo casi se triplicase en dos años (de 10 $ a 30 $). Lo mismo pasó a finales de 2008, cuando la OPEP decidió un recorte de 2,2 millones de barriles diarios para intentar recuperar los precios del petróleo que, a causa de la crisis económica de 2008, habían descendido un 70% en seis meses, algo que finalmente consiguió.

Más recientemente hemos visto la situación inversa. A pesar de la caída del precio del petróleo en 2014, la OPEP no reaccionó bajando la producción como usualmente hacía sino más bien lo contrario, aumentándola, con el objetivo de mantener los precios bajos. Esta estrategia, aparentemente extraña, tiene como objetivo mantener la cuota de mercado de los países de la OPEP que estaba siendo amenazada a causa de la competencia del *shale oil* o petróleo de esquisto. A precios altos se producen inversiones para extraer el *shale oil*, pero a precios relativamente bajos su extracción deja de ser viable, así que mantener un precio bajo es una estrategia a medio plazo para eliminar competidores. Esta decisión, no obstante, no fue unánime en la OPEP, puesto que países como Venezuela, muy

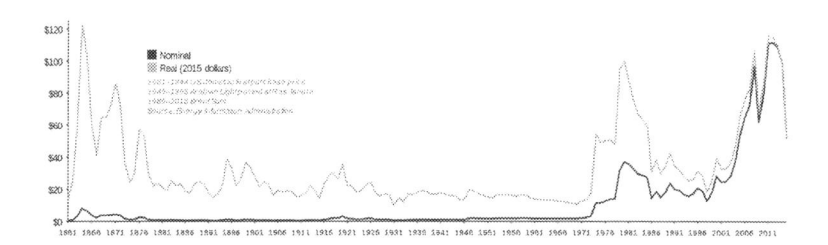

Evolución de los precios del barril de petróleo de 1861 a 2011. La línea superior representa el coste en dólares reales con valor de 2015 y la inferior ese mismo coste en dólares nominales. El coste en dólares reales nos ofrece una visión mucho más certera de la evolución de los precios del petróleo.

dependientes de los ingresos del petróleo, eran partidarios de bajar la cuota de producción para provocar un incremento de precios. Además de las estrategias e intereses de los productores en hacer aumentar o disminuir los precios, también hay fluctuaciones que se producen por cuestiones de oferta y demanda que no dependen de la voluntad de los productores. Un ejemplo es la crisis del petróleo del 79, que fue producida por acontecimientos geopolíticos que produjeron una reducción de la extracción de petróleo en dos países productores, o la revolución iraní de 1979 y la posterior guerra entre Irak e Irán. Si los conflictos geopolíticos generan inflación en los precios del petróleo, las crisis económicas ocasionan lo contrario, importantes bajadas de precio. Así se vio de forma muy destacada con la crisis económica de 2008 que llevó al barril de crudo de 125 $ a menos de 50 $ en seis meses o también con la crisis financiera asiática de 1997.

19

¿Es el gas natural el combustible fósil menos contaminante?

El origen del gas natural es muy similar al del petróleo. Ambos proceden de la degradación de la materia orgánica y del kerógeno, la diferencia es que mientras el petróleo se forma en la etapa de catagénesis del kerógeno, el gas natural se forma en todas las etapas.

El gas natural, al igual que el petróleo, se genera en la roca madre y migra hacia las rocas almacén, quedando también atrapado en trampas petroleras. Puede aparecer asociado al petróleo en el mismo yacimiento o bien de forma aislada. Cuando aparece asociado al petróleo suele contener un porcentaje relevante de otros alcanos como el etano, el propano o el butano, y entonces se conoce como gas húmedo. Cuando este porcentaje de otros alcanos es residual (menor del 5%) se llama gas seco y es más apreciado. Además de estar presente en ocasiones junto al petróleo, también hay gas natural asociado al carbón, gas que tradicionalmente suponía un problema para las actividades de minería pero que actualmente se recupera y se comercializa.

Los alcanos que están presentes en el gas húmedo aparecen en cantidades distintas, mayores cuanto menor número de carbonos tiene el alcano. Así pues, el alcano que está más presente en el gas natural (obviamente sin contar el metano) es el etano, que aparece en un porcentaje mucho mayor que el propano y este que el butano y el pentano. Estos alcanos se separan del gas natural en el proceso de tratamiento después de su extracción y forman lo que se llama líquidos del gas natural, que posteriormente se envían a una refinería y se separan. El etano se usa básicamente para fabricar etileno y este a su vez para fabricar plásticos. El propano se usa como combustible o bien en procesos petroquímicos. El butano, que existe en forma de dos isómeros distintos, se usa como combustible, como aditivo para la gasolina o para fabricar caucho, teniendo cada isómero un uso diferente. Finalmente, el pentano se usa para fabricar espuma de poliestireno o también para la fabricación de gasolinas. Además de los alcanos, el gas natural extraído contiene pequeños porcentajes de sulfuro de hidrógeno, gases nobles, nitrógeno, oxígeno y CO_2. Todos estos gases también se extraen en el tratamiento posterior a la extracción del gas del yacimiento.

El gas natural tiene un poder calorífico variable en función del porcentaje de metano que presente. Si el porcentaje de metano es muy alto, su poder calorífico es superior al del resto de hidrocarburos, alrededor de 49 MJ/kg, mayor al de cualquier variedad de carbón, al de los derivados del petróleo (el fueloil tiene un poder calorífico de 40 MJ/kg y el gasoil de algo menos de 43 MJ/kg) e incluso al de los gases licuados de petróleo (46 MJ/kg). La reacción de combustión del gas natural es limpia

Tipo de combustible	Poder Calorífico Inferior (MJ/kg)
Gas Natural	49
Metano	50
Petróleo bruto	42,5
Fuelóleo	39,9
Gasóleo	42,5
GLP	45,9
Biodiésel	36,9
Lignito	13,3
Bioetanol	26,9
Hidrógeno	120

Poderes caloríficos inferiores de distintos combustibles. Los valores son variables en función de la naturaleza de cada uno de los combustibles, pero si el gas natural está compuesto casi completamente por metano, su poder calorífico es el más alto entre los combustibles con la única excepción del hidrógeno. Fuente: Elaboración propia con datos del IDAE y de la Asociación Española del Hidrógeno.

y si el metano es puro y la combustión es completa, tan solo genera CO_2 y agua:

$$CH_4 + 2\,O_2 \rightarrow CO_2 + 2\,H_2O$$

Esta reacción «limpia» es la que produce las principales ventajas medioambientales del gas natural. En su combustión el gas natural genera casi la mitad de CO_2 que los lignitos y casi un 30% menos de emisiones de CO_2 que el fueloil. A nivel de movilidad, los coches de gas natural vehicular emiten por kilómetro recorrido un 25% menos de CO_2 que los coches gasolina y un 15% menos que los coches diésel. En el terreno de la generación eléctrica las diferencias son todavía mayores, puesto que el gas natural se suele usar en centrales de ciclo combinado, un tipo de central que tiene dos ciclos térmicos y que es más eficiente que las centrales térmicas convencionales. La emisión de CO_2 por kWh generado de un ciclo combinado de gas es menos de la mitad que el de una central térmica convencional de carbón.

Pero sus ventajas no son solo la menor emisión de CO_2. La combustión del gas natural prácticamente no genera partículas y genera una cantidad casi insignificante de SO_2, ya que el único azufre que lleva el gas natural es que se le añade en forma de mercaptano, un aditivo odorizante que se utiliza para darle olor y poder así detectar sus fugas. También genera menos emisiones de óxidos de nitrógeno que los otros combustibles fósiles: un coche que funcione a gas natural vehicular emite un 50% menos de

óxidos de nitrógeno que un coche gasolina y un 95% menos que un diésel.
 Sin embargo, el gas natural también tiene un pequeño problema que son las fugas que se producen. El metano es también un gas de efecto invernadero, de hecho, su capacidad de calentamiento atmosférico es 34 veces superior a la del CO_2. Fugas y pérdida de metano se producen en todo el ciclo de vida del gas natural, desde la extracción al uso pasando por el transporte, aunque ciertos estudios limitan estas pérdidas al 1% del volumen de gas utilizado.

20
¿Por qué el gas natural es mucho más caro en Japón que en Estados Unidos?

El gas natural es la tercera fuente de energía primaria que usamos los seres humanos (24,15%), por detrás del petróleo (33,25%) y del carbón (28,1%). Alrededor del 40% del gas natural que se usa en el mundo es como combustible para generación de electricidad, destinándose al uso industrial y al residencial (para calefacción) en porcentajes menores. El primer país que usó el gas natural en la época contemporánea (pues los chinos ya hicieron rudimentarias canalizaciones en la edad antigua) fue los Estados Unidos, que a principios del siglo XIX comenzó a canalizar el gas natural para usarlo en iluminación. Hoy en día sigue siendo el principal productor de gas natural, aunque esta posición es relativamente reciente.
 Al igual que pasó con el petróleo, la producción de gas natural en los Estados Unidos comenzó a declinar a principio de la década de los 70 y así siguió hasta bien entrada la década del 2000, cuando las nuevas técnicas de fractura hidráulica (*fracking*) generaron una nueva edad de oro para el gas natural. En 2009, los Estados Unidos superaron a la federación rusa como principal productor mundial de gas natural, aumentando anualmente la diferencia con crecimientos de la producción anual de entre el 4% y el 5%, mientras la producción gasista de Rusia ha estado prácticamente estancada. Tan solo en el año 2016, la producción de gas en los Estados Unidos decreció debido a los bajos precios del petróleo y del gas natural convencional, que produjeron cierres de pozos de *fracking* que no

podían ser competitivos en ese entorno de precios. Después de Estados Unidos y Rusia, los siguientes principales productores de gas natural son: Irán, Catar, Canadá y China.

El principal consumidor de gas natural del mundo también es Estados Unidos, que, a pesar del crecimiento de su producción en los últimos años, ni siquiera llega a cubrir sus necesidades internas. El segundo consumidor es Rusia, seguido de China, Irán y Japón. El consumo de gas natural en China prácticamente se ha multiplicado por cuatro en la última década, en parte debido al crecimiento económico del país, pero principalmente a causa de los grandes problemas de contaminación que sufre el país por el uso intensivo del carbón. Esto ha llevado a las autoridades a seguir políticas de eliminación del carbón cerca de las grandes urbes. Un ejemplo de estas políticas es la subvención íntegra de calderas de gas natural a los ciudadanos que todavía las tienen de carbón. Aun así, el consumo de gas natural en China es solo del 6,2% de su energía primaria, así que seguirá en aumento y se convertirá en muy poco tiempo en el segundo consumidor mundial. El consumo de Japón también se incrementó mucho tras el accidente nuclear de Fukushima en 2011, ya que este produjo una paralización de muchas centrales nucleares que tuvieron que ser sustituidas por centrales de gas. Aunque obviamente este crecimiento fue mucho menor al crecimiento chino por simple cuestión de tamaño.

Según el BP Statistical Review of World Energy de 2017, las reservas probadas de gas natural en el mundo son 186,6 billones de metros cúbicos, reservas que al ritmo de consumo actual durarían 52 años y medio. Las mayores reservas no se encuentran en los Estados Unidos sino en la federación rusa y en Irán. De hecho, al ritmo de consumo actual y solo con las reservas probadas a 2016, los Estados Unidos agotarán su gas en menos de 12 años. Otros países con grandes reservas de gas natural son Catar y Turkmenistán.

A diferencia de lo que pasa con el petróleo, donde los diferentes crudos de referencia mundiales tienen precios que no suelen diferenciarse más de un 10 o un 15% los unos de los otros, en el caso del gas natural la diferencia de precio por regiones es muy acusada. Los precios del gas natural se fijan en los *hubs* virtuales de gas, mercados organizados que hay en las distintas regiones y que marcan distintas referencias de precio. Las referencias más importantes son el Henry Hub (HH) en los Estados Unidos, el British Balancing Point (NBP) en el Reino Unido, el Title Transfer Facilitie (TTF)

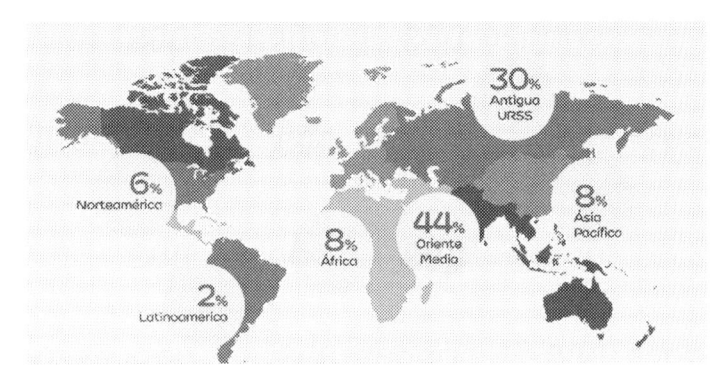

Reservas probadas de gas natural por región del mundo. La mayoría de las reservas de gas natural se encuentran en las naciones del Golfo y en los países de la antigua URSS. Los porcentajes varían ligeramente en función de la fuente y el año. Imagen cedida por EDP.

holandés y el Japan Korea Market (JKM) japonés. Pues bien, en diciembre de 2016 el precio del HH, el gas americano, estaba en 11,68 €/MWh, mientras que el precio del JKM, el gas en Japón, estaba en 28,57 €/MWh, casi un 250% más. Estas diferencias aparentemente escandalosas no son ni siquiera las mayores que ha habido en los últimos años. A final de 2011, justo después del accidente de Fukushima el precio del gas en el JKM japonés era cuatro veces superior al del gas americano.

La razón de estas diferencias enormes, tan superiores a las del petróleo, son varias. La más importante es que no existe una infraestructura lo suficientemente desarrollada para que haya un arbitraje eficiente de precios. Para poder transportar el gas hay que hacerlo por gaseoducto o por buque de gas natural licuado, y para poder transportarse el gas licuado debe haber plantas de licuefacción en el país exportador y plantas de regasificación en el país receptor, pudiéndose generar cuellos de botella y generando costes adicionales al gas. Por otro lado, la mayoría del gas natural que se consume en el mundo se hace por gaseoducto, lo que es un impedimento para la igualación de precios. Adicionalmente, acontecimientos como la enorme producción de gas no convencional en Estados Unidos o el accidente de Fukushima han generado tendencias de precio opuestas entre Norteamérica y Asia.

En resumen, a pesar de ser la tercera fuente de energía primaria en el mundo y la menor entre todos los combustibles fósiles, es previsible que su demanda aumente en los próximos años superando al carbón a corto plazo. A medio plazo podría llegar a ser la primera fuente de energía en función de cómo evolucione el transporte de personas y mercancías en el mundo, fundamentalmente si este deja de depender del petróleo y pasa a electrificarse o a depender en mayor medida del gas natural u otros combustibles distintos de los derivados del petróleo.

21
¿Puede ser el gas natural un combustible de transición?

En medio de la necesidad de reducir las emisiones de CO_2 para frenar el cambio climático y la obvia dificultad de poder prescindir de los combustibles fósiles a medio plazo, la idea de que el gas natural sea un combustible de transición entre la actual época de preponderancia de los combustibles fósiles y un futuro donde la energía sea limpia y renovable está bastante generalizada, tanto en medios políticos como sociales y económicos. Como hemos visto hasta ahora, el gas natural es el menos contaminante entre los combustibles fósiles. Las centrales de ciclo combinado de gas emiten la mitad de CO_2 que las centrales térmicas convencionales de carbón y los coches que funcionan con gas natural comprimido emiten entre un 15 y un 25% menos de CO_2 que los coches diésel y gasolina respectivamente. Y si consideramos el resto de contaminantes atmosféricos, las ventajas del gas natural son todavía mayores.

Es evidente que la sustitución del carbón y el petróleo por gas natural supondría una mejora medioambiental que no eliminaría los problemas pero sí los reduciría. La cuestión es cuánto los reduciría, si es factible a nivel de infraestructura hacer estos cambios y durante cuánto tiempo esta transición sería posible o recomendable.

Para analizar si el gas natural puede ser un buen combustible de transición hay que examinar sus reservas. En el año 2016, las reservas probadas de gas natural en el mundo eran suficientes para cincuenta y dos años y medio de consumo al nivel de utilización actual. Los niveles de reservas varían con el tiempo, normalmente hay nuevos descubrimientos cada año y también extracción de los yacimientos conocidos, y en función de qué concepto sea mayor, las reservas aumentarán o disminuirán. Habitualmente las reservas anuales tienden a subir al ser los descubrimientos mayores a las extracciones, de hecho entre 2002 y 2016 las reservas de gas natural aumentaron de casi 156 a 186,6 billones de metros cúbicos de gas. Sin embargo, el consumo de gas también aumentó mucho en esos catorce años, por lo que en 2002 había reservas de gas para casi sesenta y dos años de consumo a los niveles de ese año y en 2016 tenemos para diez años menos. Hay que tener en cuenta que el concepto de «reservas probadas» implica aquellas reservas que, en el momento del estudio, eran posibles de recuperar con las técnicas existentes y de forma económicamente viable. Entre 2002 y 2016 se ha producido la revolución del *fracking* y, sin embargo, hoy tenemos menos años de consumo por delante que en 2002.

Si el gas natural va a ser el combustible de transición, será necesario que sustituya parcialmente al carbón para la producción de electricidad (combustible que produce más del 40% de la electricidad mundial) y también parcialmente al petróleo para la movilidad tanto en coches como en vehículos pesados y en buques mercantes. Esto supondría un aumento intenso y constante de la demanda de gas natural, probablemente bastante por encima del 2,4% anual de crecimiento que está teniendo en los últimos años. Sustituir al petróleo en el sector del transporte, aunque sea parcialmente, requeriría cantidades enormes de gas natural. El sector del transporte consume alrededor del 25% de la energía mundial y la inmensa mayoría de esta depende de los derivados del petróleo. A nivel de movilidad particular el gas natural competiría con el coche eléctrico, pero quizá sería preponderante en principio en el transporte de mercancías por carretera (alrededor del 5% del consumo de energía mundial) y el transporte por mar (alrededor del 2,5%). También podría introducirse como combustible de aviación mediante su transformación en hidrocarburos líquidos mediante un proceso que se llama *Gas To Liquids* (GTL), aunque esto es bastante incierto, ya que no tiene ventajas en cuanto emisiones netas de CO_2 respecto al queroseno del petróleo (aunque sí respecto a otros contaminantes).

La agencia internacional de la energía publicó, en su informe de 2017 sobre previsiones futuras de uso de la energía, unos pronósticos de consumo para 2040 en las que planteaba un consumo de gas natural para ese año de más de 5 billones de metros cúbicos anuales (frente a los 3,5 actuales), un 43% de incremento. En este escenario no se aprecia una sustitución importante del resto de combustibles fósiles por gas natural, pues pronostica un escenario con consumo de carbón igual que el actual y de petróleo un 20% superior. El escenario estima que el gas natural solo supondría el 11% del combustible para transporte en 2040. Por otro lado, respecto al uso de gas natural para generación de electricidad, este aumentaría alrededor de un 60% para 2040, pero, teniendo en cuenta que la generación de electricidad aumentaría un 45 % al final, el porcentaje de gas natural en la generación eléctrica no aumentaría demasiado. En definitiva, ese escenario podría tildarse de conservador, donde el gas natural no sería ni de lejos ese combustible de transición que sustituiría al resto de combustibles fósiles. Sin embargo, incluso en ese escenario, el consumo de gas natural sería muy superior al actual.

Un escenario donde verdaderamente el gas natural fuese combustible de transición podría implicar volúmenes de consumo de gas muy superiores a los que indica el escenario de la agencia internacional de la energía para 2040 ¿Tendríamos gas natural suficiente para sostener su consumo? No conocemos cuál va a ser la evolución de las reservas, pero a la vista del histórico observado creo que existen dudas más que razonables para pensar que el gas natural puede ser un combustible de transición que dure mucho tiempo.

El gas natural tiene un papel en la evolución de la energía en los próximos años. No podemos prescindir de los combustibles fósiles a corto plazo y, por tanto, deberíamos priorizar el combustible que menos CO_2 emite, el gas natural, que además tiene otras ventajas a nivel de emisión de menores contaminantes atmosféricos. Sin embargo, no parece que haya la suficiente abundancia del mismo para usarlo masivamente durante mucho tiempo. Además, para cumplir los objetivos del Acuerdo de París contra el cambio climático no sería suficiente con sustituir el carbón y el petróleo por gas natural.

La expansión del gas natural debe ir de la mano de las energías renovables, usándose sobre todo en aquellos terrenos donde las renovables se encuentren con dificultades técnicas o logísticas. Quizá sea la mejor alternativa hoy en día para buques y vehículos pesados. Será también muy útil para sustituir rápidamente centrales de carbón y coches de combustión (al fin y al cabo la vida útil de un coche no es mucho más de diez años), pero siempre teniendo en cuenta que su uso como combustible de transición quizá no pueda ir más allá del medio plazo.

22
¿EN QUÉ CONSISTE EL FRACKING?

El *fracking*, o fractura hidráulica, es una técnica de extracción de hidrocarburos que permite la extracción de petróleo y gas natural directamente de la roca generadora, técnica que se ha extendido durante los últimos años de forma bastante polémica.

El proceso del *fracking* es el siguiente: se realiza una perforación vertical de más de tres kilómetros de profundidad hasta llegar a la roca madre y, una vez allí, se pasa a perforar horizontalmente dentro de la misma para intentar abarcar la mayor cantidad de roca posible. Una vez hecha la perforación, se introduce una tubería con doble o triple revestimiento por la que se inyecta una mezcla de agua, arena y productos químicos a alta presión. La presión causada por la inyección de este líquido fractura la roca madre por múltiples zonas y permite la liberación del hidrocarburo de la roca madre y su posterior ascensión.

El líquido inyectado se compone entre en más de un 98% de agua y arena, siendo la mezcla de productos químicos entre el 0,5% y el 2% de la mezcla. La arena que se usa para el *fracking* es una arena específica, generalmente con base de cuarzo y con un tipo de grano muy redondeado y uniforme, que se usa de apuntalante. La función de las arenas de *fracking* es mantener la grieta en la roca madre abierta una vez se elimine la presión del agua, de ahí que deban ser muy resistentes al aplastamiento y puedan mantener un espacio poroso por el cual los hidrocarburos puedan fluir.

Los productos químicos que se usan en el *fracking* son de varios tipos. Se usan ácidos para limpiar la suciedad alrededor de las perforaciones, desinfectantes para evitar la proliferación de bacterias, inhibidores de incrustraciones para evitar la precipitación de carbonatos, y sulfatos en los conductos, ácidos para evitar la precipitación de compuestos de hierro, inhibidores de la corrosión, agentes gelificantes, etc. Cada pozo usa su combinación de productos químicos en función de la naturaleza del terreno.

El *fracking* se ha vuelto muy relevante en el mundo de los hidrocarburos, fundamentalmente en un país, los Estados Unidos. En este país se lleva utilizando el *fracking* desde los años 50 sin excesiva relevancia, pero fue a partir de 2007 cuando las mejoras técnicas y el aumento del precio internacional del petróleo permitieron la expansión masiva de esta técnica. Según datos de la agencia

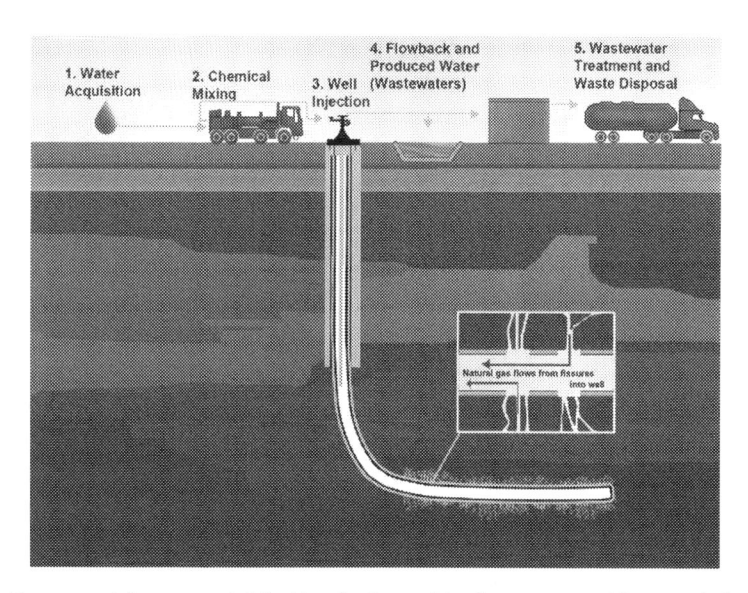

Esquema del proceso del *fracking*. La inyección de agua a presión mezclada con productos químicos produce grietas en la roca madre que libera el petróleo o el gas natural permitiendo su extracción. El proceso requiere uso de grandes cantidades de agua y el tratamiento posterior de las aguas contaminadas.

internacional de la energía del año 2014, más de la mitad del gas natural y casi la mitad del petróleo extraído en los Estados Unidos provenía del *fracking*. En Canadá también es relevante, pero la producción de hidrocarburos por esta técnica aún es muy minoritaria comparado con la extracción del gas y el petróleo convencional. En cierta manera es normal que haya sido Estados Unidos el país donde el *fracking* se ha extendido más. A partir de los años 70 la extracción de petróleo y gas natural en Estados Unidos comenzó a decaer, abandonándose pozos por relativo agotamiento y no ser ya rentable su extracción. El *fracking* no solo se usa en pozos nuevos, de hecho, es habitual que se use en campos petrolíferos donde el petróleo convencional está agotado pero, en cambio, aún se mantienen grandes cantidades de petróleo en la roca madre. En 2015 existían en los Estados Unidos casi 300 000 pozos petrolíferos que usaban el *fracking* para extraer petróleo o gas natural.

Ese número de pozos nos indica uno de los problemas básicos de la fractura hidráulica: un pozo de *fracking* tiene una vida muy limitada y unas producciones decrecientes muy altas nada más abrir

81

el pozo, pero que caen rápidamente hasta producir alrededor del 80% menos a los tres años, por lo que dejan de ser rentables. Eso lleva a la continua perforación de pozos en el mismo campo para satisfacer las necesidades de producción (se estima que se perforan unos 20 000 pozos al año en Estados Unidos), agotándose los hidrocarburos mucho antes que en los yacimientos de petróleo o gas convencional. A los 10 años del inicio de su perforación mediante *fracking*, muchos campos entran en fase de declive.

Sin embargo, la gran polémica del *fracking* está causada por cuestiones medioambientales. Muchos grupos ecologistas y algunos estudios denuncian que el *fracking* produce contaminación de acuíferos debido a los productos químicos que se usan, el uso intensivo de las reservas de agua, la emisión de mayores emisiones de metano a la atmósfera que con la extracción de gas natural convencional y sismicidad inducida. La industria del *fracking*, en cambio, niega tales acusaciones y asegura que no es posible la contaminación de acuíferos con los actuales estándares de la industria, que el gasto de recursos hídricos no supera el 1% de los mismos y que los terremotos provocados por el *fracking* son imperceptibles para el ser humano o, en el peor de los casos, muy débiles. Este tipo de conflictos con puntos de vista tan radicalmente opuestos son muy habituales en el mundo de la energía y, en general, en cualquier actividad donde haya cuestiones económicas de por medio.

La realidad es que sí ha habido casos de contaminación de acuíferos. En 2014 el departamento de protección ambiental del estado de Pensilvania publicó centenares de casos de pozos privados de agua potable contaminados por las actividades de *fracking* en ese estado. En 2016, hubo una sentencia judicial que condenó a una empresa de *fracking* a pagar más de cuatro millones de dólares a dos de esas familias que se habían negado a pactar de forma privada con la empresa, algo que sí hicieron otros cuarenta residentes. Por otro lado, la Agencia de Protección Ambiental de Estados Unidos publicó un estudio a finales de 2016 donde indicaba que el *fracking* puede afectar a los recursos de agua potable, aunque no se encontró una contaminación generalizada. También ha habido evidencia de terremotos causados por la fractura hidráulica. En 2011 hubo un terremoto de 5,7 grados en la escala de Richter en una ciudad de Oklahoma. En 2011 ocurrieron dos terremotos en la ciudad de Blackpool en el Reino Unido, de 2,3 y 1,5 en la escala Ritcher, que llevaron a la prohibición temporal del *fracking* en aquel país (posteriormente levantada).

Debido a los riesgos medioambientales muchos países del mundo han prohibido el *fracking* o han establecido una moratoria. Países como Francia, Alemania, Holanda, Bélgica, Irlanda, Austria, República Checa, Bulgaria, Escocia o Gales no permiten el *fracking* en sus territorios. Cinco estados australianos también tienen una moratoria sobre el *fracking* e incluso en los EEUU, los estados de Vermont, New York y Maryland han prohibido el *fracking* dentro de sus límites estatales.

23
¿Cómo funciona una central térmica?

Una central térmica o termoeléctrica es aquella que usa la combustión de un combustible fósil para generar electricidad. Las centrales térmicas pueden funcionar con carbón, con gas natural o con derivados del petróleo (fueloil o gasoil generalmente), pero independientemente del combustible utilizado su funcionamiento es el mismo y producen la energía de la misma manera. Las primeras centrales térmicas se crearon en la segunda mitad del siglo XIX, pero funcionaban con motores de vapor de pistones y generaban muy poca electricidad. A finales del siglo XIX las centrales comenzaron a usar la turbina de vapor, desarrollada por el ingeniero británico Charles Parsons. Una turbina de vapor es una máquina rotatoria que se compone de una rueda con palas o hélices, unida a un eje que forma parte de un generador eléctrico. Por la forma de sus hélices, al pasar un fluido por la rueda, esta se mueve transfiriendo el movimiento a un eje que es el rotor de un generador eléctrico y generándose así electricidad por inducción electromagnética.

El funcionamiento de una central térmica es conceptualmente muy sencillo. El combustible fósil en cuestión se quema en una caldera para generar gases de alta temperatura. Estos gases calientan agua que circula por un serpentín, que pasa a estado vapor y se dirige hacia donde está la turbina de vapor, haciéndola girar a causa de la presión que genera la acumulación de vapor. Generalmente no hay una sola turbina simple sino un grupo con tres turbinas consecutivas, de alta, media y baja presión, para aprovechar al máximo la presión del vapor. Una vez el vapor ya ha pasado por las

LAS ENERGÍAS FÓSILES

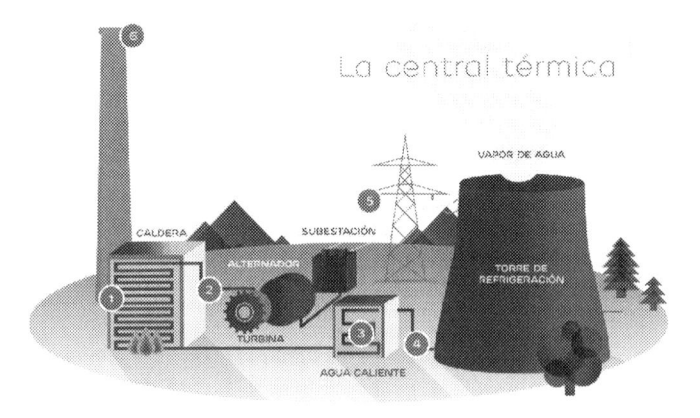

Esquema simple del funcionamiento de una central térmica convencional. 1) La combustión calienta el agua que se convierte en vapor. 2) El vapor hace girar la turbina generando electricidad. 3) El vapor se enfría en el condensador antes de volver a la caldera. 4) El calor perdido por el vapor calienta el agua de refrigeración que se evapora y se expulsa a través de la torre de refrigeración. 5) La energía generada en el alternador se transfiere a la red eléctrica. 6) Los humos de la combustión se emiten al exterior.
Imagen cedida por EDP.

turbinas, este se enfría mediante un condensador, que puede ser un circuito de agua que se enfríe con torres de refrigeración o bien puede usarse las fuentes de agua cercanas. Por otro lado, el movimiento de la turbina se traslada al eje, que forma parte de un generador eléctrico que produce electricidad en corriente alterna. Los gases que genera la combustión del combustible fósil se emiten al exterior mediante una chimenea de gran altura, aunque primero pasan por distintos procesos de reducción de los contaminantes.

Dependiendo de la fuente de energía que se use, existe un tratamiento previo de la misma. En el caso del gas natural no hace falta tratamiento, este se lleva a la caldera directamente del gaseoducto o del depósito. En cambio, si la fuente de energía es el carbón, este hay que triturarlo y pulverizarlo previamente, y si es el fueloil, se debe precalentar antes para que fluidifique. También existen centrales que funcionan con varios combustibles distintos, incluso algunos combustibles específicos. Por ejemplo, la central térmica de Aboño, en España, usa como combustible gases siderúrgicos residuales de alto horno y de la producción de coque procedentes de una industria cercana, gases que llevan cantidades variables de hidrógeno y metano y que, por tanto, tienen valor energético.

Las centrales térmicas generan potencialmente todos los problemas medioambientales relacionados con los combustibles que utilizan, no obstante, las continuas legislaciones han obligado a limitar la emisión de contaminantes. Algunas de las medidas de mitigación de la contaminación atmosférica que se pueden tomar en una central térmica son las siguientes:

- Desulfuración: Se usa en las centrales de carbón y de fueloil. Existen diferentes procedimientos para eliminar el SO_2 de los gases de combustión, como la absorción con carbonato cálcico en medio húmedo, desulfuración en seco con cal, desulfuración con agua de mar, etc. Estos procedimientos generan residuos sólidos que luego deben ser gestionados. También se puede reducir la emisión de SO_2 con el uso de solo carbones con menor cantidad de azufre.
- Desnitrificación: Se pueden eliminar los NOx de los gases de combustión mediante la desnitrificación catalítica selectiva, que, usando amoniaco como reactivo y un catalizador, convierte los NOx en nitrógeno y oxígeno sin dejar residuo sólido.
- Filtros de partículas: Se pueden usar distintos tipos de sistemas para evitar la emisión de partículas a la atmósfera como los precipitadores electroestáticos, los filtros de telas, los separadores inerciales o los lavadores de gases. Gracias a ellos las partículas se separan y se gestionan posteriormente.

En todo este proceso de generación de electricidad se producen pérdidas de energía. El calor generado por la combustión del combustible fósil no se transfiere totalmente al agua, sino que se pierde parte por la chimenea. El vapor de agua, después de pasar por las turbinas, debe ser enfriado, produciéndose de nuevo otra pérdida de calor. Además, la combustión nunca es completa. Todo esto produce que los rendimientos de las centrales térmicas sean relativamente bajos, no superiores al 35%, lo que quiere decir que más del 65% de la energía primaria se pierde antes de inyectarse en la red en forma de electricidad. Estos rendimientos han sido superados por otro tipo de centrales, las llamadas de ciclo combinado que funcionan con dos ciclos termodinámicos en lugar de uno solo. A pesar de eso, este tipo de centrales se siguen utilizando sobre todo para quemar carbón, fundamentalmente porque son baratas de construir y sus costes fijos se amortizan relativamente rápido.

24

¿Por qué las centrales de ciclo combinado son más eficientes que las térmicas?

Una central de ciclo combinado es también una central térmica, puesto que genera la energía mediante la combustión de combustibles fósiles, sin embargo, su funcionamiento es en parte distinto. Una central de ciclo combinado genera electricidad mediante dos ciclos termodinámicos diferentes: un ciclo cuyo fluido es el vapor de agua, exactamente igual que en las térmicas convencionales, y otro cuyo fluido es el gas producido por la quema de los combustibles fósiles.

El proceso comienza en un compresor que comprime el aire del exterior para que esté a alta presión para, posteriormente, introducirlo en la cámara de combustión. Allí se produce la combustión del combustible en situación de alta presión y temperatura, generando unos gases de combustión que pasan por la turbina de gas a aproximadamente 1300 °C. Con el movimiento de la turbina se genera tanto energía eléctrica como trabajo para hacer funcionar el compresor de aire de los ciclos posteriores. Alrededor de dos tercios de la energía se utiliza para hacer funcionar el compresor de aire, mientras que el tercio restante genera efectivamente electricidad.

Una vez que los gases de combustión han pasado por la turbina de gas, de donde salen a unos 500 °C de temperatura, pasan a la caldera de recuperación de calor donde calientan el agua y la transforman en vapor para que, posteriormente, este vapor mueva una turbina exactamente de la misma manera que en una central térmica convencional. El resto del proceso es igual que en una central convencional; el vapor turbinado pasa a un condensador donde se enfría y vuelve al inicio del circuito para ser calentado nuevamente, los gases de combustión se pierden por la chimenea después de calentar el agua y el movimiento de la turbina produce movimiento en el rotor de un generador eléctrico. En una central de ciclo combinado las dos turbinas, la de gas y la de vapor, normalmente funcionan en el mismo eje (se llaman entonces centrales monoeje) y, por tanto, accionan el mismo generador eléctrico, aunque no tiene que ser forzosamente así (existen también las centrales multieje), entonces habría más de un generador eléctrico.

La central de ciclo combinado

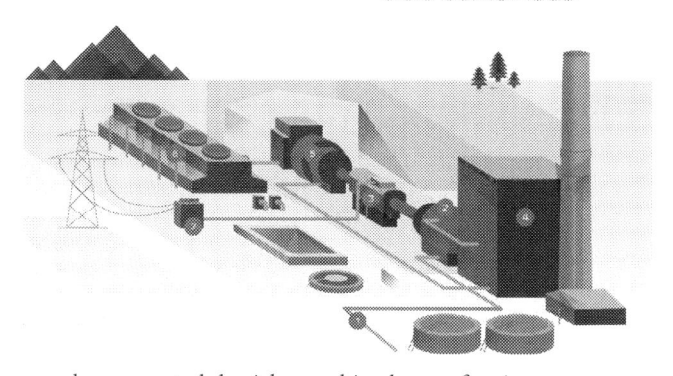

Esquema de una central de ciclo combinado que funciona con gas natural: 1) El aire del exterior se comprime y se mezcla con el gas natural. 2) Los gases mueven la turbina de gas. 3) El movimiento del rotor genera electricidad. 4) Los gases turbinados intercambian el calor con un circuito de agua, que se convierte en vapor. 5) El vapor acciona la turbina de vapor y el movimiento del rotor genera electricidad en el mismo alternador. 6) El vapor intercambia su calor con un condensador, volviendo a la caldera. El agua refrigerada, convertida en vapor, se emite en la torre de refrigeración. 7) La electricidad generada se inyecta en la red eléctrica después de aumentar su tensión en una subestación elevadora. Imagen cedida por EDP.

Las centrales de ciclo combinado son más eficientes que las térmicas convencionales gracias a la generación adicional de electricidad que se produce en el ciclo de gas. Una central térmica convencional difícilmente alcanza rendimientos del 35%, sin embargo, las centrales de ciclo combinado pueden llegar a rendimientos superiores al 55% en el caso de usar gas natural como combustible. A pesar de que mayoría de los ciclos combinados usan el gas natural como combustible, también hay centrales que usan carbón, las llamadas Centrales de Gasificación Integrada en Ciclo Combinado (GICC). Estas centrales convierten el carbón en gas de síntesis en una atmósfera relativamente pobre en oxígeno, proceso que se lleva a cabo en un gasificador. Posteriormente este gas de síntesis se enfría, se filtra para eliminar las partículas y la ceniza, y se trata para eliminar el azufre proveniente del carbón. Una vez el gas de síntesis está «limpio», se usa como combustible en la primera etapa del ciclo combinado. Las centrales GICC tienen un rendimiento mayor que las centrales térmicas convencionales de carbón, pero algo menor que los ciclos combinados de gas, ya que no suelen superar el 50%.

Las ventajas de una central de ciclo combinado respecto a las centrales térmicas convencionales, además del rendimiento, son las siguientes:

- Son rápidas en sus encendidos y apagados, por lo que son muy útiles para mantener la estabilidad de la red eléctrica.
- Son más baratas de construir que las centrales convencionales (por MW instalado).
- Tienen menores necesidades de refrigeración que una central convencional.
- Menores emisiones de CO_2 por kWh generado.
- Bajas emisiones de NOx gracias a una combustión más eficiente.

Aunque también tienen limitaciones:

- La vida útil de la turbina de gas se ve afectada si se producen continuos arranques y paradas.
- Los álabes de la turbina de gas suelen estropearse antes del fin de su vida útil.
- La turbina de gas es menos eficiente en días calurosos y húmedos, maximizando su rendimiento en climas relativamente fríos y secos.

El desarrollo de las centrales de ciclo combinado ha estado condicionado por el desarrollo de las turbinas de gas. Las turbinas de gas comenzaron a construirse a principios del siglo XX, pero se popularizaron después de la II Guerra Mundial para diferentes usos como propulsión de buques, aviones, tanques, etc. y también para la generación eléctrica. Su uso en ciclos combinados se remonta a varias décadas atrás, pero fue a partir de mediados de los 90 cuando los ciclos combinados comenzaron a generalizarse. La razón fue la mejora de las turbinas de gas gracias al uso de nuevos materiales cerámicos y monocristalinos en los álabes de las turbinas, que permitieron trabajar a mayor temperatura y presión, lo que aumenta la eficiencia de la turbina de gas y de todo el proceso en general.

Estas mejoras están haciendo que el rendimiento de los ciclos combinados esté continuamente en crecimiento. Hasta 2016, el récord de rendimiento lo tuvo la central de ciclo combinado de Irsching, ubicada en el sur de Alemania, central de nueva construcción inaugurada en 2011 y que había llegado a rendimientos del 60,75%. Sin embargo, en 2016 se puso en funcionamiento la central de ciclo combinado de Lausward, también en Alemania, que consiguió un rendimiento del 61,5%.

En definitiva, las centrales de ciclo combinado, sobre todo las de gas, son la alternativa más eficiente dentro de las centrales que funcionan con combustibles fósiles gracias a su mejor aprovechamiento de la energía de la combustión.

25
¿CUÁL ES LA CENTRAL TÉRMICA MÁS GRANDE DEL MUNDO?

Para poder decir cuál es la central térmica más grande del mundo primero deberemos aclarar qué queremos decir con grande. Por lógica, no nos referiremos ni a superficie ocupada ni a tamaño físico sino a la generación de energía de la misma, lo que pasa es que tenemos dos formas de medirla: medir por potencia instalada o medir por energía generada en un año concreto. Como no todas las centrales eléctricas funcionan el mismo número de horas, es posible que una central con menor capacidad instalada genere más energía que otra de mayor capacidad por esta diferencia en la cantidad tiempo de funcionamiento. El problema de medir por energía generada es que no todos los años tendremos las mismas horas trabajadas en cada una de las centrales, así que, en función del año de estudio, la central más grande podría cambiar sin que realmente haya habido cambio estructural alguno, lo que no parece que tenga mucho sentido. El criterio de la capacidad instalada parece más objetivo porque nos muestra la capacidad de generar energía de esa planta independientemente de si ha funcionado a pleno rendimiento o no, así que este será el criterio que seguiremos para responder a la pregunta.

Atendiendo pues a la potencia instalada, la central térmica más grande del mundo se encuentra en Taiwán, en el municipio de Taichung. Es una central térmica de carbón compuesta por 10 unidades con 550 MW de capacidad instalada cada una. Adicionalmente, la planta dispone de 4 turbinas de gas con una potencia de 72 MW cada una y 22 generadores eólicos de 2 MW cada uno. La capacidad total instalada de la planta es de 5832 MW, aunque realmente los 44 MW de los generadores eólicos no son térmicos. La central de Taichung quema 14,5 millones de toneladas de carbón al año, la mayoría de carbón bituminoso, pero también de sub-bituminoso que importa de varios países, fundamentalmente de Indonesia, Australia, Estados Unidos y Sudáfrica. La central produce anualmente alrededor de 42 Teravatios-hora (TWh), aproximadamente la sexta parte del consumo eléctrico de Taiwán, tiene el dudoso honor de ser la central eléctrica que más CO_2 emite en el mundo con 40 millones de toneladas anuales, más que todas las emisiones de países como Ecuador, Noruega o Suiza. Resulta bastante curioso que la central térmica más grande del mundo se encuentre en un país con poco más de 23 millones de habitantes, la mitad que España o Argentina.

La central de Taichung es la térmica más grande del mundo por muy poco margen. En segundo lugar se encuentra la central térmica de Surgut-2, en Rusia, una central de ciclo combinado que funciona con gas natural y que tiene una capacidad instalada de 5597,1 MW. La central está compuesta por ocho unidades distintas, seis de ellas de 800 MW cada una, que fueron construidas todavía en época soviética, y dos unidades de ciclo combinado de gas que suman 797,1 MW y que son muy eficientes, alrededor del 55%. Surgut-2 está en el Oblast de Tyumen, en Siberia, que es la región de Rusia en la que se produce la mayoría del petróleo y del gas natural del país, de cuyos campos se sacan los 10 millones de metros cúbicos de gas anuales que necesita esta central para generar electricidad. La central de Surgut-2 genera anualmente entre 32 y 40 TWh de electricidad.

Con una potencia instalada casi como la de Surgut-2 nos encontramos otras dos centrales de carbón, la polaca central térmica de Belchatów, con 5474 MW de capacidad instalada, y la térmica más grande de China, la central de Tuoketuo, con 5400 MW de capacidad. La central de Belchatów fue puesta en marcha en 1981 y es la central térmica más grande de Europa. Funciona con lignito, el tipo de carbón más contaminante, de hecho, es la central más contaminante de Europa con alrededor de 35 millones de toneladas de CO_2 emitidas al año. Produce alrededor de 28 TWh de electricidad al año, lo que implica que emite bastante más de un kilogramo de CO_2 por kWh generado. Las centrales de lignito son muy habituales en Polonia y Alemania, países que son grandes productores de ese carbón.

Fotografía de la central térmica de Taichung, en Taiwán. Imagen cortesía de *El Periódico de la Energía*.

La central de Tuoketuo, ubicada en la Mongolia interior y puesta en marcha en 2003, está compuesta por ocho unidades de 600 MW de capacidad instalada y otras dos de 300 MW. Obtiene carbón de la vecina región minera de Dzungaria, enviando toda la electricidad que genera a Pekín que está a unos 500 km de distancia. China tiene casi 120 centrales térmicas de carbón de más de 2000 MW de capacidad instalada, lo que nos da una idea de hasta qué punto las centrales térmicas de carbón son importantes allí (ni en España ni en toda América Latina hay una sola central de carbón que supere esa potencia). De hecho, de la cuarta a la octava central de carbón más grande del mundo (y de la sexta a la décima térmica más grande) son centrales chinas con 5000 MW de capacidad instalada: las centrales de Guodian Beilun, Waigaoqiao y Jiaxing, todas relativamente cercanas a Shangai, y la central de Guohua Taishan, en la provincia de Guangdong.

En medio de todas ellas nos ha quedado la quinta central térmica más grande del mundo, la japonesa central de Futtsu, con 5040 KW de capacidad instalada divididos en cuatro unidades de ciclo combinado alimentado con gas natural licuado. Japón tiene también varias centrales de ciclo combinado que superan los 4000 KW de capacidad instalada, como las de Kawagoe, Higashi-Niigata y Chiba.

Después de analizar las centrales más grandes del mundo surgirá una pregunta: ¿no hay centrales que usen como combustible los derivados del petróleo? Sí, las hay y además muchas centrales los usan como combustible alternativo, pero realmente centrales de gran tamaño que usen derivados del petróleo para generar energía solo hay en Japón. Sin embargo, hay una excepción que es la planta eléctrica y desaladora Shoaiba, en Arabia Saudí, que tiene una capacidad instalada de 5600 KW, lo que la convertiría técnicamente en la segunda central térmica más grande del mundo. No se la ha incluido como central térmica porque la función básica del complejo Shoaiba es la desalación, pero excepto por su función a todos los efectos se puede considerar una central térmica.

26
¿Es el cuerpo humano una central térmica?

Los seres humanos somos organismos que obtenemos nuestra energía gracias a la alimentación. A través de ella ingerimos hidratos de carbono, proteínas, grasas, fibra, vitaminas y minerales, pero realmente son los tres primeros grupos los que nos aportan energía. Los hidratos de carbono son moléculas compuestas por carbono, hidrógeno y oxígeno, cuya función es dar energía inmediata al cuerpo humano. Las grasas también están compuestas por estos tres elementos químicos y, entre sus funciones, también está la de reserva energética. Las proteínas, además de carbono, oxígeno e hidrógeno, también están compuestas por nitrógeno, que forma parte del grupo funcional amino (NH_2), y aunque su función principal es estructural, su exceso se convierte en hidratos de carbono o ácidos grasos y, por tanto, también es fuente de energía.

El proceso de obtención de energía por parte del cuerpo humano es complejo y se compone de multitud de procesos de digestión y reacciones químicas metabólicas, pero simplificando mucho podríamos decir que, después del proceso de digestión, los hidratos de carbono acaban convertidos en monosacáridos, como la glucosa, que son absorbidos hacia la sangre. Una vez en la sangre, la glucosa es usada por el organismo para obtener energía mediante su oxidación y así generar adenosín trifosfato (ATP) que es la reserva de energía que usan las células para sus reacciones internas. La energía de la glucosa se libera mediante multitud de reacciones enzimáticas, pero al final del ciclo los productos iniciales y finales corresponden a los de una reacción de oxidación:

$$C_6H_{12}O_6 \text{ (glucosa)} + 6\ O_2 \rightarrow 6\ °CO_2 + 6\ H_2O$$

La energía liberada por esta reacción permite la generación de 38 moléculas de ATP que serán posteriormente degradadas en el interior de la célula para obtener energía. La energía de esta reacción es energía química, es decir, es la energía que se libera al romper los enlaces moleculares de la molécula de glucosa. Al ser una reacción enzimática que se hace en muchos ciclos no se produce una reacción violenta que genere grandes cantidades de calor, sino una liberación de energía gradual que permite la síntesis efectiva del ATP. De forma resumida, podríamos decir que el cuerpo humano usa la materia orgánica como fuente de energía y que, mediante reacciones de oxidación, consigue la energía que necesita para realizar sus procesos biológicos. Comparemos esto con la extracción de la energía de los combustibles fósiles y veremos como es bastante similar.

Un combustible fósil es, al fin y al cabo, el producto de la degradación de la materia orgánica después de miles de años. Plantas y animales de composición similar a los que comemos hoy día fueron los precursores originales del carbón, el petróleo y el gas natural. La materia orgánica de estos precursores fue degradada a moléculas cada vez más pequeñas, primero por digestión de las bacterias anaerobias y después por las condiciones de alta temperatura y presión que se producen en su progresivo enterramiento. El producto de esta degradación fueron compuestos ricos en carbono que contienen energía química, principalmente, gracias a los enlaces que existen entre el carbono y el hidrógeno.

Cuando queremos obtener esa energía lo que hacemos es quemar estos combustibles fósiles, es decir, provocamos una reacción de combustión que libera calor. Si vemos la reacción de combustión del hidrocarburo más simple — el metano — veremos que es aparentemente el mismo tipo de reacción que en el caso de la glucosa y que obtenemos los mismos productos:

$$CH_4 \text{ (metano)} + O_2 \rightarrow CO_2 + 2\ H_2O \text{ Energía liberada: } 55{,}70 \text{ MJ/kg}$$

No es una reacción enzimática y suave, sino una reacción exotérmica y explosiva, pero al igual que en el caso de la glucosa lo que se hace es destruir los enlaces de la materia orgánica y liberar esa energía. En una central térmica usamos esa energía para generar electricidad y con esa electricidad podríamos, por ejemplo, cargar una batería o generar hidrógeno a partir de agua por electrólisis y en ambos casos tendríamos una reserva energética. En el fondo eso es lo mismo que hace el metabolismo humano, usa la energía de la oxidación de la glucosa para generar ATP que es una especie de almacén de energía química que acumula energía en sus enlaces.

Al final, el mecanismo para extraer energía de los combustibles fósiles y también de la biomasa y los biocombustibles es la misma que usa nuestro organismo, liberar la energía química mediante combustión con el oxígeno del aire. En esencia, tanto los macronutrientes como los combustibles fósiles tienen el mismo origen orgánico, que a su vez también tiene un principio común que es la energía del sol. Toda la materia orgánica que comemos y todos los combustibles fósiles que consumimos tienen en su origen el proceso fotosintético de las plantas, que usan la energía del sol para convertir el CO_2 de la atmósfera en materia orgánica, el proceso inverso al de la combustión.

Es la energía que el sol emitió sobre la tierra hace miles de años la que ha generado la energía fósil que ahora quemamos para producir calor y electricidad, y quemando estos combustibles lo que estamos haciendo es emitir a la atmósfera el CO_2 que se fijó hace miles o millones de años. Es fascinante pensar cómo todo está relacionado y cómo todo lo que hacemos forma parte de un ciclo mayor.

En definitiva, el cuerpo humano es bastante parecido a una central térmica. La diferencia es que la naturaleza es más eficiente que nosotros, más suave y más perfecta a la hora de obtener la energía de la materia orgánica. Si comparamos la cantidad de reacciones y procesos que realiza el cuerpo humano con nuestro uso de los combustibles fósiles, nos veremos a nosotros mismos como unos brutos, empequeñecidos ante la perfección de los mecanismos naturales consecuencia de miles de millones de años de evolución.

III

LA ENERGÍA NUCLEAR

27

¿POR QUÉ ROMPER UN ÁTOMO GENERA ENERGÍA?

Para entender la energía nuclear y su desarrollo conviene hacer primero un poco de historia. Hasta finales del siglo XIX se pensaba que los átomos eran las unidades básicas de la materia y que estos eran indivisibles, pero entre finales del XIX y principios del XX diversos descubrimientos hicieron comprender que el átomo estaba compuesto por tres partículas subatómicas: los electrones, que orbitaban alrededor del núcleo del átomo y que estaban cargados negativamente; los protones, que estaban en el núcleo del átomo y tenían carga positiva; y los neutrones, también en el núcleo del átomo pero de carga neutra. En función de la cantidad de protones del núcleo del átomo este correspondía a un elemento u otro.

Una vez entendida esta estructura y conocidas las fuerzas de repulsión y atracción electromagnéticas, surgió una pregunta, ¿por qué se mantiene unido el núcleo del átomo? Si hay solo partículas cargadas positivamente y partículas neutras, el núcleo debería ser algo muy inestable que se acabase rompiendo por repulsión entre los protones. La razón de que no se rompa es la existencia de una fuerza llamada «fuerza nuclear fuerte» que es la que mantiene unidos a los protones y neutrones. Esta fuerza es muy superior a la repulsión electromagnética, manteniendo unido el núcleo, sin embargo, solo actúa a distancias muy pequeñas como las que existen entre nucleones (las partículas del núcleo, es decir, protones y neutrones) y desaparece a distancias mayores, lo que permite que fuera del núcleo se observen las interacciones electromagnéticas. Hoy día se sabe que esta fuerza fuerte se origina por la interacción entre cuarks.

Esta fuerza nuclear fuerte es la que condiciona las energías de enlace por nucleón de los núcleos de los átomos. Conforme más protones y neutrones hay en el núcleo del átomo (es decir, conforme vamos subiendo en número atómico) la energía de enlace por nucleón es mayor debido al aumento de la fuerza fuerte entre los diferentes nucleones, pero esto solo sucede hasta que se llega al átomo de hierro (que tiene 26 protones y 30 neutrones). A partir de ahí, la adición de más protones y neutrones no hace aumentar la energía de enlace por nucleón, sino que la disminuye a causa de que el núcleo se hace muy grande y la interacción nuclear fuerte pierde intensidad a esas distancias (se llama saturación de la fuerza nuclear) y, en cambio, al haber más protones aumenta la repulsión electromagnética entre ellos. Esto implica que el elemento más estable de la naturaleza es el hierro, más que cualquiera de los elementos de mayor y menor masa atómica que este. Para hacerse más estable, un elemento de menor masa atómica que el hierro debería unirse con otros para formar elementos de mayor masa, mientras que un elemento de mucha masa atómica debería dividirse en elementos más ligeros.

Obviamente esto no sucede de forma espontánea, porque para que eso tenga lugar hay que romper las fuerzas que mantienen a los átomos unidos, pero si se consigue hacer, implica que la fusión de dos átomos ligeros debe producir energía, ya que pasaría a formar un compuesto más estable. Por la misma razón, un elemento pesado debe generar energía si se divide en dos y genera elementos de menor masa atómica.

En 1938, un equipo de investigadores del Kaiser Wilhelm Institut de Berlín descubrió que al bombardear con neutrones una muestra de uranio, un elemento muy pesado, este se partía en dos formando dos átomos de aproximadamente la mitad de masa que el uranio. El núcleo de uranio es muy grande y la fuerza nuclear fuerte no llega a afectar de un extremo a otro, así que al bombardear el núcleo con neutrones y ser alguno de estos absorbido, el átomo se puede llegar a desestabilizar y partirse en dos. Al partirse en dos se genera energía (da lugar a elementos teóricamente más estables), pero además produce neutrones libres. Los elementos más pesados tienen un mayor porcentaje de neutrones en su núcleo que los más ligeros, así que cuando se produce la fisión de un elemento pesado que da lugar a dos elementos más ligeros estos no pueden absorber todos los neutrones del átomo original, quedando libres. Los neutrones emitidos pueden golpear a otros núcleos de uranio replicando la reacción inicial y produciéndose así una reacción en cadena.

A partir de este descubrimiento comenzó una carrera para intentar utilizar la energía nuclear, fundamentalmente, como arma. Primero se desarrolló el proyecto Uranio, en la Alemania nazi, y un poco más tarde la operación Borodino en la URSS y el proyecto Manhattan en los Estados Unidos. Son los norteamericanos quienes finalmente consiguieron usar la reacción nuclear en una bomba. Los norteamericanos consiguieron hacer dos tipos de bombas; una basada en la fisión de un isótopo del uranio, el uranio-235, que fue la lanzada sobre Hiroshima; y otra basada en la fisión del Plutonio, la de Nagasaki. En las bombas nucleares se busca esa reacción en cadena descontrolada, provocando la liberación masiva de energía y la destrucción que le sucede.

A principios de la década de los 50 se comenzaron a usar las reacciones de fisión para la generación de electricidad. Como material para la reacción se suele usar el uranio-235, un isótopo del uranio que es fisible pero que se encuentra en la naturaleza en cantidades muy pequeñas (0,7% en las muestras de uranio natural), así que debe pasar por un proceso de «enriquecimiento» previo para que la reacción nuclear suceda de forma conveniente. Este enriquecimiento consiste en aumentar la cantidad de uranio-235 de la muestra del 0,7% natural a porcentajes entre el 3 y el 5%. El proceso de enriquecimiento es difícil y costoso, tradicionalmente se llevaba a cabo formando hexafluoruro de uranio (UF6, que es gaseoso) y haciéndolo pasar por una membrana que separaba el UF6 formado con uranio-235 del formado con uranio-238, aunque hoy en día se usan otros métodos. Este grado de enriquecimiento es suficiente para la reacción nuclear en una central pero no para la fabricación de armas nucleares, ya que para generar la reacción en cadena que se busca en un arma se necesitan enriquecimientos mayores, del orden del 85 o 90%.

Un ejemplo de reacción de fisión del uranio-235 es este: al ser bombardeado con neutrones y absorber uno de ellos, el

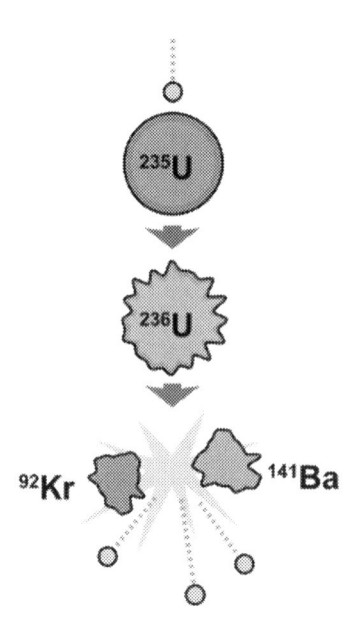

Una de las posibles reacciones de fisión del uranio-235. En este caso, la absorción de un neutrón produce la fisión del átomo generando bario-141, kriptón-92 y tres neutrones libres que podrían impactar en otros átomos de uranio y comenzar una reacción en cadena.

uranio-235 se convierte en uranio-236 con núcleo inestable que rápidamente se divide en dos átomos distintos, bario-141 y kripton-92 y tres neutrones libres que continuarán golpeando a otros núcleos de uranio-235, manteniendo la reacción. En esta reacción se emite una energía de alrededor de 200 Mega-electronvolts (MeV) por átomo fisionado. Esta cantidad, que por átomo es ridícula, por kilo de uranio-235 se convierte en 81 700 000 MJ/kg, casi 1 800 000 veces más que la combustión de un kilo de gas natural.

La reacción de fisión del uranio-235 no produce siempre ni esos átomos ni tres neutrones, muchas veces produce otra combinación de elementos (por ejemplo, puede producir cesio-140 y rubidio-92) y produce dos neutrones libres. Al final una reacción de fisión en cadena producirá unos residuos de fisión compuestos de varios isótopos de muchos productos químicos distintos. A diferencia de lo que pasa en un arma, en la que la reacción en cadena es masiva, en una central esa reacción se consigue mediante la presencia de un elemento que se llama moderador, que ralentiza la velocidad de los neutrones emitidos facilitando que impacten en otros núcleos de uranio-235 y se produzca una reacción en cadena controlada.

28

¿Qué es el humo que emite una central nuclear?

La forma como una central nuclear genera electricidad es sorpresivamente similar a como lo hace una central térmica. La diferencia esencial que tiene una central nuclear respecto a las térmicas es la fuente de generación de calor que en este caso es el reactor nuclear, el lugar donde se produce la reacción de fisión. En una central nuclear de agua a presión, que es el modelo más habitual, la parte central del reactor es la vasija, que es el recipiente en el que tenemos las varillas de combustible nuclear (habitualmente de dióxido de uranio enriquecido) colocadas en vertical y con espacio entre ellas. En la parte superior de la vasija del reactor se encuentran unas «barras de control», barras de tamaño similar a las varillas de combustible y que están formadas por un material que absorbe neutrones, que puede ser compuestos de boro o aleaciones de plata, indio y cadmio. La función de las barras de control es evitar que se descontrole la reacción en cadena. Si queremos «enfriar» la reacción o parar el reactor, las barras de control bajarán del techo y quedarán intercaladas entre las barras de uranio, absorbiendo los neutrones libres y evitando que se propague la reacción nuclear.

La vasija del reactor está rodeada de agua que en este tipo de centrales actúa como moderador y a la vez como refrigerante. Esta agua se calienta debido a la reacción nuclear y, a la vez, sirve para ralentizar los neutrones y así que estos sigan propagando la reacción. El agua se encuentra a presión, por lo que puede alcanzar temperaturas mayores a 300 °C sin pasar a estado gaseoso. Si la reacción nuclear se descontrolase, esta agua se calentaría mucho más y pasaría a estado vapor, lo que provocaría que dejase de ser un buen moderador y se enfriase la reacción, convirtiéndose así en un mecanismo de seguridad adicional.

El agua forma parte del circuito primario y una vez calentada se bombea hacia un intercambiador de calor, donde transmite el calor a otra agua que está en el circuito secundario. El agua de ambos circuitos no se debe mezclar, pues el agua del circuito primario es radioactiva y el del secundario no. Una vez calentada el agua del circuito secundario, esta se convertirá en vapor, acumulará presión y se pasará por una turbina de vapor para generar electricidad de

La central nuclear

Esquema del funcionamiento de una central nuclear. 1) El reactor nuclear genera calor y calienta el agua que lo rodea. 2) Esta agua intercambia calor con el circuito secundario de agua, generándose vapor en él. 3) El vapor se turbina y genera electricidad. 4) Esta electricidad se eleva de tensión mediante una subestación elevadora y se inyecta a la red eléctrica. 5) El vapor turbinado se enfría en un condensador, provocando vapor de agua que se emite a la atmósfera. 6) El agua condensada vuelve al intercambiador de calor. Imagen cedida por EDP.

igual manera que se hace en una central térmica. Este vapor turbinado después irá a un condensador que volverá a convertir el agua en líquida reduciendo su temperatura y transfiriendo el calor a un circuito terciario o de refrigeración, que emitirá vapor de agua en las torres de refrigeración, esas enormes chimeneas que son típicas de las centrales nucleares.

La vasija del reactor y el circuito primario de agua, que es donde está todo el material radioactivo, están dentro de un edificio de contención, una enorme cúpula de hormigón o acero que impide que haya escapes radioactivos si la vasija del reactor se rompe.

Las centrales nucleares de reactor de agua a presión son las más habituales, pero hay más tipos de reactores. Otro tipo de reactores son los de agua a ebullición, que se diferencian básicamente en que se evapora el agua del circuito primario y es esta la que se turbina, sin hacerse intercambio de calor entre el circuito primario y secundario. Este tipo de centrales son algo más eficientes que las de agua a presión ya que se elimina un intercambio de calor, pero eso implica que tanto la turbina como los circuitos de agua queden contaminados por la radiactividad, además de otras dificultades.

En países como Canadá se usa el reactor CANDU, técnicamente conocido como reactor de agua pesada a presión, que en vez de usar uranio enriquecido usa uranio natural y esto le obliga a usar como moderador agua pesada (un agua que está compuesta por deuterio). También hay centrales que usan plutonio-239 (isótopo que se crea artificialmente en centrales nucleares a partir del uranio-238) como combustible fisible en lugar del uranio, o bien una mezcla de óxidos de plutonio y uranio-238 conocida como MOX.

La cantidad de energía que generan las reacciones nucleares es enorme, pues, como ya vimos, la fisión de un kilogramo de uranio genera del orden de 1 800 000 veces más energía que la combustión de un kilogramo de los mejores combustibles fósiles. Además, las centrales nucleares funcionan prácticamente sin parones y están generando energía más del 90% del tiempo, lo que permite ofrecer energía en base, es decir, en generación continua. Las aproximadamente 450 centrales nucleares que hay en el mundo generan el 11% de la electricidad mundial.

Sin embargo, no todo es positivo. La eficiencia de una central nuclear está alrededor del 30%, más o menos como la de las centrales térmicas. El coste inicial de una central nuclear es altísimo y, además, el proceso de enriquecimiento de uranio es caro y consume mucha energía. Los costes de operación y mantenimiento también son elevados, así como la gestión de residuos y el coste de desmantelamiento de la central una vez se cierra, que suele durar años.

29

¿EN QUÉ PAÍS SE UTILIZA MÁS LA ENERGÍA NUCLEAR?

A finales de 2016 había en el mundo 448 reactores nucleares en funcionamiento que producían algo menos del 12% de la electricidad mundial. Treinta países del mundo usan la energía nuclear y dos más, Bielorrusia y Emiratos Árabes unidos, tienen reactores en construcción. Casi dos tercios de todos los reactores nucleares que hay en el mundo son del tipo de agua a presión, siendo mucho menos habituales los de agua en ebullición (17% del total) y los tipo CANDU o de agua pesada a presión (el 11%).

El país que más centrales nucleares tiene son los Estados Unidos, con 99 reactores en funcionamiento que generaron en 2016 casi

805 TWh, el 19,7% de la electricidad consumida en el país. En 2016 Estados Unidos volvió a poner en marcha un nuevo reactor nuclear tras 20 años sin hacerlo, la unidad número 2 de la central de Watts Bar, aunque con un sobrecoste de prácticamente el doble de lo presupuestado ocho años antes. En 2017 había cuatro reactores en construcción en Estados Unidos, aunque la construcción de dos de ellos fue abandonada a mediados de ese año a causa de los sobrecostes en la construcción y las malas perspectivas de mercado.

El segundo país con más reactores nucleares es Francia, aunque realmente es el país que más utiliza la energía nuclear. Los 58 reactores franceses activos produjeron 386,5 TWh en 2016, más del 72% de la electricidad que generó el país. Francia tiene un reactor en construcción, el número 3 de Flamanville, que acumula retrasos, su coste se ha triplicado respecto lo presupuestado y sufrió un accidente en su construcción en febrero de 2017. El país galo ha sido siempre el país nuclear por excelencia aunque eso puede comenzar a cambiar, ya que en los próximos años está previsto que se cierren casi una veintena de reactores.

El bronce nuclear lo tiene Japón con 42 reactores nucleares, aunque la mayoría están parados desde el accidente de Fukushima en 2011. En 2016 generó tan solo 17,5 TWh, poco más del 2% de la electricidad generada en el país, cuando antes del accidente de Fukushima la energía nuclear estaba generando aproximadamente el 27% de la electricidad de Japón. El futuro de la energía nuclear en Japón es incierto y aunque hay planes de recuperar una generación nuclear similar a la anterior al accidente de Fukushima para 2030, incluso con la construcción de nuevos reactores, hay una fuerte oposición en parte de la sociedad y en importantes partidos políticos.

A pesar de no tener un alto número de reactores, hay varios países pequeños y medianos que generan una parte importante de su electricidad con energía nuclear, aunque sin llegar al porcentaje de Francia. Eslovaquia, por ejemplo, genera el 54% de su electricidad con los cuatro reactores nucleares que hay en su territorio, o Bélgica y Hungría, que generan el 51% con siete y cuatro reactores respectivamente. Países como Suecia (10 reactores, 40% de la generación eléctrica) o Finlandia (4 reactores, 34%) también utilizan mucho la energía nuclear.

Los países ex soviéticos también son muy prolíficos en el uso de la energía nuclear. Rusia tiene 35 reactores activos y varios en construcción, aunque no genera un porcentaje demasiado alto de

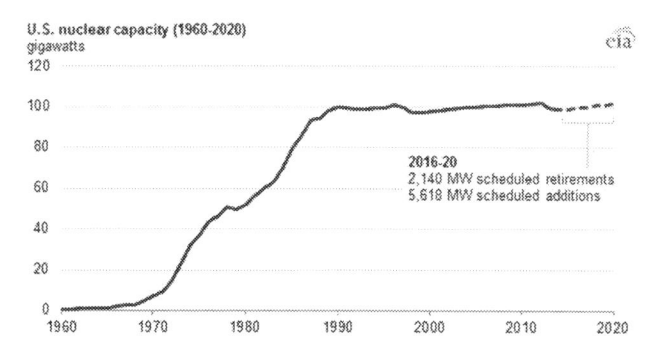

Evolución de la capacidad nuclear instalada en los Estados Unidos Como se puede observar, la capacidad nuclear permanece constante desde final de los años 80. La línea de puntos representa la evolución esperada en el momento de la publicación de la gráfica, aunque acontecimientos posteriores indican que mucha de la nueva capacidad prevista no va a ser finalmente instalada. Imagen publicada por la U.S. Energy Information Administration en noviembre de 2015.

electricidad de origen nuclear (17% en 2016). Ucrania, en cambio, genera más de la mitad de su energía con los 15 reactores que tiene activos. Armenia solo tiene una central nuclear, pero le basta para generar la tercera parte de la electricidad del país.

En las dos grandes potencias emergentes, China e India, la energía nuclear no tiene demasiado peso, pues genera escasamente el 3% de la electricidad en ambos países. China tiene 36 reactores nucleares en funcionamiento y la India 22, aunque en 2016 China generó casi seis veces más electricidad de origen nuclear que la India. La India tiene pocos reactores nucleares en proyecto o construcción (cinco), sin embargo, China tiene 21 y unos objetivos de quintuplicar la capacidad nuclear instalada para el año 2030, como parte de un programa muy ambicioso que pretende reducir su uso masivo del carbón y cumplir los objetivos de reducción de emisiones de CO_2.

España y América Latina son muy diferentes a lo que en uso de la energía nuclear se refiere. España sigue un modelo bastante europeo con siete reactores activos en 2017, aunque llegó a tener diez. Estos siete reactores generaron en 2016 más del 21% de la electricidad en España. El debate actual en España versa alrededor de la ampliación de licencia de las centrales nucleares, que teóricamente es de 40 años, ya que en la década del 2020 todas las centrales españolas superarán ese tiempo de funcionamiento. Todas las centrales nucleares de España son de reactor de agua a presión, excepto la de Cofrentes, que es de reactor de agua en ebullición.

En América Latina, en cambio, la energía nuclear es bastante residual, ya que tan solo tres países posen centrales nucleares en funcionamiento. El país más nuclear de la región es Argentina, que tiene tres reactores que generaron algo más del 5% de su electricidad en 2016 y tiene proyectos para construir dos nuevos reactores nucleares más. Brasil y México tienen dos reactores nucleares cada uno, que producen el 3 y el 6% de su electricidad respectivamente. Brasil tiene en construcción otro reactor nuclear, aunque en 2017 su construcción estaba parada. Curiosamente cada uno de los países de América Latina tiene un tipo de reactor nuclear diferente. Argentina optó por los reactores CANDU o de agua pesada a presión, que no requieren de enriquecimiento de uranio, probablemente por cuestiones geopolíticas. Los dos reactores de las centrales brasileñas son del tipo de agua a presión, mientras que los dos mexicanos son de agua a ebullición.

30
¿Qué peligros tienen para el ser humano los residuos radioactivos?

La energía nuclear tiene una problemática medioambiental esencialmente distinta al resto de energías no renovables, pues no genera contaminación atmosférica excepto las fugas radioactivas. Las únicas emisiones a la atmósfera que produce una central nuclear en su funcionamiento normal son partículas de vapor de agua que se pueden ver saliendo de las torres de refrigeración y que no son contaminantes. Las centrales nucleares no emiten directamente ni CO_2 ni SO_2 óxidos de nitrógeno o partículas, más allá de las que puedan emitir con algún motor de fueloil que se encienda en casos de caída de la red eléctrica.

Sin embargo, generan un problema medioambiental más intenso que el resto de energías: la radioactividad de sus residuos. La radioactividad es un fenómeno físico por el que algunos elementos emiten radiaciones o partículas que son perjudiciales para los seres vivos. Los elementos que se generan producto de las reacciones de fisión son inestables, están en estado alterado y, por tanto, deben perder energía para poder volver a ser físicamente estables, haciéndolo con la emisión de radiación o de partículas. El gran problema es que no lo hacen de forma rápida sino que pueden tardar miles de años en dejar de emitir radiación peligrosa para la vida, lo que obliga a que los residuos nucleares deban ser aislados durante muchísimo tiempo para evitar problemas en la salud y en el medio ambiente.

Los residuos que genera una central nuclear se pueden dividir en tres tipos:

- Residuos de muy baja actividad: Emiten muy baja radiación. Son materiales contaminados que suelen provenir del desmantelamiento de centrales nucleares.
- Residuos de media y baja actividad: Emiten cantidades bajas de radiación y reducen a la mitad su nivel de radiación en 30 años (se llama período de semidesintegración). Suelen ser ropas, herramientas o materiales usados en una central nuclear. Normalmente se prensan y se mezclan con hormigón, almacenándose en superficie. Dejan de ser peligrosos para la salud en pocos cientos de años.
- Residuos de alta actividad: Se trata básicamente del combustible gastado de la central. Emiten cantidades altas de radiación y calor, manteniéndose nocivos para la salud durante miles de años. Cuando se habla de residuos radioactivos en el imaginario popular se suele hacer referencia a los residuos de alta actividad.

La gestión de los residuos de alta actividad es muy compleja. El combustible gastado, nada más ser extraído del reactor y cuando todavía emite mucha cantidad de calor, se lleva a las piscinas de combustible gastado que poseen las propias centrales nucleares. Estas piscinas son enormes, de entre 15 y 20 metros de profundidad, y tienen un llamativo brillo azulado debido a que las partículas emitidas por el material radioactivo superan la velocidad de la luz en el agua, fenómeno conocido como radiación de Cherenkov. El agua tiene la función de refrigerar pero también de blindaje contra la radiación. Allí permanecen entre 10 y 20 años hasta que se enfrían lo suficiente.

En una segunda etapa, estos residuos se pueden mantener en la piscina o bien se envían a almacenes temporales de residuos radioactivos, dentro de la propia central o bien externos. Los almacenes de residuos de alta actividad están hechos normalmente de

105

Fotografía de la piscina de residuos nucleares de la central de San Onofre, en California. Fuente: United States Nuclear Regulatory Commission.

hormigón armado y deben estar ventilados para evitar el sobrecalentamiento. Los residuos adicionalmente se almacenan en estructuras de acero inoxidable para que tengan una segunda barrera de confinamiento. Esta etapa está pensada para almacenar los residuos unas cuantas décadas, no mucho más tiempo.

Sin embargo, después de todas esas décadas los residuos seguirán siendo radioactivos y los almacenes son solo soluciones temporales. La idea más aceptada para su almacenamiento definitivo es enterrar los residuos en almacenamientos geológicos profundos (AGP) y tenerlos allí durante miles de años. Hay muchos proyectos de investigación y plantas piloto, pero realmente solo hay un AGP en funcionamiento que está en Nuevo México, en los Estados Unidos, con idea de que funcione durante 10000 años. La planta sufrió una fuga de gas radioactivo en 2014, lo que ha puesto en duda la seguridad de este tipo de instalaciones durante tanto tiempo.

La radiación emitida por los residuos nucleares es peligrosa para el ser humano, de hecho, en función de la dosis recibida puede llegar a ser mortal. Las radiaciones ionizantes se miden en sieverts (Sv), unidad que refleja la energía equivalente absorbida por el tejido humano. La dosis media de radiación natural que recibe una persona al año es 2,4 milisieverts (mSv). Exposiciones mayores a 1000 mSv producen el síndrome de irradiación aguda o envenenamiento por radiación que hace padecer al afectado vómitos, nauseas, diarrea, eritema, pérdida de pelo y otros síntomas en las horas siguientes a la exposición; complicaciones en los órganos, varias semanas después; y en función de la dosis de radiación recibida puede llevar a la muerte. Según la organización mundial de la salud, con dosis superiores a 100 mSv se observa un aumento significativo del riesgo de cáncer y en los niños incluso con dosis más bajas, entre 50 y 100 mSv.

Sin embargo, los problemas fundamentales de la contaminación radioactiva no vienen por exposiciones extremas a las radiaciones ionizantes, sino por exposiciones más leves que también tienen efectos para la salud. La inhalación de aire con partículas radioactivas y la ingesta de alimentos contaminados pueden ocasionar graves daños a nivel celular. El yodo radioactivo (I-131), uno de los productos de la fisión del uranio, se acumula en la glándula tiroides, produciendo cáncer. De hecho, en casos de accidentes nucleares lo primero que se hace es dar a la población tabletas de yodo para saturar la tiroides y evitar la absorción de yodo radioactivo. El cesio-137 daña el ADN de las células y aumenta el riesgo de padecer cáncer. El plutonio-239 también es cancerígeno, provoca esterilidad y afecta al sistema inmunitario. El estroncio-90 daña la médula ósea, causa anemia y problemas de coagulación. Los isótopos del cobalto y el rutenio también causan problemas parecidos. Además de los daños a las personas, la radiactividad también puede afectar al ADN de las células germinales, produciendo mutaciones que serán transmitidas a las siguientes generaciones con potencial de generar malformaciones.

Por la peligrosidad de sus residuos, su relación con la proliferación de armas nucleares y por los accidentes en centrales nucleares, la energía nuclear es probablemente la energía más controvertida que existe.

31

¿CUÁLES HAN SIDO LOS ACCIDENTES NUCLEARES MÁS GRAVES DE LA HISTORIA?

Durante las casi siete décadas que lleva utilizándose la energía nuclear ha habido numerosos accidentes en muchas centrales nucleares, aunque la mayoría han sido menores. El Organismo Internacional de la Energía Atómica creó una escala (escala INES) en la que se valoran los «eventos» nucleares en función de su gravedad, desde el cero («desviación»), que son los menos graves, hasta el siete («accidente mayor»), que son accidentes con efectos generalizados en la salud y el medio ambiente, que requieren de amplias contramedidas para ser contenidos. Accidentes de nivel siete solo ha habido dos en la historia, los de Chernóbil y Fukushima.

El accidente de la central de Chernóbil fue durante muchos años el principal ejemplo de la peligrosidad y capacidad destructiva de la energía nuclear. El accidente se produjo el 26 de abril de 1986 cuando los operarios de la planta estaban haciendo una prueba de seguridad simulando un corte eléctrico. En medio de esta prueba el reactor sufrió un brusco incremento de potencia hasta llegar a superar en diez veces su potencia máxima, lo que fundió el combustible nuclear, que entró en contacto con el agua de refrigeración y la convirtió súbitamente en vapor, provocando dos explosiones consecutivas que hicieron volar por los aires las paredes de hormigón del reactor y produjeron un incendio. Las explosiones lanzaron a la atmósfera enormes cantidades de polvo radioactivo que contaminaron intensamente un área de 155 000 km^2 alrededor de la central y viajaron por media Europa (de hecho, fue en Suecia donde detectaron contaminación radioactiva que no procedía de sus centrales y por los vientos dominantes supieron que algo había pasado en la URSS). La cantidad de radiación emitida fue aproximadamente cien veces más fuerte que la provocada por las bombas atómicas lanzadas sobre Hiroshima y Nagasaki. Algunos trabajadores y bomberos que fueron a la central en las horas posteriores al accidente llegaron a recibir dosis de 20 000 mSv en un día (recordemos que la dosis para la intoxicación por radiación es 1000 mSv).

Treinta y una personas murieron a causa del accidente y doscientas fueron hospitalizadas. 135 000 personas fueron trasladadas de la zona de evacuación establecida de 30 kilómetros alrededor de la central y otras 220 000 fueron reubicadas en los años posteriores. Cinco millones de personas viven todavía en áreas oficialmente contaminadas por radiación. La ciudad de Prípiat, que estaba a 3 kilómetros de la central y tenía 50 000 habitantes, fue totalmente evacuada y se convirtió en una ciudad fantasma para siempre. Hoy día Prípiat se ha convertido en una macabra atracción turística, incluso hay agencias que arreglan viajes organizados en los que se controla en todo momento el nivel de radiación y se firma una exención de responsabilidad con advertencias como no tocar nada o no sentarse en el suelo.

En el año 2006 el fórum de Chernóbil un grupo de varias organizaciones de la ONU, entre las que están la Organización Mundial de la Salud (OMS) y el Organismo Internacional de la

Fotografía de la ciudad de Prípiat hecha a mediados de la década del 2000 donde se puede observar la central de Chernóbil al fondo. Prípiat no podrá volver a ser habitada en condiciones de seguridad durante miles de años.

Energía Atómica (OIEA), predijo que unas 9000 personas morirían a causa de la radiación emitida por el accidente. Las cifras, en cualquier caso, son muy polémicas, pues hay desde quienes niegan que esté demostrada la relación entre la radiactividad y la prevalencia de ciertos cánceres hasta quienes ofrecen cifras superiores a las 200 000 víctimas.

El accidente de Chernóbil se consideró durante mucho tiempo algo producido por la deficiente tecnología soviética y se aseguraba que algo así no podía pasar con los parámetros de seguridad existentes en los países avanzados. Sin embargo, el 11 de marzo de 2011 se produjo el segundo accidente nuclear de nivel siete, el accidente de la central de Fukushima en Japón.

El origen del accidente fue el terremoto y posterior tsunami que afectó a la costa noreste de Japón ese día. El terremoto provocó que los reactores se pararan automáticamente. La red eléctrica cayó, por lo que se iniciaron los motores diésel para generar la energía necesaria para refrigerar el reactor. Sin embargo, una hora después del terremoto, llegó un tsunami que dañó esos motores e impidió la refrigeración de los núcleos de los tres reactores que estaban en funcionamiento. El progresivo aumento de la temperatura provocó la fusión del combustible nuclear y eso generó explosiones de vapor, incendios y sobrecalentamiento del combustible gastado depositado en la piscina de la central durante los días posteriores al tsunami. El accidente provocó la emisión de gases radioactivos al exterior y la contaminación del agua del mar, aunque se estima que la cantidad de radiación liberada fue aproximadamente el 10% de la liberada en Chernóbil.

109

El mismo día del accidente se evacuó a todas las personas que vivían a menos de tres kilómetros de la central, aunque en pocas horas esta orden de evacuación aumentó primero a diez kilómetros, después a veinte y, dos semanas después, a treinta kilómetros. En total 470 000 personas fueron evacuadas de sus hogares, de los que más de 170 000 continuaban fuera de sus hogares cinco años después. Afortunadamente el accidente de Fukushima no produjo víctimas mortales, aunque sí produjo cuarenta y tres heridos entre los trabajadores de la central, veinte de ellos a causa de la radiación. La rápida distribución de pastillas de yodo entre la población y las restricciones en el consumo de agua y alimentos que podrían estar contaminados parece que limitará los efectos sobre la salud de los habitantes de la zona. No obstante, la Organización Mundial de la Salud publicó un informe en 2013 en que estimaba un aumento de casos de cáncer de mama, leucemia y cáncer de tiroides en personas expuestas a la radiación durante la lactancia.

Uno de los efectos más curiosos del accidente de Fukushima ha sido el aumento de mutaciones observado en mariposas, que afectan al tamaño de antenas y patas y a la forma de los ojos y las alas. Curiosamente cierto tipo de mariposas también cambiaron durante la revolución industrial en Gran Bretaña, aunque más bien fue por selección natural. Ante el oscurecimiento de las cortezas de los árboles debido a las emisiones de carbón, las mariposas negras comenzaron a pasar desapercibidas al situarse sobre la corteza de los árboles, mientras que las blancas moteadas eran rápidamente detectadas por los depredadores, lo que provocó la desaparición de estas en favor de las negras.

32
¿Cuál es la central nuclear más grande del mundo?

Para usar el mismo criterio usado con las centrales térmicas, vamos a analizar las centrales nucleares en función de su capacidad instalada y no por la energía generada en un año concreto.

La central nuclear más grande del mundo se encuentra en uno de los países que más ha utilizado la energía nuclear, Japón. Es la central de Kashiwazaki-Kariwa, en la prefectura de Niigata, al noroeste de Japón. Esta central tiene una capacidad instalada de 8212 MW, mayor que la más grande de las centrales térmicas. La central consta de siete reactores, cinco de 1100 MW y dos de 1356 MW que como es habitual en Japón son del tipo de agua en ebullición. El primer reactor entró en funcionamiento en 1985 y el último en 1997. Es capaz de generar unos 60 TWh por año, lo que cubre el consumo de unos dieciséis millones de hogares japoneses. No obstante, al igual que la mayoría de centrales nucleares de Japón, la planta se encuentra parada desde el accidente de Fukishima. No es la primera vez que la central ha estado parada por largo tiempo: en verano de 2007 la central sufrió un terremoto de 6,8 en la escala de Richter. Los reactores se pararon por seguridad tal y como estaba previsto, aunque la planta permaneció cerrada hasta 2009 al pasar por largos procesos de evaluación y actualización para hacer frente a riesgos sísmicos. La compañía propietaria de la central, Tepco, quiere reiniciar los reactores para 2019, pero su futuro es incierto debido a una población poco favorable al reinicio de la planta y unos políticos locales destacadamente antinucleares.

La segunda central nuclear más grande del mundo por capacidad instalada, y la primera si consideramos inhábil la central de Kashiwazaki-Kariwa, es la central canadiense de Bruce, en la provincia de Ontario. Es una central de tipo CANDU (o agua pesada a presión) compuesta por ocho reactores divididos en dos unidades operacionales, una unidad A con cuatro reactores de 779 MW y una unidad B con otros cuatro reactores de 817 MW, lo que le otorga una capacidad instalada total de 6384 MW. La central comenzó a funcionar en 1977 con sus dos primeros reactores y terminó la construcción de su último reactor en 1987, aunque durante quince años (de 1997 a 2012) los dos reactores más antiguos estuvieron cerrados para su remodelación. La central produjo 47,63 TWh en el año 2015.

Una de las curiosidades de la central de Bruce es que es la principal productora mundial de cobalto-60, un isótopo del cobalto que se usa para radioterapia y otros fines médicos e industriales. El cobalto-60 se crea en la central nuclear a partir del cobalto natural (cobalto-59) presente en las barras de ajuste que al absorber un neutrón se convierte en el isótopo radiactivo.

A pesar de tener menos potencia instalada que la central de Bruce, la central nuclear de Hanul en Corea del Sur algunos años genera algo más de energía que la canadiense, al producir una

Fotografía de la central nuclear de Bruce, situada en la provincia de Ontario, en Canadá. Actualmente es la central nuclear en uso más grande del mundo. Imagen: *El Periódico de la Energía*.

media de 48 TWh anuales. La central de Hanul se puso en marcha en 1988 y está compuesta por seis reactores del tipo de agua a presión con capacidades instaladas entre 968 y 999 MW, que otorga 5928 MW a la central. Actualmente se están construyendo otros dos reactores de 1340 MW que cuando estén en funcionamiento la convertirán en la central nuclear más grande del mundo.

También en Corea del Sur está la central de Kori, en el sur del país. La central de Kori, puesta en marcha en 1977, tiene actualmente seis reactores de agua a presión en funcionamiento que otorgan a la central una potencia instalada de 6040 MW. La central está a la espera de la apertura de un nuevo reactor de 1340 MW, que ha sido pospuesta, y había comenzado la construcción de otros dos reactores más de la misma potencia, que fue paralizada por el gobierno surcoreano en verano de 2017.

La central nuclear más grande de Europa es la ucraniana de Zaporiyia, central de 5700 MW de capacidad instalada dividida en seis reactores de agua a presión de 950 MW cada uno. Los cinco primeros reactores se construyeron en la década de los 80, en época soviética, mientras el último es de 1995. Las siguientes plantas nucleares más grandes del mundo (y de Europa) están en Francia, son las centrales de Gravelinas (seis reactores, 5460 MW), Paluel (cuatro reactores, 5320 MW) y Cattenom (cuatro reactores, 5200 MW), todas ellas de reactores de agua a presión.

En España y América Latina no hay grandes centrales nucleares, al menos comparadas con las centrales de entre 4000 y 8000 MW que existen en países como Japón, Corea del Sur, Francia o China. La central nuclear más grande que hay en España es la central de Almaraz, en Extremadura, con 2017 MW de potencia instalada divida en sus dos reactores de agua a presión. La central de Almaraz se puso en marcha en 1981 y actualmente produce alrededor de 15 TWh anuales.

En Argentina la mayor central es la de Atucha, con 1027 MW divididos en dos reactores de tipo CANDU, siendo el más antiguo y pequeño de ellos el primer reactor nuclear que entró en funcionamiento en América Latina, en 1974. En México, la central de Laguna Verde posee dos reactores de 810 MW de capacidad cada uno, lo que la convierte en la central nuclear más grande de América Latina, aunque el reactor más grande está en Brasil, Angra II, que tiene 1275 MW de capacidad instalada. Quizá la central de Angra llegue a ser algún día la central más grande de América Latina si se finaliza el tercer reactor, que se comenzó a construir en 1984 y cuya construcción está parada por enésima vez.

33
¿Tiene futuro la energía nuclear?

Una de las grandes preguntas en el mundo de la energía es si la energía nuclear de fisión es una fuente de energía con futuro o bien si es una energía en decadencia. La energía nuclear sufrió una fuerte expansión desde 1960 hasta finales de los años 80, pero desde entonces está prácticamente estancada, reduciéndose su presencia en el mix eléctrico mundial debido a la expansión más rápida de otras fuentes de energía. En 1986 la energía nuclear generaba el 16% de la electricidad mundial mientras en 2016, 30 años después, fue de poco más del 10%. La cantidad de reactores en servicio y la energía generada es prácticamente la misma que en el año 2000 y no es mucho mayor que en 1990.

El accidente de Chernóbil tuvo mucho que ver con este parón de la energía nuclear a finales de los 80, pero también el haber dejado atrás los efectos de las crisis del petróleo, que fueron unas de sus impulsoras. No obstante, a mediados de la década del 2000 se habló de «renacimiento nuclear» debido a unos combustibles fósiles más caros, los compromisos en la lucha contra el cambio climático y, sobre todo, la necesidad de aumentar la capacidad de generación de energía en las economías emergentes, fundamentalmente China e India. Se proyectaron muchas centrales sobre todo en Asia e incluso en Europa se proyectaron nuevas centrales cuando desde los años 80 no se proyectaba ninguna. Sin embargo, el accidente de Fukushima volvió a truncar las esperanzas de renacimiento.

Los defensores de la energía nuclear ofrecen tres argumentos a favor de esta energía. El primero es que las centrales nucleares producen energía casi todo el tiempo sin interrupciones, lo que permite que sean una garantía de suministro. El segundo es que no generan CO_2 y, por tanto, que son útiles para combatir el cambio climático. El tercer argumento es que la energía nuclear es la energía más barata de todas y que, por tanto, produce beneficios económicos y un aumento de la competitividad de los países que la usan.

Este tercer punto, el supuesto bajo coste de la energía nuclear, es bastante polémico y poco creíble. Es verdad que las centrales nucleares construidas hace décadas y ya amortizadas generan electricidad barata, como por ejemplo Francia que tiene uno de los precios de electricidad más baratos de Europa, pero eso no es así para las plantas nuevas. El ejemplo más claro de esto es la central nuclear en construcción de Hinkley Point C, en el Reino Unido, que es la primera central nuclear proyectada en el país desde 1988. El coste de esta central está, por ahora, en 20 000 millones de libras, por lo que ya es conocida como la obra más cara del mundo. Para poder construir esta central, el gobierno del Reino Unido garantizó a la compañía adjudicataria (EDF) un contrato de compra de energía por 35 años a 92,5 libras/MWh, un coste por MWh que duplica el precio del mercado británico de electricidad. Si comparamos este coste con la subasta de eólica marina que se produjo en el Reino Unido en septiembre de 2017 las diferencias también son notables. La empresa adjudicataria, una *joint venture* de EDP renovables y Engie, ingresará 57,5 libras por MWh generado, un precio casi un 40% inferior al de la nuclear de Hinkley Point y con un compromiso tan solo de 15 años. También en el Reino Unido se han llegado a ver subastas para proyectos de energía solar a 50 libras/MWh.

Otro caso es el nuevo reactor de la central de Flamanville en Francia. La central se proyectó con un coste de 3500 millones de euros y, en su última actualización, el coste estimado estaba ya en 10 500 millones de euros. Ya en 2012 la empresa nuclear francesa Areva declaraba que el precio de generación de Flamanville-3 sería de entre 70 y 80 €/MWh, cuando el coste de la planta estaba estimado en 8500 millones de euros. El precio medio de la electricidad en Francia está en valores inferiores a los 40 €/MWh.

Construir una central nuclear requiere de inversiones multimillonarias como las que hemos visto, inversiones que en el mejor de los casos tardarían muchos años en dar retorno. En Estados Unidos, por ejemplo, construir una central nuclear cuesta más de 9000 millones de dólares. Esta cantidad es muy difícil de obtener, los inversores son reacios a invertir cuando hay otras fuentes de energía cuyos costes cada vez son menores y contra las que hay riesgo de no poder competir en breve plazo, así que las inversiones normalmente solo se realizan con contratos asegurados como los de Hinkley Point o bien por empresas públicas estatales. Uno de los mayores constructores de reactores nucleares del mundo, Westinghouse Electric, se declaró en quiebra a mediados de 2017 precisamente debido a los sobrecostes de sus reactores en Estados Unidos, algunos de los cuales han sido abandonados. No parece que la instalación de nueva potencia nuclear sea demasiado rentable.

Además de la dudosa rentabilidad de la energía nuclear, el desastre de Fukushima hizo cambiar las políticas de muchos países respecto a esta energía. Japón tiene parados casi todos los reactores desde el accidente de Fukushima y aunque la política del primer ministro Abe es favorable al uso de la energía nuclear, la realidad es que los reactores están tardando mucho en reabrirse y muchos no se reabrirán nunca. En Alemania la canciller Merkel está cerrando progresivamente las centrales nucleares y se espera que el apagón nuclear total se produzca en 2022. En Francia el gobierno socialista de Hollande se comprometió a cerrar una quincena de reactores nucleares para cumplir el objetivo de que en el año 2025 solo el 50% de la electricidad francesa sea de origen nuclear, frente al 75 % actual. En Corea del Sur, una de las grandes potencias nucleares, el presidente Moon Jae-in ha prometido cancelar los nuevos proyectos nucleares y no extender la vida de los reactores actualmente operativos.

A la vista de estos datos parece que la energía nuclear está en retroceso y así es en la mayoría de los países desarrollados. Pero en países como India y sobre todo China la realidad es otra. Ante las altas tasas de crecimiento económico, estos países han instalado centrales nucleares y tienen proyectos de instalar varias más. China tiene veintiún reactores en proyecto y unos objetivos de quintuplicar su capacidad nuclear para 2030, es más, se ha convertido en un exportador de proyectos de energía nuclear, sobre todo a países en vías de desarrollo. Para China la energía nuclear es una oportunidad para eliminar las centrales de carbón y poder cumplir los objetivos contra el cambio climático (de hecho, en los planes quinquenales se la suele considerar una energía renovable). China parece emerger como la futura potencia nuclear del mundo, aunque veremos a dónde llega con este camino. Las tasas de crecimiento chino están siendo más bajas que las de hace unos años y la inversión en energías renovables está siendo enorme, lo que podría producir un replanteamiento nuclear a medio plazo.

En definitiva, ¿tiene futuro la energía nuclear? No parece que tenga demasiado futuro en los países desarrollados, pero sí lo tiene en China, al menos a corto plazo. A medio plazo la energía nuclear podría entrar en decadencia en todo el mundo, a no ser que sea rescatada gracias a su gran ventaja: no emitir CO_2. Paradójicamente, una mayor alarma por el cambio climático podría ser lo que mantuviese con vida a esta energía durante el siglo XXI.

IV

ENERGÍAS HIDRÁULICA, EÓLICA Y SOLAR

34

¿SE PUEDEN COMPARAR LOS COSTES DE LOS DISTINTOS TIPOS DE ENERGÍA?

Comparar los costes de los distintos tipos de energías no es algo fácil. Estos costes son enormemente variables en función del país y del momento en que los hagamos, pues en el mundo de la energía las cosas cambian muy deprisa. Saber cuánto cuesta producir 1 kWh para una central determinada es algo casi imposible, pues las empresas que las gestionan obviamente no son transparentes en la información transmitida por cuestiones de competencia. Habrá veces que tenderán a sobredimensionar los costes, por ejemplo, cuando de estos dependa una remuneración regulada, y habrá otras que la tendencia será a infravalorarlos, por ejemplo, para vender las bondades de una fuente de energía.

Los costes de la generación de energía se pueden dividir en tres grandes tipos:

- Costes de capital: Son los costes de inversión para poner en marcha la central, la inversión de capital inicial. Son costes fijos, es decir, no dependen de si la central genera energía o no.

- Costes de operación y mantenimiento: Son todos aquellos costes que son imprescindibles para mantener en funcionamiento la central. Aquí se incluyen los costes laborales, las operaciones de mantenimiento, la gestión de activos, etcétera. Hay fijos y variables.
- Costes de combustible: Es el precio de obtención del combustible necesario para producir la energía. Son costes variables en los que se incurre si se genera energía y que no se tienen en caso contrario.

Tener en cuenta estos tres costes es fundamental para poder valorar bien cuánto cuesta un kWh de cada fuente de energía, ya que estos costes son muy distintos en cada caso. Por ejemplo, las energías renovables tienen un coste de capital proporcionalmente muy alto porque casi todo es inversión inicial, pero luego tienen costes de combustibles bajos o directamente nulos. En el caso de las centrales térmicas que funcionan con combustibles fósiles es distinto, los costes de combustible sí son muy relevantes. En el caso de una central nuclear los costes de capital son relativamente altos, los de combustible intermedios y los de operación y mantenimiento los más altos entre todos los tipos de energía. En cualquier caso, es importante valorar cuantos kWh se van a generar en la vida útil de la instalación para poder amortizar correctamente los costes fijos.

Una forma de intentar valorar los costes de generación es atender a las señales que da el mercado, pero esto puede ser confuso. En los mercados marginalistas, que son la mayoría, atender al precio al que las fuentes de energía ofertan para entrar en el mercado nos llevaría a engaño porque las plantas no ofertan a su coste de producción sino a un coste que les permita entrar en el mercado sin perder dinero o bien ganando el máximo posible. Las energías como la eólica, la solar o la hidráulica fluyente ofertarán a coste cero o cercano a cero porque así se garantizan entrar en el mercado y cobrar el precio de casación, ya que saben que no van a perder dinero porque su coste variable es prácticamente cero al no tener coste de combustible. Obviamente su coste no es cero porque tienen que amortizar los altos costes iniciales, pero no tiene sentido parar la producción si hay viento, agua o sol, así que si el precio del mercado casa a cero no pierden casi nada, simplemente dejarían de ganar dinero.

En el caso de las centrales de combustibles fósiles el precio ofertado puede parecerse más al coste, pero tampoco podemos fiarnos de eso. Si el mercado es poco competitivo, es posible que oferten a un precio bastante superior a su coste de generación para ganar más dinero, ya que saben que van a entrar en casación. Pero también puede pasar lo contrario, podrían ofertar a un precio menor a su coste si saben que a su precio de coste no van a entrar en el mercado y van a tener que parar la central. Una central parada no tiene costes variables pero sí tiene costes fijos, así que puede llegar a interesar generar por debajo de coste si el precio de venta supera los costes variables y se consigue amortizar parte de los fijos. Lo que sí es seguro es que una central térmica siempre ofertará por encima de sus costes variables.

Mucho más fiables para conocer los costes son las subastas, que se hacen sobre todo en el caso de las renovables, o ciertos contratos a largo plazo entre los sistemas eléctricos y las centrales generadoras de energía. Este último caso sería el de la central de Hinkley Point C en el Reino Unido que firmó un contrato a 35 años por el que venderá la electricidad a 92,5 libras/MWh. Por lógica, este precio será algo mayor que los costes de generar electricidad de la central, nunca será menor (para vender a precio menor que el coste no harían la central) y no debería ser mucho mayor (a no ser que el comprador haya negociado muy mal o en posición muy débil).

El caso de las subastas es muy interesante porque se hacen continuamente en todos los países del mundo y nos permite una actualización constante de los costes de las distintas energías renovables. Las empresas de renovables pujan a la baja, de manera que se llevan los proyectos quienes ofrezcan menor precio, normalmente a un precio fijo comprometido durante varios años o bien en un formato de «mercado más prima», donde los generadores cobran el precio de mercado más un diferencial, ganando la subasta quien menos diferencial ofrezca. Si una empresa puja a un precio fijo, es de suponer que los costes de generación serán algo menores a ese precio y si puja en el sistema de «mercado más prima» a prima cero, es porque sus costes son menores a su expectativa de precios de mercado.

Otra forma de comparar los distintos costes de los distintos tipos de energía es un concepto llamado *levelized cost of electricity* (LCOE) o coste nivelado de la energía, que compara los niveles de coste de las distintas tecnologías en un momento temporal dado y para un país concreto. La fórmula del LCOE no es demasiado complicada, simplemente divide la suma de costes de la generación de energía durante toda la vida útil de la central eléctrica entre la cantidad de MWh que se espera generar a lo largo de esta vida útil, ofreciéndonos un resultado en unidad monetaria entre MWh.

El LCOE sirve muy bien para analizar la realidad en un momento concreto, sobre todo en el caso de la mayoría de renovables que no tienen coste de combustible y, por tanto, el coste dependerá fundamentalmente de los costes de inversión de ese momento. En el caso de las energías fósiles es más incierto porque el precio de los combustibles varía a diario y hacer una proyección a futuro es muy complicado. Obviamente, el LCOE de una central de ciclo combinado de gas será distinto con un precio del gas a 20 €/MWh que con un precio de 40 €/MWh y, realmente, somos incapaces de saber cuánto va a costar el gas en el futuro y menos en el plazo de vida útil de la central, que puede ser décadas.

En determinados países los costes nivelados suelen ser más bajos de forma generalizada, debido a cuestiones como el coste de la mano de obra o los impuestos. Por otro lado, los costes de las energías renovables están fuertemente condicionados por su capacidad de generación. El LCOE de una planta fotovoltaica en Escocia debería ser muy superior al de una planta en Australia debido a que en la segunda habrá mucha mayor radiación solar y, por tanto, mayor generación de energía. Por la misma razón, un parque eólico en Escocia, en el que se estimen 3000 horas de funcionamiento anual, muy probablemente tendrá menor LCOE que uno en Florida con 2000 horas de funcionamiento. Todas estas situaciones hay que tenerlas en cuenta para hacer las comparativas correctamente.

En cualquier caso, este tipo de análisis también tiene sus limitaciones. Por un lado, no se tiene en cuenta los efectos sobre el medio ambiente o la peligrosidad de estas energías (más allá de los costes económicos que se deriven de ellos), por lo que una energía más barata puede ser socialmente menos conveniente. Por otro lado, tampoco se tiene en cuenta la intermitencia o continuidad de las energías, algo relevante para la fiabilidad de un sistema eléctrico. El coste es, por tanto, tan solo uno de los factores a tener en cuenta a la hora de analizar la conveniencia de una fuente de energía.

35

¿Cuántos tipos de centrales hidroeléctricas hay?

La energía hidráulica es aquella que proviene de la energía cinética y potencial de las corrientes de agua de los ríos y que, cuando se usa para generar electricidad, se suele llamar también energía hidroeléctrica o hidroelectricidad. Ya en la Antigüedad, los seres humanos usaban las corrientes de agua para generar movimiento en una rueda hidráulica, movimiento que utilizaban para moler grano o para transportar agua. El fundamento de la energía hidroeléctrica es básicamente el mismo, el uso de la corriente para generar movimiento, pero en este caso de una turbina hidráulica para así generar electricidad.

A pesar de ser una energía renovable, la energía hidráulica también es una energía tradicional, pues se usa desde la segunda mitad del siglo XIX. La primera central hidroeléctrica se construyó en Northumberland, Gran Bretaña, en 1880 y al año siguiente se construyó otra central en las cataratas del Niágara. A finales de la década de 1880 ya existían más de 200 centrales hidroeléctricas en Norteamérica. Durante el primer tercio del siglo XX esta energía se extendió por todo el mundo.

Hay varios tipos de centrales hidroeléctricas, aunque las más conocidas y las que más energía generan son las centrales de embalse. Para la construcción de este tipo de centrales se crea una presa artificial que acumula agua y se busca aumentar el desnivel entre la presa y el caudal posterior del río. Este embalse permite al agua adquirir energía potencial que posteriormente es transformada en energía cinética gracias a una tubería forzada (o tubería de presión), una tubería que parte de un punto algo más bajo que el nivel del agua de la presa y en la que, gracias a la energía potencial y la presión del agua del embalse, entra el agua a alta presión. La tubería forzada conduce el agua a una turbina hidráulica, una turbomáquina muy parecida a las turbinas de vapor y de gas de las centrales térmicas y que funciona de la misma manera, es decir, genera rotación al paso de un fluido a través de ella y transmitiéndose esta rotación a un eje que es parte de un generador eléctrico, produciendo electricidad de la misma manera que se hace en las centrales térmicas.

Hay básicamente dos tipos de turbinas hidráulicas en las centrales

La central hidroeléctrica

Esquema de una central hidroeléctrica de embalse. 1) Entrada del agua por una tubería forzada. 2) El agua mueve la turbina hidráulica cuyo movimiento hace girar el eje. 3) El giro del eje produce electricidad en el alternador. 4) Una vez turbinada el agua, esta continua su flujo natural. 5) La electricidad generada se aumenta de tensión en la subestación elevadora y se inyecta en la red eléctrica. (Imagen cedida por EDP).

hidroeléctricas: las turbinas de acción que son aquellas en las que el agua no sufre casi pérdida de presión y por tanto la generación de energía se basa solo en la energía cinética del caudal de agua, y las turbinas de reacción en las que sí que hay pérdida de presión del agua a la salida y por tanto la presión también es importante para la generación de electricidad. En función de la altura del salto del agua y del caudal de la tubería forzada se usará de un tipo u otro.

Una vez turbinada el agua, esta se lanza al río para que continúe su flujo natural.

Una central hidroeléctrica tendrá más potencial de generación eléctrica conforme más acusado sea el desnivel, por eso para la instalación de estas centrales no sirve cualquier sitio, sino que hay sitios mejores donde se pueden generar mayores desniveles con inversiones menores en obra. Además del desnivel también es importante el caudal que fluye por la tubería forzada, ya que a mayor caudal también mayor generación de electricidad.

Además de las centrales de embalse también existen centrales de agua fluyente, que son aquellas que no tienen una presa para acumular agua y que turbinan el agua del caudal natural del río. En este tipo de centrales se crea un canal de derivación donde parte del agua del río se desvía hacia algún lugar cercano donde exista cierto desnivel natural, para así poder enviar el agua a una tubería forzada que convierta la energía potencial del agua en energía cinética y turbinarla posteriormente. Este tipo de centrales no pueden regular el caudal y deben adaptarse al caudal natural del río, por lo que producen mucha energía en épocas de lluvia y mucho menos en épocas secas. Las centrales de embalse, en cambio, pueden acumular agua de las estaciones húmedas para usarla durante el resto del año. Esto les permite acumular la energía y da la capacidad a las grandes centrales hidroeléctricas de generar energía durante todo el año e incluso de poder aumentar y disminuir la generación eléctrica en función de las necesidades de la demanda, simplemente regulando el caudal con una válvula que se sitúa antes de la tubería forzada.

Además de estos dos tipos de centrales, hay otra modalidad de central que se llama central hidroeléctrica de bombeo o reversible. Una central de bombeo tiene la particularidad de tener dos embalses, el embalse normal de una central hidroeléctrica y otro embalse situado a mayor altura que el primero. En horas en que la electricidad es abundante o barata, el agua se bombea del embalse principal al embalse a mayor altura con el objetivo de almacenarla allí hasta que se produzcan horas más caras o mayor necesidad de energía, para entonces turbinarla y devolverla al embalse inferior. Normalmente estas centrales de bombeo suelen bombear aguas arriba de noche, cuando la energía es barata y hay poca demanda, y devolver la energía al embalse principal de día, cuando hay más demanda y precios más caros. En este ciclo de bombeo-turbinación se puede perder alrededor del 30% de la energía, pero aún así hacer este proceso sale rentable para este tipo de centrales.

Las centrales hidroeléctricas, sobre todo las centrales con presa, requieren de mucha inversión inicial, pero una vez se ha hecho esta inversión sus costes de mantenimiento son bajos y el coste de generación de electricidad es muy pequeño, ya que el agua es gratis. Actualmente, la energía hidroeléctrica es posiblemente la fuente de energía más económica de todas, por encima de las energías fósiles, la nuclear y el resto de renovables. Además, una central hidroeléctrica puede tener una vida útil de más de un siglo, aunque dependerá de muchas cuestiones técnicas.

Sin embargo, también tienen su problemática y su impacto ambiental. La instalación de una presa altera el ecosistema del río y su flujo natural. En muchas ocasiones, para poder hacer los grandes embalses, ha habido que trasladar poblaciones enteras, inundándose pueblos y zonas de cultivo. También ha habido accidentes por rotura de presas que han llegado a producir estragos y muchos muertos en las localidades próximas que están en el cauce del río. Finalmente, en muchos países las centrales hidroeléctricas se encuentran muy alejadas de los centros urbanos, lo que obliga a construir redes de transporte y aumenta las pérdidas de energía.

36

¿Existen países que generen toda su electricidad gracias a centrales hidroeléctricas?

A finales del año 2016 había en el mundo 1 246 000 MW de potencia hidroeléctrica instalada (incluyendo las centrales de bombeo) que generaron 4102 TWh, alrededor del 16,5% de la electricidad mundial. Estos 4100 TWh son aproximadamente el doble que en 1986, cuando el porcentaje de participación de la energía hidroeléctrica en la generación eléctrica era de algo más del 17,5%, lo que implica que crece ligeramente por debajo de la generación mundial de electricidad.

El país que más usa la energía hidráulica es China donde está instalada el 26% de la capacidad hidroeléctrica mundial y se genera el 28% de toda la electricidad proveniente de esta fuente (1181 TWh). El crecimiento de la capacidad hidroeléctrica en China comenzó sobre todo desde el año 2002, pasando de menos de 90 000 MW instalados ese año a los 331 000 MW de final de 2016, casi cuatro veces más. El objetivo del decimotercer plan quinquenal chino es que en 2020 se hayan instalado 60 000 MW adicionales y las líneas maestras para el período 2020-2030 parecen ser el desarrollo de pequeñas centrales hidroeléctricas (entiéndase el adjetivo pequeñas desde los estándares chinos).

El segundo país que más electricidad hidroeléctrica genera es Brasil. Brasil posee 98 000 MW de capacidad instalada y genera más de 410 TWh anuales. Alrededor del 65% de la energía de Brasil proviene de esta fuente gracias a los vastos recursos hídricos que le proporciona tener en su territorio el río más caudaloso del mundo. De hecho, se estima que Brasil tiene potencial para poder generar el doble de energía hidroeléctrica de la que actualmente produce de forma económicamente viable.

Las dos potencias tradicionales de la energía hidroeléctrica y quienes primero la desarrollaron fueron los EE.UU. y Canadá. Los EE.UU. tienen la segunda mayor potencia hidroeléctrica instalada, 102 500 MW, aunque es el cuarto país del mundo por energía hidroeléctrica generada, 266 TWh. Los Estados Unidos destacan por tener muy desarrolladas las centrales de bombeo que representan alrededor del 20% de su capacidad instalada (unos 22 000 MW), aunque en este terreno también es superado por China y por otro país, Japón, donde más de la mitad de su potencia hidroeléctrica corresponde a centrales de bombeo.

Canadá es el tercer país del mundo que más energía hidroeléctrica produce (casi 380 TWh) y el cuarto con mayor capacidad instalada (aproximadamente 79 300 MW). Sin embargo, destaca en esta energía porque alrededor del 62% de su electricidad es producida por centrales hidroeléctricas, siendo con Brasil uno de los grandes países que más porcentaje de generación hidroeléctrica tienen en su mix. Hay en marcha proyectos para instalar 3 000 MW hidroeléctricos más que se espera se finalicen alrededor del 2020.

Los otros dos países que destacan en generación hidroeléctrica son Rusia y la India. Rusia genera unos 178 TWh anuales con energía hidráulica gracias a sus 48 000 MW instalados, cantidad que no llega a representar el 20% de su generación eléctrica. Rusia es el segundo país del mundo con más capacidad de desarrollo hidroeléctrico, ya que se estima que solo el 20% de su capacidad está siendo utilizada, el problema es que los lugares donde existe ese potencial están muy alejados de las grandes áreas de consumo, que en Rusia están concentradas en la parte europea del país. La India genera menos de 121 TWh de electricidad a pesar de tener una potencia instalada mayor que Rusia (casi 52 000 MW). Los objetivos de instalación de energía hidráulica en la India son modestos, pues de su vasto plan para instalar 100 000 MW de capacidad renovable adicional para 2022 solo 5 000 MW son de energía hidráulica.

Más allá de los grandes países generadores de energía hidráulica, hay otros muchos países donde esta energía genera casi toda la electricidad que necesitan. Destacan entre ellos Noruega donde más del 97% de su electricidad está generada por centrales hidroeléctricas, a pesar de ser un país productor de petróleo. Otro país que genera casi el 100% de su electricidad gracias a la energía hidroeléctrica es Albania que con solo las tres centrales construidas sobre el cauce del río Drin ya generan prácticamente toda la energía que necesita el país.

En Asia tenemos a Tayikistán que con 131 TWh generados con fuentes hidroeléctricas cubre toda la demanda del país. Dos terceras partes de esta generación la produce la central hidroeléctrica de Nurek, con más de 3000 KW de capacidad instalada. Tayikistán está desde hace décadas intentando construir una central hidroeléctrica en la presa de Rogun, un proyecto de 3600 MW que convertiría al país en exportador neto de electricidad a sus vecinos si se llegase a llevar a cabo alguna vez. En Asia también tenemos a Nepal y a Bután que aprovechan el potencial hídrico del Himalaya para generar toda su electricidad. Nepal tan solo tiene 753 MW instalados y Bután 1615 MW, ambos son países pobres (y Bután está muy poco poblado) y su consumo de electricidad es pequeño, pero tienen mucho potencial hidroeléctrico que si se desarrollase les permitiría exportar electricidad a la India.

En África también hay varios países que generan entre el 95 y el 100% de su electricidad de fuentes renovables. Son Zambia, la República Democrática del Congo, Mozambique, Etiopía y Namibia. Todos estos países son muy pobres y la electricidad no suele llegar a las zonas rurales, por lo que consiguen satisfacer su demanda con el escaso desarrollo de los amplios recursos hídricos que poseen. Un caso interesante es el de Etiopía que inauguró a finales de 2016 la central hidroeléctrica Gibe III de 1870 MW de potencia instalada, duplicando la capacidad de generación del país y permitiendo que se convierta en exportador de electricidad a los países vecinos.

América Latina tiene también un potencial hidroeléctrico enorme. Después de Brasil, el segundo país con mayor capacidad instalada de la región es Venezuela, con casi 11 400 MW instalados y una generación de 80 TWh. El 90% de esta capacidad instalada proviene de una única central, la represa de Guri. Colombia, que tiene la tercera capacidad hidroeléctrica instalada de América Latina con casi 11 400 MW instalados y 48 TWh generados, cubre casi dos tercios de su demanda de electricidad gracias a esta energía, fundamentalmente, en base a las centrales que hay en el río Magdalena. Otros dos casos relevantes en América Latina son Paraguay y Uruguay. Paraguay genera toda la electricidad que necesita gracias a dos centrales hidroeléctricas que comparte con

Brasil y Argentina respectivamente, mientras que Uruguay genera alrededor dos tercios de su consumo de electricidad con sus 1500 MW hidroeléctricos instalados, completando el resto con energía eólica y biomasa. Ambos son los países más «renovables» de América Latina.

37
¿Es verdad que la central más grande del mundo es una central hidroeléctrica?

Sí, así es, y no solo la central eléctrica más grande del mundo es una central hidroeléctrica, sino que las cinco centrales con mayores potencias instaladas del mundo son hidroeléctricas, siendo, además, las tres más grandes de entre ellas las centrales que más energía producen en el mundo.

La central eléctrica más grande del mundo es la central hidroeléctrica de las Tres Gargantas, cercana a la ciudad china de Yichang, en el centro del país. Está situada en el curso del río Yangtsé, que es el río más largo de Asia y el tercero más largo del mundo por detrás del Amazonas y el Nilo. La presa de las Tres Gargantas comenzó a construirse en 1994 y se acabó de construir en 2012, aunque desde 2003 comenzaron a funcionar las primeras turbinas. La presa mide 2335 metros de longitud y tiene una altura de 181 metros, siendo su coste de construcción alrededor de 27 500 millones de dólares.

La central está compuesta de 32 turbinas de 700 MW cada una, más dos unidades generadoras de 50 MW, lo que otorga a la central una capacidad instalada de 22 500 MW, la mayor del mundo. Cada turbina tiene unos 10 metros de diámetro y son de tipo Francis, un tipo de turbina de reacción. La central llegó a generar 98,8 TWh en 2014, siendo este su récord de producción hasta 2017.

El embalse que alimenta la central tiene una superficie de 632 kilómetros cuadrados, un área que el gobierno chino tuvo que desalojar para poder ser inundada. Trece ciudades y alrededor de 1500 pueblos fueron inundados, reubicando a alrededor de 1 250 000 personas, la mayoría hacia la cercana municipalidad de Chongqing.

La segunda central más grande del mundo (y también segunda hidroeléctrica) es la central de Itaipú, situada en el río Paraná en la

Imagen de la central eléctrica de las Tres Gargantas a pleno funcionamiento. Fuente: *El periódico de la energía*.

frontera entre Brasil y Paraguay. La central fue inaugurada en 1984 y es gestionada por la empresa Itaipú Binacional, empresa pública participada en un 50% por cada uno de los países. La presa mide 7919 metros de largo y tiene una altura de 196 metros, siendo su imponente tamaño lo que le permitió ser considerada una de las «siete maravillas del mundo moderno» en 1995 según la revista estadounidense *Popular Mechanics*.

La central de Itaipú tiene una capacidad de generación de 14 000 MW gracias a sus 20 turbinas tipo Francis de 700 MW de potencia cada una. A pesar de tener una capacidad instalada bastante inferior a la presa de las Tres Gargantas su generación de electricidad es similar, de hecho, en 2016 la central de Itaipú batió el récord mundial de generación de una central eléctrica con 103,1 TWh generados. La razón por la que Itaipú genera la misma energía que las Tres Gargantas es porque trabaja a máxima capacidad todo el año gracias al caudal constante del río Paraná, mientras que la central de las Tres Gargantas no puede trabajar todo el año a la máxima capacidad debido a la mayor irregularidad del río Yangtsé. La central genera más del 70% de la electricidad consumida por Paraguay y el 17% de la de Brasil. Para Paraguay, propietaria del 50% de la central, esto supone ingresos por la electricidad consumida por su vecino, ya que la central genera al año doce veces más electricidad de la que consume todo Paraguay.

La tercera central más grande del mundo es la central hidroeléctrica de Xiluodu, situada en el centro-sur de China, también en el curso del río Yangtsé. La construcción de la central comenzó en 2005 y no estuvo totalmente operativa hasta 2014. La presa tiene una longitud de 700 metros y una altura de 278 metros, por lo que es bastante más estrecha y alta que las presas de las Tres Gargantas e Itaipú. La central es propiedad de la empresa China Yangtze Power, cuya matriz es también China Three Gorges. Tiene una capacidad instalada de 13 860 MW dividida en 18 turbinas tipo Francis de 770 MW cada una y en sus primeros años generaba alrededor de 55 TWh anuales, aunque se espera que la producción de electricidad alcance los 64 TWh.

Por potencia instalada, la cuarta central más grande del mundo es la venezolana central hidroeléctrica Simón Bolivar, conocida popularmente como central hidroeléctrica de Guri. Inaugurada a finales de los 70, fue durante unos años la central hidroeléctrica más grande del mundo. Tiene una capacidad instalada de 10 235 MW divididas en 20 turbinas Francis de distintas potencias. En su apogeo ha llegado a generar 47 TWh de electricidad, algo menos que las centrales nucleares de Hanul y Bruce.

La quinta central por potencia instalada sería la brasileña central hidroeléctrica de Tucuruí, en el curso del río Tocantins, con 25 turbinas que suman una capacidad instalada de 8370 MW, generando algo más de 21 TWh anuales, capacidad superada por varias centrales nucleares y térmicas.

38

¿POR QUÉ LOS AEROGENERADORES TIENEN TRES PALAS?

La energía eólica es aquella que se obtiene de la energía cinética de las corrientes de aire. Las corrientes de aire, es decir el viento, son un fenómeno producido por la radiación solar y por cómo esta radiación calienta de forma no uniforme la superficie terrestre. Esto genera capas de aire a distintas temperaturas que causan diferencias de presión entre ellas. El aire se mueve de los lugares de mayor presión a los de menor y este movimiento es lo que produce lo que conocemos como viento.

La energía del viento se convierte en electricidad gracias a unas máquinas conocidas como aerogeneradores. Un aerogenerador es un generador eléctrico compuesto por una hélice que se mueve gracias al viento, movimiento que produce la generación de corriente alterna que se transmite a la red eléctrica. Hay dos tipos de generadores: los de eje vertical cuyo eje de rotación se encuentra perpendicular al suelo y los de eje horizontal con el eje de rotación paralelo al suelo, que son los más habituales y los que componen los parques eólicos que todos hemos visto.

Los aerogeneradores de eje vertical son bastante más pequeños que los de eje horizontal, pues no suelen superar unos pocos metros de altura y generan bastante menos electricidad. Se suelen usar para casas particulares y zonas urbanas, pues son silenciosos, ocupan poco espacio y se pueden colocar unos cerca de los otros. Son aerogeneradores que se usan en el campo de la minieólica (capacidades instaladas menores a 100 KW).

Los aerogeneradores de eje horizontal, los más habituales, son estructuras muy altas que pueden llegar a medir más de 50 metros de altura, ya que el viento es más fuerte a mayor altura. La gran mayoría de ellos tienen forma de molino con hélice de tres palas que es la estructura más estable y óptima con el mínimo número de palas posible. Añadir más palas no aumenta la electricidad generada pero sí el coste de fabricación, mientras que reducir su número los hace menos eficientes y no compensaría el menor coste.

Estos aerogeneradores se componen de tres partes fundamentales: el rotor, que es la parte que gira con el viento y que está formada por las palas y el buje (la pieza que une las palas); la torre, que es el soporte del aerogenerador; y la góndola, que es la parte que une a los otros dos componentes y que consiste en una especie de carcasa donde se encuentran los mecanismos del aerogenerador. En la unión del rotor con la góndola tenemos el eje de baja velocidad que gira a la misma velocidad que el rotor y que se conecta, ya dentro de la góndola, con un multiplicador, un mecanismo que multiplica las revoluciones de giro y permite que de él salga un eje de alta velocidad que gire varias decenas de veces más rápido que el eje de baja velocidad.

La razón de este multiplicador es que la velocidad de giro de las palas, y por tanto del eje de baja velocidad, es insuficiente para poder generar electricidad a la frecuencia de la red eléctrica. La velocidad de giro del aerogenerador está entre las 15 y las 25 revoluciones por minuto (r.p.m), pero para generar electricidad a la frecuencia de la red eléctrica la velocidad de giro necesaria está entre 1200 y 1800 r.p.m. El multiplicador es, por cierto, el elemento donde se produce la mayor pérdida de rendimiento del aerogenerador.

El eje de alta velocidad es el que con su movimiento genera electricidad, al estar conectado a un generador que también está

Esquema de un aerogenerador con sus componentes. A) Palas del aerogenerador. B) Multiplicador. C) Freno. D) Controlador electrónico. E) Góndola. F) Generador. G) Mecanismo de orientación. H) Torre. I) Conexión con la red eléctrica. J) Base del aerogenerador. Fuente: RobbyBer, Wikimedia Commons.

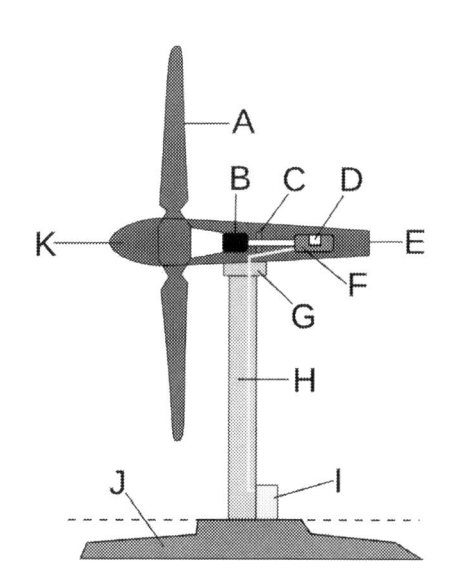

dentro de la góndola. La electricidad generada se transmite por un cable que baja por el interior de la torre y conecta con la red eléctrica.

Para que un aerogenerador funcione a máximo rendimiento es importante que esté orientado contra el viento, sin embargo, las corrientes de aire cambian de dirección frecuentemente. Por eso, las cabezas de los aerogeneradores se mueven buscando su posición óptima gracias al mecanismo de orientación, un sistema de rotación situado debajo de la góndola y que permite mover toda la estructura de generación a su posición más conveniente. Estos cambios los realiza un controlador electrónico basándose en las lecturas que dan la veleta y el anemómetro, situados en la parte superior trasera de la góndola y cuya función es medir la velocidad y la dirección del viento. El controlador electrónico también da las órdenes de encendido y apagado, ya que los aerogeneradores solo generan electricidad con vientos con velocidades superiores a los 10 km/h. Si la velocidad del viento supera los 90 km/h, los aerogeneradores suelen parar para prevenir daños en su mecanismo (aunque en algunos parques se para a velocidades superiores a 100 km/h). La máxima producción de electricidad de un aerogenerador se produce con vientos de entre 45 y 50 km/h.

Los aerogeneradores de eje horizontal normalmente no están aislados sino formando parte de parques eólicos (o granjas eólicas) que son agrupaciones de decenas o centenares de aerogeneradores que forman una unidad de producción. Para instalar un parque eólico primero se analiza durante muchos meses el régimen de vientos para ver el número de horas que podría funcionar al año, pero también son importantes otros factores: si está lejos de las redes eléctricas existentes (lo que encarecería la obra), la topografía del terreno, etc. En los parques eólicos los aerogeneradores están situados a más de 150 metros de distancia los unos de los otros para impedir interferencias aerodinámicas entre ellos que reduzcan el rendimiento.

En función de las horas de viento y su velocidad, un parque eólico tendrá mayor o menor factor de capacidad. El factor de capacidad es el cociente entre la energía generada anualmente por una fuente de energía y la energía que teóricamente podría generar si funcionase al 100% de rendimiento. Los parques eólicos suelen tener factores de capacidad entre el 20 y el 40% debido a que no siempre sopla el viento ni lo hace de forma adecuada para que los aerogeneradores funcionen a su máxima capacidad. Ninguna fuente de energía tiene un factor de capacidad del 100%, aunque sea simplemente por los momentos en que están paradas por mantenimiento o trabajando a menos potencia por exigencias de la red eléctrica.

Las ventajas de la energía eólica respecto a otras energías son de carácter medioambiental pero también económico. Para empezar es una energía limpia, que no emite CO_2 ni ningún tipo de contaminante atmosférico, pero además también es una energía económicamente madura que es más barata en muchos casos que las energías fósiles y la nuclear. Durante muchos años fue una tecnología que era más cara que las energías convencionales y que solo se instalaba con ayudas públicas, pero con el paso de los años los costes han descendido y la tecnología ha mejorado, lo que se conoce como «curva de aprendizaje» de las energías, siendo en la actualidad plenamente competitiva. En el año 2016, el LCOE de la energía eólica en Estados Unidos era 60 $/MWh. Para poder comparar, un nuevo ciclo combinado de gas natural en Estados Unidos ese mismo año tenía un LCOE de alrededor de 65 $/ MWh, una central de carbón más de 100 $/MWh y una nuclear casi 120 $/MWh.

Obviamente la energía eólica también tiene desventajas. Los aerogeneradores hacen ruido, tienen impacto paisajístico y provocan la muerte de muchas aves, sin embargo, su mayor problema es que no es una energía que se pueda gestionar. Cuando hay viento se produce electricidad y cuando no, hay que recurrir a otras fuentes de energía o a sistemas de almacenamiento. Esa es la gran limitación de la energía eólica y de otras energías renovables intermitentes.

39
¿Se pueden instalar aerogeneradores en el mar?

Hay un tipo de energía eólica que se suele diferenciar de la estándar por su ubicación, la conocida como eólica marina o eólica *offshore* que se instala mar adentro, en la plataforma continental. La razón de la instalación de aerogeneradores en el mar es que allí el viento es más constante y tiene más velocidad que en tierra, lo que aumenta la generación de electricidad por aerogenerador entre un 20 y un 50% respecto a los aerogeneradores terrestres.

La eólica marina es relativamente nueva. El primer parque eólico marino se instaló en 1991 en Dinamarca y realmente su crecimiento comercial comenzó en la década del 2000. Al principio se instalaban en aguas muy poco profundas, no más de 30 metros, con aerogeneradores que se colocaban sobre el lecho marino. Básicamente había de dos tipos: las estructuras monopilote, en las que la parte inferior de la torre del aerogenerador se clava entre 10 y 20 metros en el lecho marino, o las estructuras de gravedad, que consisten en un gran pie de mucha superficie y peso que es lo que estabiliza el aerogenerador sobre el fondo del mar.

Sin embargo, estas estructuras dejan de ser adecuadas a mayores profundidades y conforme se quiso buscar ubicaciones mejores se desarrollaron otras estructuras para soportar los aerogeneradores. Con profundidades entre 30 y 50 metros se usan la estructura Jacket, que tiene una forma similar a una torre petrolífera que se ancla al suelo por tres o cuatro puntos, y la estructura trípode, que ancla por tres puntos distintos para dar más estabilidad. Este tipo de estructuras se puede usar en aguas más profundas de 50 metros, lo que pasa es que cuanto

Fotografía del parque eólico de Sheringham Shoal en el Reino Unido. Fotografía de Harald Pettersen, Wikimedia Commons.

más metros de profundidad, más cara es la estructura y llega un momento en que no es viable. En aguas profundas, por tanto, se usan estructuras flotantes que se enganchan al fondo del mar mediante cables cuyo objetivo es mantener estable el aerogenerador.

La eólica marina tiene algunas ventajas sobre la terrestre. Las principales ventajas son estas:

- Genera más electricidad por aerogenerador que la eólica terrestre.
- La menor intermitencia del viento marino alarga la vida útil de partes esenciales de los aerogeneradores.
- La extensión del mar permite hacer parques eólicos más grandes, sin las limitaciones que tienen los parques en tierra.
- Los impactos a nivel visual y acústico son menores debido a su ubicación, es también menos peligrosos para las aves.

Sin embargo, la eólica marina tiene un problema fundamental: instalar un aerogenerador en el mar tiene más o menos el doble de coste que hacerlo en tierra. Los aerogeneradores que se usan en el mar son algo más caros al tener que protegerlos del ambiente marino, pero sobre todo los costes de instalación y los de operación y mantenimiento son bastante mayores que en la eólica terrestre. Esto hace que los costes por kWh generado de la eólica marina sean moderadamente superiores a los de la terrestre.

No obstante, los costes de la eólica marina han estado bajando desde el comienzo de su implantación. En 2014 el coste de la eólica marina en el Reino Unido era alrededor de las 150 libras/MWh. En 2015, en una subasta de eólica marina en este mismo país, el precio al que ofertó la empresa ganadora fue de 114,39 libras/MWh. En septiembre de 2017, en una subasta similar para la misma tecnología la oferta ganadora fue de 57,5 libras/MWh, aproximadamente la mitad. Y el Reino Unido no es el único caso: a finales de 2016, en subastas en Holanda y Dinamarca, ha habido ofertas ganadoras a 54,5 €/MWh y 49,9 €/MWh respectivamente. El descenso de costes ha sido espectacular.

A finales de 2016, había instalados en el mundo 14384 MW de eólica marina, con un crecimiento de la potencia instalada de un 18% respecto a finales de 2015. Este crecimiento tan aparentemente impactante es incluso bajo para lo que fueron los años anteriores, en los que los crecimientos fueron mayores. Desde finales de 2011 hasta finales de 2016, en cinco años, la capacidad instalada de eólica marina creció un 250%, de 4117 MW a los 14384 MW comentados.

La instalación de eólica marina está concentrada en el norte de Europa, fundamentalmente, en Dinamarca, Reino Unido y Alemania, y en menor medida en Holanda y Bélgica. A pesar de que el país pionero en la instalación de eólica marina fue Dinamarca, a finales de 2016 era el Reino Unido el país donde más eólica marina había instalada, con 5156 MW, seguido de Alemania con 4108 MW. En 2016, el parque eólico marino más grande del mundo era el parque London Array, en el estuario del Támesis en el Reino Unido. Inaugurado en 2013, lo componen 175 aerogeneradores que ocupan una superficie de 100 km^2, sumando una potencia instalada total de 630 MW. El London Array será el parque eólico más grande del mundo por poco tiempo, pues acabará superado por el parque de Hornsea 2 en las costas de Inglaterra, que entrará en funcionamiento en 2022 y contará con casi 1400 MW de capacidad instalada. Y probablemente Hornsea 2 tampoco sea el parque marino más grande por mucho tiempo, ya que en Corea del Sur quieren crear un parque eólico marino de 2500 MW de potencia instalada.

El futuro de la eólica marina no se concentrará en el norte de Europa, sino que se extenderá por varios continentes. En muy pocos años China será la potencia dominante en eólica marina. Instaló el primer parque en 2010 y a final de 2016 ya era la tercera potencia en eólica marina del mundo, por delante de Dinamarca. Sus previsiones son tener 5000 MW instalados en 2020 y 13000 MW en 2026. Con su colosal tamaño, China será la primera potencia en prácticamente cualquier tecnología en que se lo proponga.

40
¿Es España un país de referencia en energía eólica?

A finales de 2017 había en el mundo casi 540 000 MW de potencia eólica instalada, generando alrededor del 5 % de la electricidad mundial. Es, por lo tanto, la segunda energía renovable más extendida del mundo por detrás de la energía hidráulica, que le lleva casi un siglo de ventaja.

La generación de electricidad gracias al viento no es algo nuevo, de hecho, las primeras turbinas eólicas se idearon durante los últimos años del siglo xix. En el siglo xx se utilizaron de forma puntual en algunos lugares, sobre todo en Dinamarca, aunque su desarrollo como fuente de electricidad generalista no comenzó hasta los años 80. Durante los primeros años su desarrollo fue modesto, pero desde mediados de la década de los 90 el desarrollo de la energía eólica en el mundo ha sido espectacular. En 1996 la capacidad instalada mundial de energía eólica eran escasamente 6100 MW, cantidad que se multiplicó por 80 en las dos décadas siguientes.

El país con más capacidad eólica instalada es, como en casi todo, China con más de 188 000 MW instalados a final de 2017, casi la tercera parte de la capacidad mundial. La cifra es más impactante todavía si se tiene en cuenta que en 2006 China no tenía demasiada eólica instalada (2600 MW). Este crecimiento desatado parece que continuará durante los próximos años, ya que según la agencia internacional de la energía se espera que para 2020 la potencia instalada en China sea de 200 000 MW (el plan quinquenal chino prevé todavía más, 210 000 MW), en 2030 se doble hasta 400 000 MW y en 2050 llegue a 1 000 000 MW. A pesar de estas cifras, en 2017 la energía eólica no llegó a generar ni el 5 % de la electricidad que se consume en China a causa, entre otras cosas, de que mucha energía eólica se desperdicia porque la red eléctrica del país no está preparada para absorberla.

El segundo país con más capacidad eólica es Estados Unidos, con algo más de 89 000 MW a finales de 2017, que permitían generar algo más del 6 % de la electricidad del país, cifra que implica que genera casi la misma electricidad eólica que China con la mitad de potencia instalada, debido a los problemas chinos.

La capacidad instalada está muy desigualmente distribuida a lo largo de los Estados Unidos, siendo muy importante en todos los estados de la franja central del país (Texas, Oklahoma, Kansas, Iowa, Illinois) y también en California, y prácticamente inexistente en los estados del sur-este. El tercer país en este ránking es Alemania, con 56 000 MW instalados a final de 2017, generando un nada despreciable 18,8% de la energía del país. La instalación de eólica en Alemania comenzó en 1990 y tuvo una expansión razonable desde inicio de la década del 2000, pero fue sobre todo a partir de 2010 cuando se produjeron los mayores avances con la implantación de un plan de transición energética a las renovables conocido como *energiewende*, potenciado después del accidente de Fukushima,. En Alemania hay momentos en que la energía eólica cubre más del 60% del consumo eléctrico del país y eso ha generado que en determinadas horas haya habido precios negativos en el mercado eléctrico mayorista alemán.

Más allá de los países con mayor capacidad eólica instalada, muchas veces más producto de su tamaño que de una política especialmente volcada con esa energía, tenemos otros países más pequeños que podríamos considerar las verdaderas referencias en cuanto a energía eólica se refiere. El primero de ellos es el país pionero en esta energía, Dinamarca, que genera más del 40% de su electricidad gracias a la energía eólica, tanto terrestre como marina, y su objetivo es llegar al 50% en 2020. Hay muchos momentos durante el año que el país llega a generar más del 100% de su electricidad gracias a sus aerogeneradores, que exportan su excedente a Alemania y al resto de países escandinavos. Dinamarca no solo es el país de referencia en cuanto a implantación de energía eólica, sino que también tiene una industria de turbinas eólicas muy desarrollada. La compañía eléctrica mayoritariamente estatal, Dong Energy, es el mayor operador del mundo en eólica marina y la compañía danesa Vestas Wind Systems es la mayor fabricante de turbinas eólicas del mundo.

Otro referente, o mejor dicho, otros dos referentes son los países ibéricos, España y Portugal. A finales de 2017 España era la quinta potencia mundial en capacidad eólica instalada, con más de 23 000 MW que generaban el 18% de su electricidad, aunque en 2013 la eólica llegó a representar el 21% de la electricidad española. España comenzó a instalar parques eólicos a finales de los años 90 y hacia 2006 era la segunda potencia eólica mundial y producía

Turbina eólica construida por la compañía danesa Vestas Wind Systems., la mayor fabricante de turbinas eólicas del mundo.

el 20% de la electricidad generada por esta fuente de energía. El desarrollo español se debió a la apuesta política por esta energía y a las primas necesarias para el desarrollo de una fuente de energía aún no competitiva en ese momento. Lamentablemente, la instalación de parques eólicos prácticamente se paralizó en 2012 debido a la crisis económica, aunque en 2016 y 2017 ha vuelto a haber subastas de energía renovable en España que permitirán la instalación de más de 4500 MW de potencia eólica adicional en 2020, ya sin ayudas. La instalación de nueva potencia eólica y solar muy probablemente reducirá el precio de la electricidad en España.

En Portugal el desarrollo de la energía eólica fue algo más tardío que en España, pero desde 2005 es uno de los países del mundo en que más ha crecido la instalación de potencia eólica. En 2017, el país tenía más de 5300 MW de potencia instalada que producía más del 22% de la electricidad lusa. Uno de los hitos de la energía eólica en Portugal ocurrió en mayo de 2016, cuando durante cuatro días Portugal generó toda su electricidad con energía eólica e hidráulica.

Otro caso a destacar es Uruguay. A final de 2017 tenía 1505 MW instalados, prácticamente todos ellos instalados desde el año 2014. Gracias a esta capacidad, en 2017 más del 30% del consumo eléctrico uruguayo se generaba mediante la energía eólica. Esto sumado a que casi dos tercios de la electricidad uruguaya son de origen hidroeléctrico lleva a que Uruguay genere casi toda su energía de fuentes renovables. La energía eólica se complementa muy bien con la hidráulica porque cuando se genera la mayoría de energía con el viento se puede aprovechar para embalsar más agua, que será turbinada cuando no haya viento. Uruguay se convertirá en el futuro en exportador neto de electricidad a Brasil y Argentina gracias a esta combinación de energías.

41

¿Cuánta superficie puede ocupar un parque eólico?

El parque eólico más grande del mundo está todavía en construcción, aunque solo con su primera fase completada ya se convirtió en el mayor parque eólico terrestre del mundo. Está situado en la provincia de Gansu en China, en una zona desértica al norte de esa provincia en el borde del desierto del Gobi, un área de inmenso potencial eólico. Es el llamado complejo eólico de Gansu; la palabra *complejo* es bastante más acertada que parque al tratarse realmente de una agrupación de un centenar de parques eólicos distintos. La primera fase del proyecto la formaron 20 parques eólicos distintos con una capacidad de 3800 MW, entró en funcionamiento en 2011. A finales de 2012 tenía alrededor de 6000 MW instalados y en 2015 iba por 7965 MW. El proyecto pretende llegar a 20 000 MW de capacidad instalada y 2700 aerogeneradores en 2020, sin embargo, el complejo eólico Gansu tiene un gran problema: está parado gran parte del tiempo (se estima que el 40%) ya que la red eléctrica local no está capacitada para absorber toda esa energía y transferirla a los lugares de consumo. Además, existe un problema de favoritismo hacia el carbón por parte de los funcionarios locales que suelen priorizar el uso de estas centrales al de la potencia renovable. La causa parece ser ciertos incentivos relacionados con las cuotas de carbón y unas estructuras de gestión de la generación poco ágiles. Este problema no solo afecta al complejo de Gansu sino que afecta a muchos grandes complejos de energía eólica y solar en toda China.

El tamaño del complejo eólico Gansu es monstruoso: el complejo abarca más de 200 km de longitud y unos 1500 km^2 de superficie, más o menos como el conurbano de Buenos Aires o más grande que la provincia de Vizcaya en España, o si se prefiere una referencia futbolística como 200 000 campos de fútbol.

El segundo parque eólico más grande del mundo se encuentra en los Estados Unidos. Es el californiano Centro de Energía Eólica Alta, también conocido como parque eólico de Mojave debido al nombre del desierto en el que está ubicado. El parque comenzó a funcionar en 2010 con sus dos primeras unidades, siendo ampliado

Fotografía del complejo eólico de Gansu, al norte de China. Fuente: Popolon, Wikimedia Commons.

en los años siguientes hasta completar las once unidades que ofrecen una capacidad instalada de 1547 MW con sus 586 aerogeneradores. El parque generó casi 3500 GWh de energía en el año 2016, lo que implica un factor de capacidad de alrededor del 26%. La superficie que ocupa el Centro de Energía Eólica Alta es de alrededor de 37 km², cuarenta veces más pequeño que el complejo eólico de Gansu.

Muy cerca del centro Alta se encuentra uno de los primeros grandes parques eólicos de los Estados Unidos, el parque de Tehachapi Pass, que se construyó en la década de los 80. En toda la zona del paso Tehachapi hay bastantes parques eólicos, porque reciben vientos del océano Pacífico que se aceleran en este paso de montaña y que convierten al terreno en una zona especialmente apta para el desarrollo de la energía eólica.

El tercer parque eólico más grande del mundo se encuentra en la India, en la parte más meridional del subcontinente. Es el parque eólico de Muppandal que con 1500 MW de potencia instalada prácticamente iguala al Centro de Energía Eólica Alta. A diferencia de los otros casos no está situado en una zona semidesértica, sino en una zona muy verde cerca de la costa del mar arábigo. La India también tiene en su territorio el cuarto parque eólico más grande del mundo, el parque eólico Jaisalmer, situado en el desierto de Rajastán, cerca de la frontera entre India y Pakistán, con 1064 MW de potencia instalada y con previsión de instalar en breve 50 MW más.

En América Latina se suceden las inauguraciones de complejos eólicos destinados a ser los más grandes de la región. En 2015 se inauguró la primera de las tres partes del complejo eólico de los Campos Neutrales en Brasil, el parque eólico de Geribatu, que con 258 MW de potencia instalada se sumará a los parques de

Chuí (144 MW) y Hermenegildo (181 MW) para completar los 583 MW del complejo de los Campos Neutrales. Sin embargo, a finales de 2017 Chile anunció la creación de un parque eólico que superará al de los Campos Neutrales, un proyecto llamado Horizonte y que tendrá 607 MW de potencia instalados en el norte del país. En España los parques eólicos son más pequeños. El más grande del país es el complejo eólico de El Andévalo, en la provincia de Huelva, que tiene 292 MW instalados divididos en ocho parques eólicos distintos.

En cualquier caso, todos estos complejos eólicos (quizá con la excepción del extraordinario complejo de Gansu) quedarán relegados a posiciones más bajas con el tiempo. En Estados Unidos, por ejemplo, ya hay dos proyectos para hacer parques eólicos más grandes que el Centro de Energía Eólica Alta. Uno de ellos está en Oklahoma, llamado Wind Catcher Energy Conection, que pretende instalar 800 turbinas eólicas en un complejo de 2000 MW de capacidad instalada. El otro proyecto es el Proyecto Chokecherry y Sierra Madre, en Wyoming, un proyecto de 3000 MW que se pretende construir en dos fases con la instalación de unos 1000 aerogeneradores.

42

¿Podríamos cubrir todas nuestras necesidades energéticas con la energía del sol?

La radiación solar que llega anualmente a la superficie de la tierra se contabiliza en más de 944 millones de TWh. Esta energía calienta la tierra, genera las corrientes de aire, permite a las plantas hacer la fotosíntesis y, en definitiva, es la base de toda la actividad de la atmósfera y la biosfera. Los seres humanos consumimos anualmente unos 154 000 TWh de energía primaria sin contar combustibles no comercializables y no más de 170 000 TWh si los tenemos en cuenta, lo que es menos del 0,02 % de esa energía que nos llega desde el Sol.

Esta radiación solar es la fuente primaria de la inmensa mayoría de energías que utilizamos. Los combustibles fósiles y la biomasa se han generado gracias a la energía del Sol que las plantas han sido capaces de absorber y transformar en materia orgánica, la precursora de todos estos combustibles. La energía hidráulica también depende directamente del Sol, pues es este quien permite la evaporación del agua y su posterior precipitación, origen de los flujos de agua. Lo mismo sucede con la energía eólica, producto del calentamiento desigual de las distintas partes de la tierra. Y obviamente la energía solar también es producto directo de la energía del Sol.

Aunque también es verdad que otras energías no dependen directamente de la radiación solar. La energía nuclear de fisión no depende de nuestro Sol, aunque el uranio y los otros elementos químicos que se usan en la fisión han sido generados en originarias explosiones de supernovas al inicio del universo. La energía de las mareas depende del Sol por dos razones, porque la interacción gravitatoria del Sol es parte de sistema que genera las mareas y porque la energía del Sol es la que permite que exista agua líquida en la superficie de la Tierra, pero realmente esta energía es de origen gravitacional, no de origen radiativo. Finalmente, la energía geotérmica se basa en calor que contiene la Tierra, en parte residual de su formación como planeta y en parte producto de las reacciones exotérmicas de desintegración de los elementos radioactivos de la corteza y el manto terrestre, todas ellas independientes de la radiación solar.

El uso directo de la energía del sol es algo que se ha hecho desde el mundo antiguo. En la antigua Grecia ya se construían las casas orientando los espacios habitables al sur, para aprovechar el sol en invierno y protegerse de él en verano. Posteriormente, los romanos inventaron una especie de invernaderos, que llamaron *specularium*, para poder tener ciertas verduras todo el año, que en vez de estar hechos con cristal (que no se había inventado aún), se hacían con piezas translúcidas de mica. Todas estas aplicaciones en que el hombre utiliza la energía del sol sin transformarla ni acumularla se conocen como energía solar pasiva y, aunque parezca algo muy básico, hoy en día es la base de la arquitectura bioclimática que permite construir casas que prácticamente no requieran climatización.

Cuando la energía del sol se acumula o se transforma en electricidad, entonces hablamos de energía solar activa. Básicamente hay tres tipos de energía solar activa: La energía solar térmica que acumula el calor del sol para calentar un fluido y posteriormente utilizarlo para obtener agua caliente o calefacción; la energía solar fotovoltaica que convierte la radiación solar en electricidad;

y la energía solar térmica de concentración (o termoeléctrica), una variante de la energía solar térmica que permite generar vapor de agua y accionar una turbina de vapor con él, produciendo electricidad.

La más básica de estas energías solares es la energía solar térmica. Esta energía permite la captación del calor del sol, lo que permite calentar un fluido (generalmente agua) a suficiente temperatura como para satisfacer las necesidades térmicas de una instalación. La mayoría de estas instalaciones son de baja temperatura, ya que no requieren temperaturas superiores a 90 °C para funcionar adecuadamente. Se utilizan para generar agua caliente sanitaria, para calefacción o para calentar el agua de piscinas, así que su uso es esencialmente residencial. También existen instalaciones de media temperatura, entre 100 y 250 °C, con usos para agua caliente industrial o desalinización de agua, pero son mucho menos habituales.

La captación y acumulación de calor se realiza mediante captadores (o colectores) solares que se basan en el efecto invernadero para poder calentar el agua a temperaturas muy superiores a la exterior. Estos dispositivos tienen forma de placa y están formados por varias capas. La capa superior es una superficie de vidrio transparente cuya función es dejar pasar la luz solar y limitar las pérdidas por calor. Justo debajo del vidrio tenemos una placa absorbedora, generalmente metálica y de color negro, que es la que se calienta gracias a la radiación solar y a que la placa de vidrio impide perder calor. La placa absorbedora está unida a una parrilla de tubos conductores por los que circula el agua que se calienta por contacto con la placa absorbedora y se acumula en un depósito de agua caliente. Finalmente, hay otra capa con un aislante para que no haya pérdida de calor por la capa inferior y una carcasa externa que protege el dispositivo.

Dentro de esta estructura general hay algunas variedades. No siempre es el agua calentada por la placa absorbedora la que se acumula en el depósito, también hay sistemas en los que el agua caliente se dirige hacia un intercambiador de calor, donde calienta el agua de la red y es esta la que se usa. Estos sistemas se llaman de circuito cerrado, en contra de los de circuito abierto que son los que calientan el agua de la red directamente. En función de la calidad del agua (que podría estropear el sistema) se usa un tipo u otro. Por otro lado, el depósito de agua caliente puede estar en la azotea, en caso de climas cálidos, o en el interior de la vivienda,

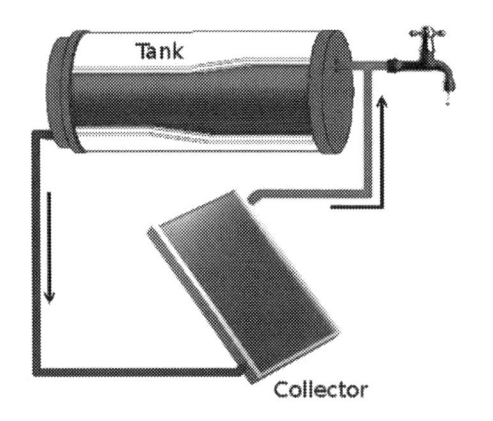

Esquema simple de funcionamiento de un sistema de energía solar térmica de circuito abierto. El agua fría se calienta gracias a la placa absorbedora y, una vez se calienta, se acumula en un depósito. En el depósito el agua caliente queda en la parte superior y la fría en la inferior, recirculando el agua fría por el circuito.

en caso de climas fríos donde el agua perdería demasiado calor si estuviese en el exterior.

La energía solar térmica se ha extendido bastante a nivel residencial durante los últimos años, sobre todo en los países donde la legislación obliga a instalar algún tipo de sistema de energía renovable para calentar agua caliente sanitaria en las nuevas edificaciones, como es el caso de España. Incluso en países relativamente fríos, como Alemania o Austria, la energía solar térmica para uso residencial es bastante habitual. En cualquier caso, estos sistemas no suelen aportar toda la energía necesaria para el agua caliente o la calefacción, ya que para hacerlo tendrían que estar sobredimensionados y requieren de una energía de apoyo para los momentos en que el sistema de energía solar no es suficiente, fundamentalmente en invierno.

43

¿Puede una planta solar generar energía de noche?

Casi todo el mundo respondería a esta pregunta que no, que es imposible que una planta de energía solar genere energía cuando no hay sol, pero de forma sorprendente la respuesta es sí. En efecto, hay un tipo de energía solar que es capaz de generar electricidad de noche, la conocida como energía termosolar de concentración o energía solar termoeléctrica.

La energía termosolar de concentración es un tipo de energía solar térmica que calienta fluidos a más de 150 °C con el objetivo de generar electricidad. Para calentar fluidos a esta temperatura es necesario concentrar la potencia de los rayos solares, lo que se consigue mediante multitud de espejos que reflejan la radiación solar que les llega hacia un mismo punto, donde se alcanzan esas temperaturas.

Los rayos concentrados calientan un fluido caloportador que generalmente es un aceite térmico, un fluido orgánico sintético o sales fundidas, fluidos que se mantienen estables en estado líquido hasta temperaturas de entre 300 y 500 °C. Estos fluidos van a un intercambiador de calor donde calientan un flujo de agua y la convierten en vapor, vapor que se turbina al igual que en las centrales térmicas o nucleares para producir electricidad.

Hay cuatro tipos distintos de centrales termosolares de concentración:

- Centrales de concentradores cilindro-parabólicos: Estas centrales captan la energía del sol con espejos cóncavos (en forma de U) ensamblados en largas líneas que concentran los rayos del sol en un tubo absorbedor situado en medio del espejo. El fluido calentado se lleva a un intercambiador de calor para vaporizar el agua y que esta haga mover la turbina de vapor.
- Centrales de concentradores de espejos Fresnel: El funcionamiento de estas centrales es esencialmente similar al de las cilindro-parabólicas con la diferencia de que en vez de un espejo cóncavo hay muchos pequeños espejos planos. Estos están situados perpendicularmente al suelo, pero con orientaciones ligeramente distintas para que todos concentren la luz reflejada en un tubo situado por encima del espejo.
- Centrales de torre central: En este tipo de centrales hay una gran torre central rodeada de un campo de espejos planos que reflejan la luz sobre la parte superior de la torre. En ella se encuentra el fluido, que puede ser agua o alguno de los fluidos señalados anteriormente, que se usa para generar vapor y con él electricidad.
- Centrales de disco parabólico y motor Stirling: Este tipo de centrales están compuestas por grandes espejos parabólicos

Los cuatro tipos de centrales termosolares de concentración. A) Central cilindro-parabólicas. B) Central de espejos Fresnel. C) Central de torre central. D) Central de disco parabólico y motor Stirling. Imagen cortesía de Ignacio Martil.

independientes que concentran los rayos solares en un concentrador situado pocos metros por delante del espejo. Este fluido calentado se utiliza para hacer funcionar un motor Stirling, situado justo al lado del concentrador, que es el encargado de producir la electricidad.

Todas estas centrales tienen distintos sistemas de seguimiento solar, es decir, se mueven siguiendo el movimiento del sol para poder captar así la máxima radiación solar. Las centrales más habituales son las de concentradores cilindro-parabólicos que representan alrededor del 80% de las centrales termosolares de concentración en funcionamiento, aunque en los últimos tiempos las centrales de torre central comienzan a rivalizar con ellas, representando alrededor del 30% de la potencia termoeléctrica en construcción en 2016.

Una cosa muy interesante de esta tecnología solar es que es capaz de generar energía de noche. Cuando se pone el sol y se deja de irradiar calor concentrado hacia los fluidos, estos consiguen mantener una alta temperatura durante muchas horas. Para conseguir esto ha sido especialmente relevante el uso de las sales fundidas que son mezclas de diferentes sales que se convierten a estado líquido a temperaturas cercanas a los 200 °C y que pueden llegar a alcanzar temperaturas superiores a los 550 °C, rangos que varían en función el tipo de sal. Las sales fundidas se pueden usar bien como fluido de trabajo, bien como mecanismo de almacenamiento en un tanque que recibiría calor del fluido caloportador de día y se lo cedería de noche para poder seguir generando electricidad. La capacidad de alcanzar altas temperaturas que tienen estas sales permite que las plantas sigan funcionando durante muchas horas después de la puesta de sol, aunque no a la potencia que lo hace durante el día (a media noche puede generar alrededor de la tercera parte de energía de lo que genera en horas de máxima radiación). Muchas plantas termosolares de concentración producen energía 24 horas sin llegar a parar la generación de electricidad, sobre todos en los meses de verano.

La tecnología termosolar está desarrollada especialmente en dos países, España y Estados Unidos. España es el país del mundo que más potencia termoeléctrica instalada con 2300 MW, la mitad de la capacidad termosolar instalada en el mundo a mediados de 2017 (que era 4815 MW). Le siguen los Estados Unidos con 1738 MW, fundamentalmente concentrados en los estados del suroeste que son los que más radiación solar reciben. El resto de países prácticamente no tienen una instalación relevante de energía termosolar (la India, que es el tercero, tiene escasos 225 MW instalados), aunque esto es algo que cambiará en los próximos años. China instaló en 2016 su primera planta termosolar, pero aspira a tener 6550 MW instalados en 2020. Otros países, como Chile, Marruecos, Australia, Sudáfrica o Arabia Saudí, han comenzado recientemente a instalar capacidad termosolar de concentración y serán importantes en el futuro.

El escaso desarrollo que ha tenido esta tecnología comparada con otras renovables y con la propia energía solar fotovoltaica (que tiene cien veces más potencia instalada en el mundo que la energía solar de concentración) se debe a que esta tecnología siempre ha sido bastante cara y no había conseguido reducir sus costes como sí lo había hecho la eólica y la solar fotovoltaica, quedándose rezagada. Hasta mediados de la década de 2010 se estimaba que el coste de la energía termosolar de concentración estaba entre los 150 y los 180 $/MWh, sin embargo, en el año 2017 se ha asistido a una reducción espectacular de precios si atendemos a las distintas subastas que ha habido en el mundo:

- En mayo de 2017, en Dubai, se licitó una central termosolar a un precio comprometido de 95 $/MWh.

- En agosto de 2017, también en otra subasta en Dubai, se recibió una oferta a un precio de 73 $/MWh.
- En septiembre de 2017, en Australia, se recibió una oferta a 78 dólares australianos por Mwh, que eran unos 60 $/ MWh a tipo de cambio de ese momento.
- En octubre de 2017, la misma empresa que en la licitación anterior ofertó a 50 $/MWh en una licitación para el desierto de Acatama en Chile, la zona con mayor radiación solar del mundo.

Esta fuerte bajada de precio acerca a la tecnología termosolar de concentración a precios de mercado, algo que podría conseguir en muy poco tiempo en cuanto se consigan algunas mejoras adicionales en la reducción de costes de estas centrales. Si a esto le unimos su capacidad para poder generar electricidad cuando no recibe radiación solar gracias a su capacidad de almacenamiento en forma de calor, es probable que nos encontremos ante una tecnología que comenzará a instalarse masivamente en unos pocos años, sobre todo en aquellas zonas del mundo donde hay mayor radiación solar.

44
¿Cómo genera electricidad una placa fotovoltaica?

La energía solar fotovoltaica es aquella que consigue transformar la radiación solar directamente en electricidad. A diferencia del resto de de energías que hemos visto, que generan electricidad a través del giro de una turbina y la inducción electromagnética que provoca, la energía solar fotovoltaica genera electricidad de manera muy distinta, mediante lo que se llama «efecto fotovoltaico». Este efecto es una variante del efecto fotoeléctrico que consiste básicamente en la emisión de electrones por un material al incidir la radiación solar en él.

El efecto fotoeléctrico fue descubierto en 1887 por el físico alemán Heinrich Hertz que descubrió que la chispa que se generaba entre dos esferas de metal era más intensa cuando una de ellas era iluminada por luz ultravioleta, fenómeno que no llegó a comprender. Más tarde fue Einstein quien, en 1905, consiguió explicar qué estaba pasando gracias a su explicación de la naturaleza corpuscular de la luz. La luz está compuesta por fotones que al incidir en ciertos materiales transmiten su energía a electrones superficiales de estos, aumentando su energía cinética y pueden llegar a «escaparse» del átomo si la luz incidente supera cierta intensidad. La energía solar fotovoltaica se basa en este efecto. Las células solares fotovoltaicas, la unidad básica de la que están compuestos los paneles solares, están compuestas por un semiconductor, generalmente silicio, dividido en dos capas en que se incluyen impurezas de un elemento diferente en cada una de ellas. A una de las capas se le añaden impurezas de un elemento que tenga mayor número de electrones en la capa de valencia que el silicio, como puede ser el fósforo, provocando que dentro de la estructura cristalina del cristal de silicio haya electrones libres que no están formando enlaces. A la otra capa se le añaden impurezas de un elemento con menor número de electrones de valencia (como el boro), lo que genera huecos en la estructura cristalina. La capa de silicio con electrones libres será un semiconductor tipo N y la capa de silicio con huecos un semiconductor tipo P, conociéndose la unión de ambas capas como Unión PN. Al unirse estas dos capas se produce una difusión de electrones desde la capa N a los huecos de la capa P, quedando la capa N cargada positivamente y la P negativamente y formándose un diodo, que es un dispositivo donde los electrones solo pueden circular en una dirección (de la zona P a la zona N).

Cuando la célula solar de silicio recibe la radiación solar, los electrones libres que ahora están en la capa P se separarán de sus átomos por efecto fotoeléctrico, transmitiéndose a la capa N y ocupando un hueco allí, mientras se genera un hueco en la capa P. Conforme sigue llegando radiación, son los electrones de la capa N los que son separados de sus átomos, pero no pueden desplazarse a la capa P al no poder ir en dirección contraria al diodo, así que se crea una conexión externa a modo de circuito por el que los electrones pueden circular hacia la capa P y rellenar los huecos que se han generado allí. Y conforme llega más radiación se producen más desplazamientos de electrones hacia huecos de la otra capa, de forma continua mientras incida la radiación. Como se puede observar, lo que se crea es un circuito donde la radiación solar provoca un flujo de electrones entre capas, generando así corriente eléctrica. Esto es lo que se conoce como efecto fotovoltaico y es la forma en que las células fotovoltaicas generan electricidad.

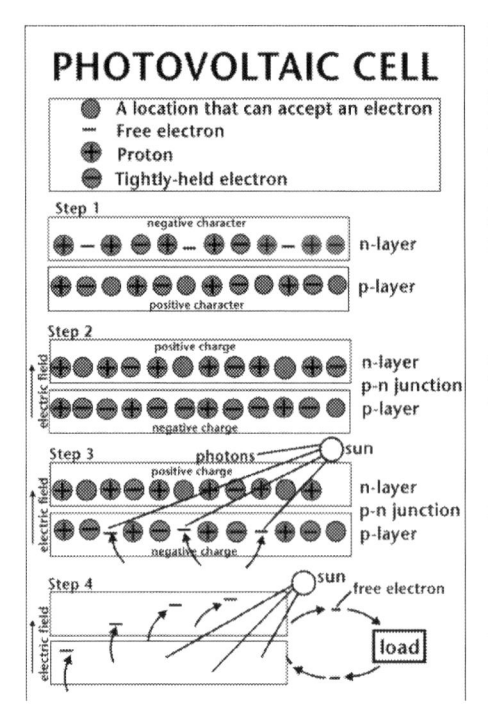

Explicación del funcionamiento de una célula fotovoltaica en cuatro pasos. Paso 1) La capa N tiene electrones libres y la capa P huecos sin ocupar. Paso 2) Al producirse la unión los electrones de la capa N ocupan los huecos de la capa P, quedando la capa P cargada negativamente y la N positivamente, y generándose la unión PN. Paso 3) Al incidir la radiación solar, los electrones libres de la capa P se excitan y se dirigen a la capa N. Paso 4) Se genera un movimiento de electrones de la capa P a la N y al crear una conexión externa se crea un circuito eléctrico. Imagen publicada por la U.S. Energy Information Administration, NEED Project.

El silicio es el segundo elemento más abundante de la corteza terrestre después del oxígeno, representando alrededor del 28% de la misma. No se encuentra en forma pura sino que está formando compuestos con otros átomos, así que para la fabricación de células solares hay que separar el silicio del resto de elementos que lo acompañan. Para la fabricación de silicio puro se suele usar cuarzo (SiO_2), un mineral extraordinariamente común en la corteza terrestre, que se reduce con carbono a temperaturas de más de 1500 °C para generar el silicio metalúrgico, un silicio puro al 98% pero que todavía no tiene el grado de pureza suficiente para ser usado en células solares. Este silicio metalúrgico, por tanto, se purifica haciéndolo reaccionar con ácido clorhídrico a 300 °C para formar triclorosilano que seguidamente se hace reaccionar con hidrógeno a 1100 °C durante más de 200 horas para volver a generar silicio pero con un grado de pureza prácticamente del 100%, ya apto para su uso en células solares. Posteriormente, este silicio se funde y se vuelve a solidificar para crear silicio con una estructura cristalina adecuada, donde se generan unos lingotes de silicio que luego se cortan en finas obleas. Finalmente se introducen las impurezas de boro y fósforo en las obleas mediante difusión y entonces ya se pueden comercializar después de algunos procesos finales de pulido y limpieza.

Una célula solar aislada no produce prácticamente energía (puede tener como mucho 3W de potencia), así que las células solares se integran en módulos fotovoltaicos que son grandes paneles compuestos por un número variable de células solares. Los módulos fotovoltaicos están compuestos, además de por las células solares, por encapsulantes transparentes traseros y delanteros que funcionan de adherente entre las células y el resto del módulo, una superficie frontal de vidrio o algún acrílico transparente, una superficie trasera y un marco.

Estos módulos se pueden usar de forma individual o en pequeños grupos, normalmente para pequeños consumos individuales, o bien en agrupaciones de millares de ellos para la generación eléctrica, lo que se conocen como plantas fotovoltaicas o huertos solares. En muchos casos los módulos pueden llevar incorporado un sistema de seguimiento del sol para aumentar su rendimiento, aunque esto encarece la instalación y puede ser problemático en determinadas superficies (como tejados), así que en muchas ocasiones se prescinde de ellos. En cualquier caso, los sistemas fotovoltaicos deben llevar incorporado un inversor, un aparato que transforma la corriente continua generada por las placas solares en corriente alterna adecuada para la inyección a la red eléctrica o para el uso doméstico la electricidad.

La energía solar fotovoltaica tiene dos grandes ventajas. La primera es medioambiental, pues no emite ningún contaminante a la atmósfera ni tiene ningún gran impacto ambiental. Su segunda ventaja es su precio, pues a finales de 2017 ya era una tecnología plenamente competitiva y en muchos casos más barata que las energías fósiles. El precio de los paneles solares ha caído más de un 80% en una década, mientras que la eficiencia de los módulos fotovoltaicos prácticamente se ha duplicado (del 12% a más del 20%) en ese tiempo. En zonas del mundo con media o alta radiación, los precios son más competitivos que los de las energías fósiles o la energía la eólica.

Sin embargo, la energía fotovoltaica tiene la problemática de no poder gestionar la generación de energía y del número relativamente bajo de horas en las que genera electricidad. Las plantas fotovoltaicas no generan energía de noche, en invierno generan menos de la mitad de electricidad de la que generan en verano y también se reduce mucho la generación en los días nublados, alrededor de un 75% menos. Todas estas limitaciones son importantes a la hora de implantar masivamente energía fotovoltaica, pues obligará a contar con tecnologías de respaldo y sistemas de almacenamiento para poder asegurar el suministro eléctrico.

45
¿Qué implantación tiene la energía solar fotovoltaica en el mundo?

La energía solar fotovoltaica no es algo nuevo. Las primeras células fotovoltaicas se patentaron en los años 40 del siglo XX y desde los años 50 se han venido utilizando en satélites artificiales. El primer satélite que llevó incorporado un sistema de energía solar como fuente auxiliar de energía fue el estadounidense Vanguard I, puesto en órbita en 1958 y que siguió funcionando hasta 1964 gracias a las células solares, ya que las baterías químicas que suponían su fuente de energía principal se agotaron en 20 días. A parte de las aplicaciones aeroespaciales, donde la energía solar se generalizó a partir de los años 60, la única aplicación comercial que durante mucho tiempo tuvieron las células fotovoltaicas fue como fuente de energía en las calculadoras y algunos aparatos electrónicos pequeños.

Que la única aplicación relevante de la energía fotovoltaica durante décadas fuese en el sector espacial se debió a un problema básicamente de coste. Cualquier satélite o nave espacial costaba muchísimos millones de dólares y no se escatimaban gastos para obtener una fuente de energía simple y duradera en el espacio. Sin embargo, a nivel comercial la electricidad fotovoltaica era muchísimo más cara que cualquier otra energía y por eso, quizá, mucha gente mantiene la impresión de que la energía fotovoltaica no puede ser competitiva ni verdaderamente útil. De hecho, en 1977 el precio de una célula solar para generar 1 W de potencia (que es casi nada) era de más de 76 $ de la época. Hoy día el precio es menor a 30 centavos de dólar.

La crisis del petróleo de 1973 generó la necesidad de buscar fuentes de energía alternativa a los combustibles fósiles y eso

Evolución del precio de las células solares entre el año 1977 y el 2015 donde se observa que en 2015 una célula solar costaba 250 veces menos que en 1977. Imagen cortesía de Ignacio Martil.

despertó el interés por la energía solar. Durante los años siguientes se instalaron algunas plantas fotovoltaicas experimentales, pero eran muy caras y durante mucho tiempo el desarrollo de la energía solar fotovoltaica fue muy escaso, situación que continuó hasta prácticamente la entrada en el siglo XXI. En el año 2000, la capacidad fotovoltaica instalada en el mundo era de 1400 MW y ha estado creciendo desde entonces a un ritmo de entre el 25 y el 30% anual, un ritmo muy superior a cualquier otra energía y que no parece decaer.

A finales de 2017, la capacidad fotovoltaica instalada en el mundo era de 502 000 MW, con 98 000 MW instalados en ese mismo año, que representa un crecimiento de casi un 25% respecto al año anterior. La capacidad instalada en 2016 fue de unos 75 000 MW, inferior a la de 2017 pero que suponía un crecimiento porcentual similar, por lo que estamos ante un crecimiento exponencial. Con la capacidad instalada en 2017 se podría generar algo más del 2% de la electricidad mundial.

El país con más capacidad fotovoltaica instalada a finales del 2017 fue China, con unos 131 000 MW que sin embargo representa menos del 2% de su generación de electricidad. Lo más impactante del caso chino es el 40% de esa potencia instalada, 53 000 KW, se instaló en el año 2017. En el año 2011 China tenía escasamente 3 300 MW instalados, lo que quiere decir que en seis años multiplicó su potencia instalada casi por 40.

El segundo país con mayor capacidad fotovoltaica son los Estados Unidos con 51 000 MW que generan alrededor del 1,5%

de la electricidad del país. De estos, 10 600 MW fueron instalados en 2016, más del 20% de toda su capacidad fotovoltaica instalada, cifra sensiblemente inferior a la capacidad instalada en 2016 (16 700 MW). El crecimiento de la energía fotovoltaica ha sido muy intenso desde la elección de Barack Obama como presidente de los Estados Unidos y lo ha seguido siendo durante el primer año de Donald Trump, estando en la última década en casi un 40% anual de media. La capacidad fotovoltaica instalada está concentrada fundamentalmente en el estado de California, que cobija casi la mitad de la capacidad instalada de todos los Estados Unidos.

El tercer país del mundo con más capacidad fotovoltaica instalada es Japón, con 49 000 MW, que satisface alrededor del 5% de la electricidad que necesita el país. El caso de Japón es algo distinto al de China, pues ya tenía cierta penetración de la energía solar fotovoltaica desde principios de siglo XXI (siendo bastante más pequeño que China, tenía en el año 2000 más potencia instalada que China en el año 2009). Sin embargo, el accidente de Fukishima alteró fuertemente la estructura energética de Japón y la velocidad de desarrollo de la energía solar fotovoltaica se aceleró desde 2011. A finales de 2010 Japón tenía 800 MW de potencia solar instalada, lo que implica que en siete años ha multiplicado su potencia instalada por más de 60.

El cuarto país con más potencia fotovoltaica instalada es Alemania, 42 000 MW que generan el 7% de la electricidad del país, siendo el país que tiene más megavatios instalados per cápita. El desarrollo de la energía solar fotovoltaica en Alemania ha sido bastante intenso desde mediados de la década del 2000, pero a diferencia de los casos anteriores ha sido ralentizado desde el año 2012 por el brusco descenso de las ayudas a la instalación de esta energía. Alemania es un país en el que no hay excesiva radiación solar (más o menos la mitad que en el sur de España) y en él la instalación de energía fotovoltaica sin ayudas es mucho menos rentable que en la mayoría de países del mundo, concentrándose en los estados del sur del país.

Aunque está muy lejos de los cuatro primeros países en potencia instalada, el quinto país en instalación de fotovoltaica es realmente el que mayor porcentaje de su electricidad genera con energía fotovoltaica entre los países grandes. Es Italia que con 19 700 MW de capacidad genera más del 7% de su electricidad. El gran salto en la instalación fotovoltaica en Italia se produjo de 2010 a 2011 cuando pasó de menos de 3500 MW instalados a casi

12 800 MW, multiplica casi por cuatro su capacidad en solo un año. Las ayudas a la instalación de energía solar fotovoltaica finalizaron en 2013, moderándose mucho su instalación desde entonces. En América Latina hay un país que destaca especialmente sobre el resto: Chile. A finales de 2016 tenía una capacidad instalada de 1000 MW y a finales de 2017 había aumentado a más de 1800 MW, cantidad que se duplicará cuando finalicen los proyectos que están planificados. En 2017 la energía solar fotovoltaica generó casi el 9% de la electricidad chilena durante los tres primeros trimestres del año. Sin embargo, el país de América Latina que más porcentaje de electricidad de origen fotovoltaico genera es Honduras que en 2016 generó el 10,2% de su electricidad con sus 433 MW instalados de energía solar fotovoltaica. Esto convierte a Honduras en el primer país no insular del mundo que genera más del 10% de su electricidad gracias a la energía solar.

España, que es líder en energía solar de concentración, ha quedado rezagada en la carrera fotovoltaica con 5600 MW a finales de 2017 que generan alrededor del 3% de la electricidad del país. La gran mayoría de su potencia fotovoltaica fue instalada entre 2006 y 2008, gracias a una muy beneficiosa política de primas a la generación renovable que había entonces, y prácticamente no se ha instalado más desde 2012. Esta situación comenzó a revertir en 2017, ya que en dos subastas de energías renovables se licitaron casi 4000 MW de capacidad fotovoltaica que debería entrar en funcionamiento en 2020. A diferencia de la situación de 2006 a 2008, estas licitaciones resultaron a precio de mercado, es decir, sus propietarios no cobrarán ningún tipo de prima, lo que demuestra que en España la energía fotovoltaica ya es competitiva frente a la generación tradicional.

46

¿En qué partes del mundo es más interesante instalar energía solar?

Cuando se quiere mostrar el potencial de la energía solar fotovoltaica se suele recurrir a un dato que resulta muy llamativo: para generar la electricidad que se consume en todo el mundo, bastaría con construir una enorme planta solar que ocupase poco más del

1% de la superficie del desierto de Sáhara. Obviamente esto es una idea disparatada, más que nada porque la energía solar fotovoltaica no produce electricidad de forma constante ni durante todo el día y porque habría que extender cables de distribución desde allí hacia todas las regiones del mundo, pero como ejercicio teórico muestra bastante bien cuál es el potencial de esta energía.

No todas las regiones de la Tierra tienen el mismo potencial para la energía solar fotovoltaica, de hecho, hay enormes diferencias entre zonas. Para poder conocer el potencial solar de una ubicación o una región hay que analizar su radiación solar. Hay dos tipos de radiación solar: la radiación solar directa (*direct normal irradiation*, DNI) y la radiación solar difusa (*diffuse horizontal irradiation*, DHI), y ambas forman radiación horizontal global (*global horizontal irradiation*, GHI), que es la suma de la radiación difusa más la directa multiplicada por el coseno del ángulo que forma el suelo con el sol, por lo que los valores de radiación directa son mayores que los de radiación global. Para conocer el potencial fotovoltaico de una localización hay que fijarse en la radiación global (porque el efecto fotovoltaico también se produce con radiación difusa), mientras que el potencial de la energía termosolar de concentración se mide con la radiación directa

La región de la tierra que más radiación solar recibe es el desierto de Atacama en Chile junto con las zonas desérticas colindantes que comparte con Argentina y Bolivia. En esa zona del planeta la radiación horizontal global alcanza un valor medio anual de 2500 kWh/m^2, llegando a 2700 kWh/m^2 en algunos puntos. Por poner un ejemplo, la media en Alemania es de poco más de 1000 kWh/ m^2, por lo que una planta fotovoltaica de la misma capacidad instalada en el desierto de Atacama produciría más del doble de electricidad que en Alemania. El desierto de Atacama también es la zona del mundo con más radiación directa, 3500 kWh/m^2 de media anual. Esta situación privilegiada hace que en Atacama se genere el 42% de la energía solar de Chile y más de un tercio de la de toda América Latina, y que cobije a la planta fotovoltaica más grande de América Latina, con visos de fuerte crecimiento en el futuro. De hecho, para una planta en esta región se ha presentado el segundo precio más bajo de la historia de la electricidad de origen fotovoltaico hasta finales de 2017, 21,48 $/MWh que presentó la compañía italiana ENEL.

Otra zona muy interesante para la energía solar fotovoltaica es el suroeste de los Estados Unidos (los estados de California, Arizona,

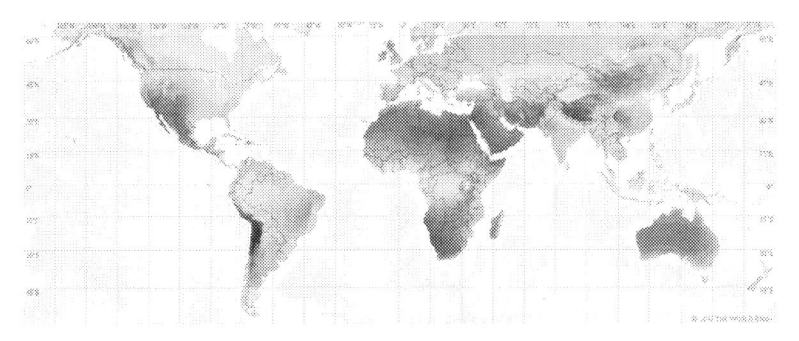

Zonas del mundo en función de su radiación horizontal global que define el potencial fotovoltaico. El desierto de Atacama, México, y el suroeste de los EE.UU, el norte y el suroeste de África, Oriente Medio, Mongolia, el Tíbet y Australia son las zonas con mayor potencial fotovoltaico del mundo. Datos de recursos solares obtenidos del *Solar Global Atlas*, propiedad del Banco Mundial y proporcionados por Solargis.

Nuevo México, Texas, Nevada y Utah) y México (en menor medida la costa del golfo de México). La radiación global en esa zona del planeta supera los 2000 kWh/m^2 y precisamente por eso es California el estado de Estados Unidos donde hay más capacidad solar instalada, tanto fotovoltaica como termoeléctrica (la radiación directa llega a 3000 kWh/m^2), generando casi un 10% de toda su electricidad. La cámara legislativa californiana promulgó que para 2030 la mitad de la energía del estado debe provenir de fuentes renovables, cuando en 2017 fue alrededor del 25%, y una parte esencial provendrá de la nueva capacidad solar que se instalará en los próximos años.

También en México se prevé una instalación masiva de energía solar en los próximos años. A principios de año 2016, ENEL ya llegó a ofertar la electricidad de origen fotovoltaico a 35,44 $/MWh, uno de los precios más bajos del mundo en ese momento. Se espera que en 2019 la energía solar pueda generar entre el 2,5 y el 3% de la energía mexicana (no llegó al 1% en 2016) y que para 2021 México tenga una capacidad instalada cercana a los 14 000 MW, convirtiéndose en el séptimo país con mayor capacidad solar instalada en el mundo.

Prácticamente toda África tiene un interesante potencial solar, excepto la costa atlántica de la parte central del continente, sin embargo, destacan dos zonas especialmente: el desierto del Sáhara (sobre todo en la zona de Egipto, Libia y Sudán, aunque también al sur de Marruecos) y la zona de Namibia y oeste de Sudáfrica, que también es la zona con mayor radiación solar directa. Muchos países africanos no pueden aprovechar su potencial solar por causas económicas, pero hay dos países en los que la energía solar tiene interesantes previsiones: Marruecos y Sudáfrica. En Marruecos hay grandes proyectos de granjas solares y centrales de energía solar de concentración, de hecho, se está construyendo una planta termosolar de concentración que está destinada a ser la más grande del mundo: la planta Noor de Ouarzazate. Marruecos tiene el objetivo de que el 50% de su electricidad sea renovable en 2030 y con previsiones de ser exportador de energía renovable gracias a su interconexión con Europa, y la verdad es que va bastante bien en su propósito ya que en 2017 el 34% de su electricidad fue de origen renovable. Sudáfrica ya era en 2016 el país africano con mayor instalación de capacidad fotovoltaica con algo menos de 1500 MW y su objetivo es tener 8400 MW instalados para 2030.

En Asia la mayor radiación solar se localiza en Oriente Medio, fundamentalmente, en algunas zonas de Arabia Saudí y Yemen, en zonas de Irán, Pakistán y Afganistán, en Mongolia, y en tres regiones de China: Mongolia interior, Qinghai y, sobre todo, el Tíbet. Arabia Saudí ha comenzado hace poco la carrera solar. Pretende abastecerse de energías renovables para poder exportar el petróleo, por lo que tiene planes de instalar 41 000 MW de capacidad fotovoltaica para 2032. Las primeras licitaciones para plantas solares en Arabia Saudí han acabado con precios desconcertantemente bajos, como los 17,9 $/MWh que se presentó en octubre de 2017.

Con un potencial algo menor está la India que tiene la mayoría del país con niveles de radiación entre 1900 y 2000 kWh/m^2 y, sin embargo, es el país del mundo con mayores objetivos de crecimiento a nivel de instalación de energía solar fotovoltaica. India quiere tener instalados 100 000 MW de potencia solar para 2022, un objetivo muy ambicioso si se tiene en cuenta que a finales de 2016 tenía poco más de 9000 MW instalados. Otro de los países que necesita instalar energía solar para satisfacer su demanda y poder prescindir del carbón es China que tenía un objetivo para 2020 de 105 000 MW instalados de capacidad fotovoltaica, objetivo que parece que cumplió a finales de 2017, por lo que el gobierno chino marcó otro objetivo que duplicaba el anterior, 213 000 MW. Además de estos planes, también hay proyectos para mejorar la red eléctrica china y evitar el desperdicio de energía renovable que actualmente se produce.

Australia es otro de los países que más potencial solar atesora. La mayor parte del país tiene una radiación global superior a 2000 kWh/m², excepto las zonas costeras del este y del sur, que es precisamente donde se concentra la inmensa mayoría de la población australiana. Quizá por eso no parece tener excesivo interés en las grandes plantas de energía solar, ya que más del 90% de la capacidad fotovoltaica instalada en Australia se encuentra en los tejados de casas particulares. Aun así, los grandes proyectos de plantas fotovoltaicas y centrales termosolares de concentración están comenzando a prosperar y se espera que en 2020 la capacidad solar del país sea el doble que en 2016.

Y, finalmente, en Europa la radiación solar es bastante débil excepto en el sur, fundamentalmente en el sur de España y Portugal, donde se superan los 1800 kWh/m². Portugal tiene proyectada la mayor planta fotovoltaica de Europa en el sur del país y España ha reiniciado subastas de renovables en 2017 donde la energía solar fotovoltaica ha conseguido la mayoría de las licitaciones, en ambos casos sin ningún tipo de prima ni subsidio.

47
¿Dónde está la planta fotovoltaica más grande del mundo?

La generación de energía solar fotovoltaica no está solamente asociada a grandes plantas generadoras como es el caso de las energías convencionales, sino que está bastante diversificada entre esas plantas, pequeñas plantas de generación propiedad de pequeñas empresas o cooperativas y generación particular en los tejados de casas, naves industriales o bloques de edificios. La razón es que una instalación fotovoltaica no requiere grandes inversiones para poder funcionar, con una inversión mínima en paneles solares se consigue una instalación funcional y esto genera un escenario muy interesante de democratización de la generación de energía.

A pesar de esto, las grandes plantas solares tienen ventajas sobre las pequeñas instalaciones y son capaces de generar a precios más baratos por varias cuestiones que tienen que ver con las economías de escala. Una gran instalación generadora conseguirá comprar los módulos fotovoltaicos más baratos, conseguirá préstamos a menor tipo de interés, buscará las mejores ubicaciones en la región para maximizar la generación, será más probable que pueda instalar sistemas de seguimiento al sol o que tenga operarios que limpien y hagan un mejor mantenimiento a los paneles, etc. Por eso las grandes plantas son relevantes, aunque las pequeñas instalaciones también tienen sus ventajas, sobre todo que, si se hacen en los tejados de las casas, no ocupan terreno.

La ocupación de terreno es uno de los hándicaps de la energía solar que para producir una unidad de energía necesita muchísima más superficie que las centrales convencionales, del orden de muchas decenas o cientos de veces más. Esto puede ser un inconveniente en zonas densamente pobladas, puede generar un coste adicional relevante y puede obligar a que la generación renovable esté muy alejada de los centros de consumo, lo que implica pérdidas por transporte.

Actualmente, la planta fotovoltaica más grande del mundo se encuentra al sureste de la India, el Kurnool Ultra Mega Solar Park. El nombre es bastante rimbombante, pero el gobierno de la India llama *ultra mega solar park* a los parques fotovoltaicos de capacidades instaladas mayores a los 500 MW. El parque de Kurnool tiene 1000 MW de capacidad instalada y está compuesto por más de cuatro millones de paneles solares que ocupan una superficie de alrededor de 24 km^2, el doble que la ciudad autónoma de Melilla en España. La planta se puso en marcha en abril de 2017 y costó algo más de mil millones de dólares. En un día soleado, el parque puede generar alrededor de 8 GWh de electricidad, que es casi lo que necesita diariamente todo el distrito de Kurnool en el que habitan cuatro millones de personas.

No obstante, el parque de Kurnool perderá pronto su posición como planta solar más grande del mundo, ya que en India hay varios proyectos de *ultra mega solar parks* que superan los 1000 MW. El más grande de ellos es el parque solar de Pagavada, también al sur de la India, que se espera que tenga 2700 MW en 53 km^2, por lo que tendría más del doble de superficie que el parque de Kurnool. En marzo de 2018 se inauguraron los primeros 600 MW de este parque que se espera esté finalizado a finales de 2018 o principios de 2019. En China también se está construyendo el parque solar del desierto de Tengger, en la frontera con Mongolia, que tendrá 1500 MW y Australia tiene en proyecto el Solar Choice Bulli Creek Solar Farm de 2000 MW de capacidad. Sin embargo, el proyecto más espectacular de todos está en Arabia Saudí, un proyecto colosal de 200 000 MW que se anunció en 2018 y que se instalaría en medio del desierto saudí. Se espera que el proyecto esté completamente finalizado en 2030.

La segunda planta fotovoltaica más grande del mundo está activa desde 2015. Es la planta de Longyangxia, en la provincia de Qinghai en China, que tiene 850 MW de capacidad instalada, casi cuatro millones de paneles solares y ocupa más de 27 km^2. La planta de Longyangxia realmente es una planta fotovoltaica asociada a una central hidroeléctrica de 1280 MW de potencia, siendo una planta mixta. Los paneles están conectados a una de las cuatro turbinas de la central hidroeléctrica, lo que permite integrar ambas generaciones, maximizar la producción solar y a conservar el agua cuando la generación se realice gracias a las placas fotovoltaicas.

Esta planta solar fue la más grande del mundo desde 2015 hasta 2017 cuando fue desplazada por el parque de Kurnool, habiendo desplazado a su vez al parque californiano Solar Star, que fue el más grande del mundo durante unos meses gracias a sus 579 MW de potencia y sus 1,7 millones de paneles solares. Aun así, sigue siendo la planta fotovoltaica más grande de los Estados Unidos por delante de varias plantas de 550 MW de potencia como la nevadense Cooper Mountain (550 MW) o las también californianas Desert Sunlight y Topaz (550 MW cada una) que también fueron las plantas fotovoltaicas más grandes del mundo en 2015 y 2014.

El tamaño de las plantas solares ha ido aumentando vertiginosamente, al igual que lo ha hecho la expansión de la energía solar. En el año 2005, la planta fotovoltaica más grande del mundo era el Solarpark Mühlhausen con solo 6,3 MW de capacidad instalada, situada en el estado de Baviera en Alemania. Esta planta tenía menos de 58 000 paneles solares, ochenta veces menos que el parque de Kurnool. Un par de años después lo fue el español parque fotovoltaico de Olmedilla, en la provincia de Cuenca, con 60 MW y 270 000 paneles solares. En 2011 saltamos a los 200 MW del parque chino Huanghe Hydropower's Golmud, superado enseguida por los parques norteamericanos. A mediados de 2017 ya había una veintena de parques solares mayores a los 200 MW.

Es difícil pronosticar hasta qué tamaño llegarán estos mega parques solares. Para aprovechar las radiaciones solares de las grandes zonas semidesérticas es útil hacer grandes plantas, de hecho, es probablemente la única manera de amortizar las costosas infraestructuras eléctricas necesarias para conectar estas plantas a la red eléctrica, pero la realidad es que en los países en vías de

Imagen tomada por satélite del parque solar de Longyangxia en enero de 2017. El recuadro negro situado en la esquina inferior derecha representa el tamaño que ocupa la central nuclear de Trillo en España y que tiene una potencia instalada de 1067 MW frente a los 850 MW de Longyangxia, lo que muestra lo altamente demandante de terreno que es la energía solar fotovoltaica. Imagen cortesía de Ignacio Martil.

desarrollo se han construido los parques pero no las infraestructuras eléctricas necesarias, generándose enormes pérdidas de energía. Esta situación se solventará con el tiempo, pero en un entorno de progresiva reducción de los costes de la energía solar quizá no sea necesario hacer plantas tan grandes y se deba priorizar más su incorporación a los grandes núcleos de población aunque sea con eficiencias menores.

Eso sí, hay una cosa que solo se puede hacer con cierta cantidad de paneles solares: hacer formas graciosas. Es lo que está haciendo la compañía china Panda Green Energy que ya ha instalado un par de parques solares con forma de oso panda y tiene en proyecto instalar muchos más. No tiene ninguna utilidad especial para generar energía, pero queda bonito e identifica a China como el país referencia en instalación de energías renovables. Así se hace el marketing en el siglo XXI.

ENERGÍA GEOTÉRMICA, MARINA Y BIOMASA

48

¿QUÉ USOS TIENE LA ENERGÍA GEOTÉRMICA?

La energía geotérmica es aquella que se obtiene gracias al aprovechamiento del calor interno de la Tierra. Este calor tiene varios orígenes, pero fundamentalmente se debe a dos procesos: por una parte, es causado por el calor residual que se mantiene del origen de la Tierra, cuando el planeta era un cuerpo incandescente antes de enfriarse la corteza terrestre. Por otro lado, en el interior de la tierra existen reacciones naturales de fisión nuclear que son causadas por isótopos pesados como el uranio-235, el torio-234 y el potasio-40, reacciones que generan calor de forma continua y que son parte de ese calor interno de la tierra. Cuál de los dos fenómenos influye más en el calor interno del planeta es algo que todavía se debate.

La estructura interna de la tierra está estructurada en tres capas concéntricas: la corteza, que es la capa exterior y que tiene una profundidad de entre 5 kilómetros (en la parte más profunda del océano) y 70 kilómetros (en las zonas montañosas de la superficie), el manto, que se extiende unos 2900 kilómetros, y el núcleo, que tiene un radio de unos 3300 kilómetros. La temperatura en el núcleo de la tierra es de más de 6000 °C, más alta que la de la superficie del sol, y la del manto entre los 600 °C y los 3500 °C, sin embargo, el ser humano nunca ha llegado a excavar a tales profundidades ni es previsible que lo haga en un futuro cercano. La perforación más grande que han hecho los humanos es el pozo de Kola en Rusia que llegó a penetrar poco más de 12 kilómetros en la corteza terrestre y no pudo continuar más allá porque las condiciones a esa profundidad hacían muy difícil seguir con la perforación.

Conforme se profundiza en la corteza la temperatura aumenta, con un gradiente geotérmico de alrededor de 3 °C por cada 100 metros de profundidad. Este es un valor medio, pues hay zonas donde los gradientes son mucho mayores, del orden de diez veces más, que suelen ser lugares donde hay fenómenos geológicos singulares como volcanes cercanos, formación reciente de cordilleras, tectónica de placas, etc. En esas zonas, una perforación de uno o dos kilómetros permite llegar a zonas con temperaturas mayores a 200 °C, cuyo calor es factible aprovechar. Muchas veces este calor brota a la superficie de forma constante en forma de géiseres o aguas termales.

El calor de la tierra se puede usar tanto para climatización como para generación de electricidad. Básicamente hay tres tipos de usos de la energía geotérmica, muy condicionados por el nivel de temperatura que se puede llegar a alcanzar:

- Climatización geotérmica: La aplicación más simple de la energía geotérmica es la utilización de la estabilidad térmica del subsuelo para climatizar una vivienda o edificio. A diferencia de lo que sucede en la superficie, a unos pocos metros bajo el suelo las variaciones de temperatura entre verano e invierno son bastante leves, manteniéndose la temperatura constante entorno a 15 °C, que en la mayoría del mundo es una temperatura mayor a la de la superficie en invierno y menor que la temperatura exterior en verano.

  Esta estabilidad térmica se puede aprovechar mediante una bomba de calor que intercambiará frío o calor con un circuito de agua que se incrusta varios metros bajo tierra, absorbiendo o cediendo calor en función de la temperatura de esta agua. Esto genera un ahorro de electricidad respecto a otros sistemas de climatización, ya que el intercambio de calor se hace con un fluido con poca diferencia de temperatura respecto a la temperatura deseada. Es un sistema bastante utilizado en climas fríos, sobre todo en Europa y Estados Unidos

- Uso directo para calefacción: En aquellos terrenos donde hay un gradiente geotérmico muy pronunciado, este se puede usar para generar agua caliente que esté entre 30 y 95 °C, y con ella sistemas de calefacción centralizados. Si existen aguas termales subterráneas se pueden usar estas y circularlas directamente por los radiadores en sistemas urbanos de calefacción centralizados, devolviendo al acuífero el agua a menor temperatura. En caso de que haya un yacimiento seco, se pueden hacer perforaciones de entrada y de salida e inyectar agua para que retorne caliente y poder usarla como fluido para calefacción. Además de viviendas, este sistema se usa para calentar invernaderos, agua de piscifactorías o incluso alguna aplicación industrial.

- Generación de electricidad: En aquellos lugares donde las aguas subterráneas se encuentran a más de 180 °C, estas se pueden usar para generar electricidad mediante una turbina de vapor. Si no existen aguas subterráneas pero sí existe el suficiente gradiente térmico, se puede inyectar agua del exterior para que se caliente a esa temperatura. Las primeras centrales geotérmicas extraían directamente el vapor del subsuelo y lo turbinaban para generar electricidad, devolviendo después el vapor condensado al yacimiento. Actualmente el mecanismo más común es bombear el agua termal a gran presión a la superficie y llevarla a un tanque de baja presión, donde parte de esta agua se convierte súbitamente en vapor y se separa del resto del agua, para luego turbinarla. El agua separada y el vapor condensado se devuelven al yacimiento.

También hay un tercer tipo de plantas de energía geotérmica que se conocen como plantas de ciclo binario. Estas plantas se proyectan cuando la temperatura del agua termal es menor a 180 °C y difieren de las anteriores en que el agua caliente bombeada va a un intercambiador de calor y cede su calor a un líquido con menor punto de ebullición que el agua, como puede ser una mezcla de agua y amoniaco. Este líquido sí se evapora en condiciones adecuadas para ser turbinado, algo que no podría hacerse con el agua a esa temperatura.

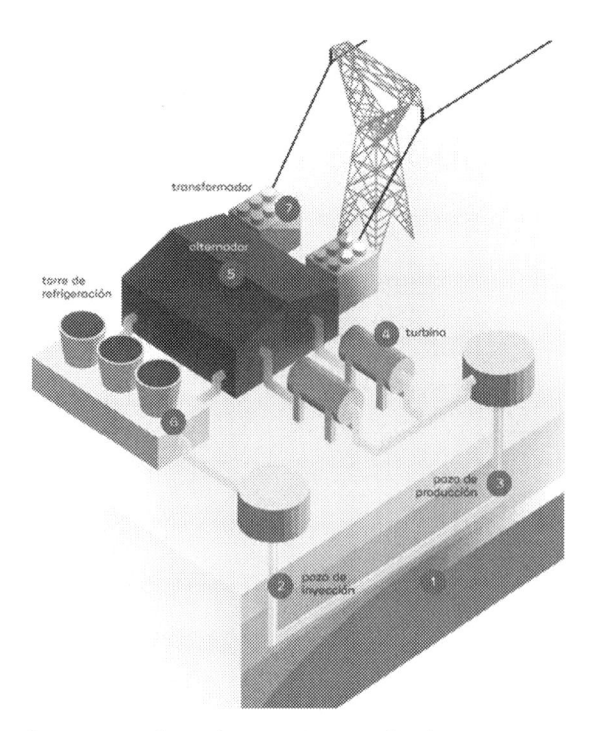

Esquema de una central geotérmica. 1) Se perfora la corteza terrestre hasta alcanzar una temperatura suficiente y se introducen los tubos que forman un circuito cerrado. 2) Se inyecta agua desde la superficie. 3) El agua se calienta y asciende en forma de vapor. 4) El vapor mueve la turbina. 5) El movimiento de la turbina genera electricidad en el alternador. 6) El vapor se enfría en la torre de refrigeración y pasa a estado líquido, volviéndose a inyectar en el subsuelo. 7) La electricidad generada se aumenta de tensión y se inyecta en la red eléctrica. Imagen cedida por EDP.

La energía geotérmica se considera una energía renovable al ser virtualmente inagotable, aunque las fuentes geotérmicas pueden agotarse temporalmente si se extrae el calor de las mismas a mayor velocidad de la que se pueden calentar de forma natural, pudiendo tardar siglos en reponerse a su estado original. Esta situación convierte a la energía geotérmica en una energía renovable un poco especial y a la hora de explotar sus recursos es necesario evitar una sobrexplotación que podría dejar un yacimiento geotérmico inhábil durante generaciones.

A pesar de que sus impactos ambientales son menores que los de las plantas de combustibles fósiles, estos también existen. Los gases extraídos de los yacimientos geotérmicos llevan cantidades variables de CO_2, metano, ácido sulfídrico y amoniaco, aunque la emisión de CO_2 es aproximadamente una veinteava parte de la emisión de una central que funciona con gas natural. Además, las plantas que liberan altos niveles de productos químicos volátiles debido a la naturaleza del yacimiento suelen estar equipadas con sistemas para reducir estas emisiones. Otro de los efectos adversos de la energía geotérmica es la sismicidad inducida que pueden producir aquellas plantas que han requerido la inyección de agua en el subsuelo para poder extraer el calor, ya que se suele recurrir a la fractura hidráulica para la creación del yacimiento.

Como mayores ventajas de la energía geotérmica podemos destacar que es una energía barata (sobre todo si el yacimiento es de agua caliente y es bastante superficial), que genera energía de forma constante y que tiene impactos ambientales mucho menores que las fuentes de energía no renovables, por lo que es ampliamente utilizada en aquellas regiones donde el recurso es abundante y de fácil acceso.

49

¿Qué relación existe entre la energía geotérmica y la tectónica de placas?

La energía geotérmica tiene diferentes aplicaciones y desarrollos diversos en función de si estamos hablando de climatización geotérmica, uso directo para calefacción o generación de electricidad. La climatización geotérmica por bomba de calor es un sistema que está muy extendido por los Estados Unidos, Japón y el norte de Europa, y recientemente también en China. Tradicionalmente se ha usado en climas fríos donde la bomba de calor por conductos de aire no es funcional, ya que a temperaturas cercanas a 0 °C tiene dificultades para generar calor.

Se calcula que las bombas de calor geotérmicas producen el 55% de la energía geotérmica que se dedica a climatización, unos 325 000 terajoules (TJ) anuales, alrededor de 90 TWh. A finales de 2015, estos sistemas estaban instalados en 48 países y se estima que el número de instalaciones supera los cuatro millones. Estados Unidos es el país que tiene más instalaciones de climatización geotérmica por bomba de calor, seguido de China, Suecia, Alemania y Francia.

Las aplicaciones de calefacción directas por uso de la energía geotérmica representan algo más de 260 000 terajoules anuales (72 TWh). Sorprendentemente, casi el 45% de esta energía se gasta en baños y piscinas, al contabilizarse la gran cantidad de balnearios y aguas termales que existen en el mundo, mientras que alrededor de un 37% se usa para calefacción de estancias. El calentamiento de invernaderos representa el 10%, el uso en piscifactorías menos de un 5 % y el uso industrial no llega al 4%. Los países que más energía geotérmica per cápita utilizan para climatización son Islandia, Suecia, Finlandia, Nueva Zelanda y Noruega.

A nivel de generación de electricidad, a finales de 2015 había en el mundo 13 300 MW instalados de capacidad geotérmica divididos en 24 países. Casi el 27% de esta capacidad (3567 MW) se encontraba en los Estados Unidos, donde la generación de electricidad por energía geotérmica existe desde 1960 cuando se conectó a la red la primera central, la californiana The Geysers, que en ese momento tenía solo una turbina y 11 MW de potencia. Hoy en día, The Geysers es un complejo con 22 plantas geotérmicas y 1517 MW de capacidad instalada que funcionan extrayendo vapor del subsuelo, siendo el complejo geotérmico más grande del mundo. Durante los años 80 el flujo de vapor comenzó a disminuir a causa de la sobreexplotación, así que se le inyectan aguas depuradas de varias plantas de tratamiento cercanas para mantener la producción de vapor.

El segundo y tercer país que mayor capacidad geotérmica tienen instalada son Filipinas e Indonesia. Filipinas es una zona volcánica situada al borde de una placa tectónica, lo que le concede enormes recursos geotérmicos que comenzó a utilizar a finales de los 70. En 2015 tenía una capacidad instalada de 1930 MW que generaban alrededor del 15% de la electricidad del país. Indonesia también tiene las mismas características geológicas que Filipinas, aunque comenzó a aprovechar su potencial algo más tarde, a mediados de los 80. A finales de 2015 tenía 1375 MW de capacidad instalada que generaban alrededor del 3% de la electricidad del país, pero tenía en construcción 44 plantas geotérmicas con las que se sumará 4000 MW adicionales y se podría llegar a convertir en el país con más capacidad geotérmica del mundo.

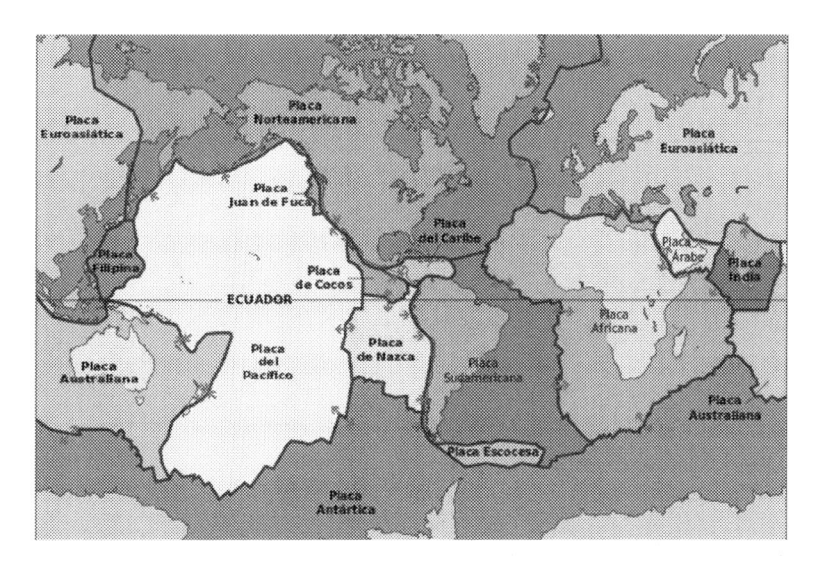

Mapa del mundo donde se muestran las distintas placas tectónicas. Es en los bordes de las placas tectónicas donde existe el mayor gradiente geotérmico y, por tanto, el mayor potencial para esta energía.

No obstante, y a pesar de no tener una capacidad instalada tan grande, el país geotérmico por excelencia es Islandia. La isla está situada encima de una de las zonas tectónicamente más activas del mundo al localizarse al borde de dos placas en separación, lo que hace que el recurso geotérmico sea muy abundante. Es uno de los pocos países del mundo que genera prácticamente toda su electricidad gracias a la energía renovable, produciendo la energía hidroeléctrica el 70-75% de la misma y la energía geotérmica el otro 25-30% gracias a las seis centrales existentes. Pero además de eso, casi todas las casas del país están calefactadas gracias a la calefacción geotérmica y hasta Reykjavik tienen las aceras calefactadas por esta energía, llevando a que casi el 85% de la energía primaria que consume el país sea renovable (el resto consiste básicamente en derivados del petróleo que se usan para el transporte).

La energía geotérmica es muy barata en Islandia, al igual que la hidroeléctrica, lo que ha facilitado que allí se instalen tres potentísimas empresas de fundición de aluminio, una de las industrias más intensivas en uso de energía que existen (se necesitan casi 20 MWh para fundir una tonelada de aluminio), con contratos de compra de energía a uno de los precios más bajos del mundo. Entre las tres factorías consumen el 75% de la electricidad que genera el país y eso hace que Islandia sea el país con más consumo de energía per cápita del mundo. Esta situación, no obstante, preocupa a algunos islandeses y a los grupos ambientalistas de la isla que consideran que la energía geotérmica se está sobreexplotando y que los yacimientos de agua caliente y vapor se podrían agotar en menos de un siglo.

Las zonas con mayor potencial geotérmico son aquellas que se encuentran cerca de los bordes de las placas tectónicas. Toda el área de Centroamérica, influenciada por la subducción de la placa de Cocos bajo las placas de Nazca y el Caribe, y en general toda el área del Pacífico del continente americano son zonas de alto potencial geotérmico. También lo es la costa asiática del Pacífico, países como Japón, Filipinas, Indonesia, Malasia y Nueva Zelanda, donde la placa del Pacífico colisiona con las placas Norteamericana, Filipina y Australiana. Toda esta zona se conoce como el cinturón de fuego del Pacífico, zona habitual de terremotos y actividad volcánica. A parte del cinturón de fuego del Pacífico, otra zona con alto potencial geotérmico es el este de África, potencial producido por el proceso de partición de la placa Africana de norte a sur (desde el mar Rojo hasta Mozambique). También existe potencial geotérmico al sur de Asia (norte de la India, Myanmar, Tailandia) y en el sur de Europa.

Se estima que, con la tecnología actual, la capacidad geotérmica mundial podría llegar hasta 240 000 MW, lo que multiplicaría por 18 la capacidad de finales de 2015. Ya hay más de 5000 MW de capacidad en construcción que se espera que entren en funcionamiento antes de 2021, la mayoría en Indonesia, Estados Unidos, Turquía, Kenia y Etiopía. Gracias a la evolución tecnológica, a las centrales de ciclo binario que pueden trabajar a menor temperatura y a que la energía geotérmica puede producir energía en todo momento, su expansión será muy relevante en el futuro.

50

¿Se puede extraer energía del mar?

La energía marina es aquella que se obtiene gracias a las dinámicas que se producen en mares y océanos. El agua del mar ocupa más del 70% de la superficie de la tierra y está en movimiento continuo, así que si se utiliza el agua de los ríos para generar energía era bastante lógico fijarse en los océanos como fuente potencial de energía. De hecho, se estima que la energía que teóricamente se podría extraer de los océanos superaría en varias veces la demanda eléctrica mundial actual.

Hay multitud de vías de investigación para poder extraer energía del mar. Existen, por ejemplo, proyectos para extraer energía de las corrientes marinas mediante distintos tipos de turbinas sumergibles. También se intenta conseguir energía usando la diferencia de temperatura entre las aguas superficiales y las profundas, o mediante la diferencia de salinidad entre el mar y las desembocaduras de los ríos. Todos estos desarrollos son, en el mejor de los casos, prototipos sin todavía aplicaciones comerciales, pero es una muestra interesante de cómo se trabaja para conseguir fuentes de energía donde se observa un potencial energético real.

Dejando aparte los desarrollos experimentales, actualmente existen dos formas de extraer energía del océano. La primera es usando las mareas que se conoce como energía mareomotriz y la segunda mediante la energía de las olas que se llama energía undimotriz.

La energía mareomotriz existe desde los años 60, cuando se construyó la primera central mareomotriz en la Bretaña francesa. El funcionamiento de estas centrales se basa en la fabricación de un dique que se puede abrir y cerrar a voluntad. Cuando sube la marea, el dique se abre y deja pasar el agua, subiendo la marea como si no existiese dicho dique. Cuando la marea comienza a bajar el dique se cierra y acumula el agua, creando una diferencia de altura entre esta agua y el agua exterior en momentos de marea baja. Cuando la marea ha bajado al mínimo se abre el dique y el agua acumulada se suelta, haciendo girar unas turbinas y generando electricidad.

Para poder instalar este sistema de dique es necesario que la diferencia entre la marea alta y la baja supere los cinco metros, algo que solo sucede en determinados lugares del mundo. Además, la obra necesaria para crear un dique de este estilo es enorme y tiene un alto impacto visual, así que este tipo de obras solo tienen sentido en lugares donde el dique sirva también para prevenir inundaciones en las zonas costeras, siendo bastante costosas en otros casos a no ser que la orografía ayude.

Recientemente se han comenzado a instalar otro tipo de centrales mareomotrices que se basan en generadores de corrientes de marea (Tidal Stream Generators, TSG) que usan la energía cinética de las mareas para generar electricidad, más o menos como si fuesen aerogeneradores, pero debajo del agua. Este tipo de generadores necesitan una velocidad de la corriente de marea de alrededor de 10 km/h, velocidades que no son fáciles de conseguir y que requieren unas condiciones específicas de marea y de orografía, como lugares con estrechamientos en el flujo del agua. En cualquier caso, estos generadores son mucho más baratos que construir un dique, no tienen impacto visual y probablemente comenzarán a rivalizar con las estructuras de dique en un futuro cercano.

El otro tipo de energía marina es la energía undimotriz que usa el potencial de las olas para generar energía. Es una energía todavía muy reciente e inmadura, con un desarrollo comercial residual, pero que podría desarrollarse de forma razonable en cuestión de unos años en determinadas zonas del planeta en caso de que sus costes se reduzcan.

Al estar en una fase de desarrollo temprana existen multitud de mecanismos para convertir el movimiento de las olas en energía, pero fundamentalmente podemos destacar tres tipos. El primero es un mecanismo oscilante que genera energía mediante un pistón movido gracias al balanceo de las olas. Una especie de boyas suben y bajan conforme pasan las olas, al bajar empujan un pistón que fuerza al agua a pasar por una turbina, generando electricidad. El segundo tipo son los «colectores de olas», unas estructuras que tienen un depósito superior que se llena cuando rompe la ola, facilitando la subida del agua mediante una rampa para, desde ahí, bajar a un deposito inferior que devuelve el agua al mar. En la bajada, el agua mueve una turbina que genera energía eléctrica. El tercer tipo son dispositivos de columna de agua oscilante. Se trata de estructuras situadas en la costa que tienen una parte inferior sumergida y abierta al oleaje y, encima de ella, una cámara de aire. Al llegar la ola, esta entra por la abertura y empuja el agua hacia arriba, agua que a su vez presiona el aire que hay justo encima. Este aire a presión mueve una turbina de aire que es la que genera la electricidad.

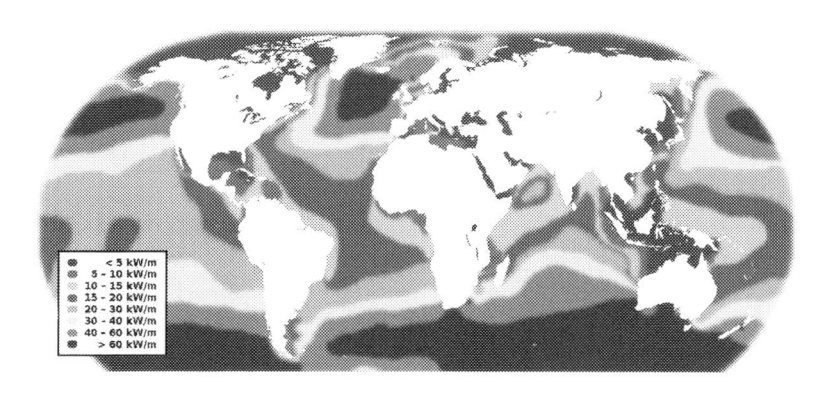

Potencial de la energía de las olas en el mundo. Las zonas de mayor potencial suelen estar en alta mar, donde no es factible construir instalaciones. Sin embargo, hay zonas costeras con potenciales muy interesantes, sobre todo las costas de Escocia, Irlanda, el sur de Chile y Australia y el oeste de Canadá y los Estados Unidos

A pesar de que olas hay en todos los mares y océanos del mundo, se estima que el potencial para la energía undimotriz se encuentra bastante concentrado en unas pocas zonas del norte y el sur del globo. La zona más prometedora es el norte del Reino Unido e Irlanda, pero también son zonas con alto potencial la costa del Pacífico de Canadá y norte de los Estados Unidos, la costa del sur de Chile y Nueva Zelanda y el sur de Australia. En menor medida, la costa atlántica del norte de España y Portugal también son zonas a tener en cuenta.

La energía marina es una energía renovable y no contaminante, a pesar de que la energía mareomotriz con dique puede alterar fuertemente los ecosistemas de las zonas cerradas. La energía mareomotriz es bastante predecible, mientras que la energía undimotriz se genera de forma continua, aunque con intensidades distintas en función de la situación climática y la época del año.

El problema de estas energías es que todavía no son competitivas. Los costes nivelados de electricidad para estas energías son los más altos de todos, siendo la energía undimotriz todavía más cara que la mareomotriz. En 2015 se estimaba que los costes nivelados de estas energías podían ser entre cuatro y cinco veces mayores que los de energías como la eólica y la solar. Falta por ver si su evolución en costes podría ser similar a la de otras energías renovables, lo que las haría competitivas en un par de décadas.

51

¿Está desarrollada la energía marina en el mundo?

La energía mareomotriz es la única de las energías marinas que tiene cierta implantación en el mundo, aunque mínima en comparación con el resto de energías. Tan solo hay 525 MW de capacidad instalada en todo el mundo, concentrada en ocho países: Corea del sur, Francia, Canadá, China, Rusia, Reino Unido, Estados Unidos e Italia. El 99% de esta capacidad instalada corresponde a centrales de dique, habiendo tan solo 4,3 MW instalados en plantas con generadores de corrientes de marea a finales de 2015. No obstante hay dos instalaciones en construcción en Reino Unido y Canadá que funcionarán con generadores de corriente de marea y aportarán 10 MW adicionales.

La central mareomotriz más grande del mundo se encuentra en Corea del Sur, la planta Sihwa Lake, situada en las costas del mar Amarillo, cerca de la frontera con Corea del Norte. Para construir la central se aprovechó un dique preexistente que se construyó en 1994 para evitar inundaciones. Sobre él se construyeron diez turbinas de 25,4 MW cada una, por lo que tiene 254 MW de capacidad instalada, siendo capaz de generar más de 550 GWh al año. Puesta en marcha en 2012, una curiosidad de esta planta es que en vez de generar la electricidad en el vaciado después de la subida de marea, se hace al revés, el dique se cierra cuando sube la marea y luego se abre para generar la energía, un mecanismo que es más ineficiente pero que se eligió por cuestiones de seguridad sociales y medioambientales.

La segunda central mareomotriz más grande es la primera que se inauguró en el mundo, la central de La Rance en Francia. Su puesta en marcha fue en 1966 y su capacidad es de 240 MW, produciendo alrededor de 500 GWh anuales. La obra costó mucho dinero (620 millones de francos de la época), sin embargo, medio siglo después la central lleva amortizada más de 30 años y genera energía bastante barata. Entre Sihwa Lake y La Rance prácticamente copan el 95% de la capacidad mareomotriz instalada en el mundo en 2015, lo que nos da una idea del pequeño tamaño del resto de instalaciones. En Corea del Sur también había un proyecto para crear otra central mareomotriz de dique en la bahía de

Fotografía aérea de la central mareomotriz de La Rance, la primera central de este tipo que se construyó en el mundo. En la parte inferior de la imagen se puede ver el estuario cerrado por el dique y en la parte derecha del dique se observa la zona donde están las turbinas.

Incheon con una capacidad de 1320 MW que hubiese triplicado toda la capacidad mareomotriz existente, sin embargo, el proyecto se paró en 2012 por cuestiones medioambientales y su futuro es incierto.

Otro de los proyectos que parecía destinado a crear la central mareomotriz más grande del mundo era el proyecto Meygen, que funciona con turbinas de corriente de marea y se preveía que llegase a tener 398 MW de capacidad instalada cuando todas sus fases estuviesen completadas. Por ahora tiene instalados 6 MW y está a la espera de instalar 6 MW más, pero las dificultades para conseguir financiación para la tercera fase del proyecto (73,5 MW) y su incapacidad para ganar subastas de energías renovables debido a los altos costes de esta energía hace difícil pensar que el proyecto pueda alcanzar esa capacidad a corto plazo.

El desarrollo de la energía undimotriz es todavía más austero que el de la mareomotriz, al tratarse de una tecnología muy nueva. La capacidad undimotriz instalada no llega a 2 MW, dividida en varios proyectos entre España, Portugal, Ghana, Suecia y China. Todos estos proyectos han sido generados mediante inversión pública, puesto que no es una energía todavía competitiva.

La primera planta undimotriz comercial del mundo fue la central de Motrico en Euskadi, España. Es una central de columna de agua oscilante que consta de 16 cámaras de aire con una turbina cada una y que aprovecha la presión que causan las olas sobre el aire de las cámaras para pasar este por la turbina y generar electricidad. También la genera cuando se retira la ola, ya que las cámaras de aire hacen un efecto de succión que obliga a la entrada de aire por la abertura de las turbinas, moviéndolas de nuevo y generando más electricidad. Independientemente de la dirección de la corriente de aire las turbinas se mueven siempre en el mismo sentido, generando electricidad de forma constante. Sus 16 turbinas consiguen una capacidad instalada de 0,3 MW que genera aproximadamente 500 MWh al año, generándose mucha más electricidad en invierno que en verano a causa de la diferencia estacional del oleaje. En los días en que hay fuerte temporal la central se detiene para no dañar los mecanismos de la planta. La infraestructura se inauguró en 2011 y costó en total 6,7 millones de euros, casi 2,3 millones la central y el resto se gastó en la construcción del dique.

    No obstante, en 2017 la primera planta undimotriz del mundo era el proyecto Sotenäs en Suecia, que tiene 1 MW de capacidad instalada desde finales de 2015 con intención de ampliar hasta a 10 MW en el futuro. Esta planta funciona con un sistema oscilante, con 34 boyas individuales que suben y bajan conforme pasan las olas y generan energía por el movimiento que inducen en un pistón.

    Hay varios proyectos de energía undimotriz en el mundo a la espera de conseguir la financiación adecuada. Destaca el Reino Unido cuyos proyectos suman casi 50 MW, pero también hay proyectos en Portugal, Ghana, Bélgica, Francia y Suecia. Mejor previsión tiene la energía mareomotriz que tiene alrededor de 1000 MW de proyectos con turbinas de corriente de marea y 3500 MW de proyectos de centrales con dique, la mayoría de ellos también en el Reino Unido. Esto no implica que se vayan a realizar estos proyectos, probablemente muchos no se harán pero muestra que hay interés en desarrollar la energía marina y que, por ahora, la energía mareomotriz tiene mejores previsiones que la undimotriz.

    La energía eólica y la solar también comenzaron en base a plantas piloto que necesitaban de ayudas y subvenciones, pero gracias a su instalación y al aprendizaje que se consigue gracias a él, la tecnología fue mejorando poco a poco hasta llegar a ser energías competitivas. Con la energía oceánica puede pasar lo mismo, pero son necesarios todavía algunos años para que eso sea posible.

52
¿SE PUEDE GENERAR ELECTRICIDAD CON HUESOS DE ACEITUNA?

Podríamos definir la biomasa como aquella materia orgánica que es susceptible de ser aprovechada energéticamente. Cuando se habla de materia orgánica nos referimos a aquellos restos vegetales o animales recientes, no a los combustibles fósiles que tienen origen en la materia orgánica depositada hace millones de años. Esta diferencia es importante porque, en cierto modo, lo que define la biomasa es que se trata de una materia orgánica cuyo ciclo de carbono es reciente, que corresponde a esta época y no a épocas pretéritas y esa es la base de su renovabilidad y su teórica neutralidad en las emisiones de CO_2.

La biomasa abarca un amplísimo espectro de residuos animales y vegetales. Normalmente se divide en tres grupos: la biomasa natural, que es aquella que se produce sin intervención del ser humano; la biomasa residual, que es la que se produce como residuo de actividades humanas, agrícolas, ganaderas, industriales y urbanas; y los cultivos energéticos, que son aquellos que se usan para generar combustibles. Tenemos, pues, todo tipo de productos que se pueden calificar como biomasa: leña, residuos agrícolas, estiércol, residuos orgánicos urbanos, residuos de fábricas madereras, lodos de aguas residuales, cultivos de girasol, remolacha, etc. En cualquier caso, a pesar de que todos estos productos son biomasa de forma genérica y así aparecen en las estadísticas, cuando se habla de plantas de biomasa o centrales de biomasa se suele hacer referencia a residuos agrícolas o derivados de las plantas (como los residuos de fábricas madereras), ya que en el resto de casos se suelen denominar de otra manera (biocombustibles, biogás, etcétera).

La biomasa es el combustible más antiguo que ha usado el ser humano, pues todos los combustibles usados para hacer fuego antes del uso del carbón mineral eran una forma de biomasa. De hecho, todavía es una forma de energía ampliamente usada, en porcentajes muy altos, en los países menos desarrollados pero también en los países más desarrollados, tanto de forma rudimentaria (leña o residuos vegetales para chimeneas u hornos) como en calderas y modernas plantas de biomasa.

La biomasa se considera una energía renovable al regenerarse de forma relativamente rápida. La combustión de biomasa produce CO_2 que posteriormente será capturado por la acción fotosintética de las plantas y convertido de nuevo en materia orgánica que volverá a considerarse biomasa, generándose un ciclo aparentemente inagotable y teóricamente neutro en emisiones de CO_2. Sin embargo, no es un combustible del todo limpio, ya que la combustión de biomasa produce cantidades variables de monóxido de carbono, partículas en suspensión, óxidos de nitrógeno y de azufre, y algunos compuestos orgánicos. La emisión de estos compuestos depende mucho de la naturaleza de la biomasa y de las tecnologías de combustión utilizadas por lo que hay mucha variabilidad, aunque de forma general se puede decir que la emisión de óxidos de azufre es mucho menor a la de combustibles como el carbón y que la emisión de óxidos de nitrógeno es menor a la de combustibles fósiles, al hacerse esta a menor temperatura.

Uno de los usos principales de la biomasa es producir calor. Además de las típicas estufas de leña, existen calderas y estufas más modernas que funcionan con distintos tipos de biomasa. Habitualmente se usan *pellets*, que son diminutas piezas de madera compactada, briquetas de serrín o de otros materiales, cáscara de almendras, huesos de aceituna y otros tipos de residuos agrícolas o de la madera. Todos estos materiales se comercializan en grandes superficies o tiendas especializadas y son habituales para la calefacción y el suministro de agua caliente sanitaria en viviendas, lugares públicos o instalaciones deportivas. También se usan calderas de biomasa en el sector industrial, muchas veces usando los propios residuos de estas industrias (empresas madereras o agroalimentarias normalmente) que permiten la generación de calor o la cogeneración de calor y electricidad.

El otro uso fundamental de la biomasa es la generación de electricidad. Las plantas que generan electricidad con biomasa son muy similares a las de cualquier planta térmica, quizá la diferencia principal es que la biomasa suele tener un tratamiento previo para optimizar el rendimiento de la combustión, tratamiento que varía en función de la naturaleza de la biomasa utilizada. Como regla general se elimina la humedad mediante secado (porque la evaporación del agua gasta energía y haría el proceso menos eficiente) y se tritura o se da una forma específica a los residuos agrícolas para aumentar su superficie de contacto e intentar que no queden partes sin quemar. Después del tratamiento, la biomasa se introduce en

Biomasa utilizada para el sistema centralizado de calefacción y agua caliente del barrio de La Granja en el municipio de Molins de Rei, en Cataluña, España. En esta planta se usa astilla de madera como combustible.

una caldera y se realiza la combustión para generar calor, usándose ese calor para calentar agua y convertirla en vapor que se turbinará y generará electricidad como en cualquier central térmica.

Además de la combustión, hay otros procesos que se pueden realizar con la biomasa para la obtención de energía. Uno de ellos es la pirólisis que es la combustión sin oxígeno, lo que genera gas pobre (un gas rico en monóxido de carbono e hidrógeno), bioaceite (un combustible líquido) o biochar (un carbón vegetal) en diferentes proporciones en función de la velocidad y la temperatura a la que se realice la pirólisis. Otro proceso es la gasificación, realizando la combustión a temperaturas altas y con una cantidad de oxígeno controlada, generándose gas de síntesis. Estos gases se pueden usar en la generación de electricidad, de calor o para generar combustibles líquidos.

La biomasa produce alrededor del 2% de la electricidad mundial. Los principales países del mundo en el uso de la biomasa para la producción de electricidad son los países grandes, destacando China, Estados Unidos, Brasil y Alemania. No obstante los países que más usan la biomasa en su generación eléctrica son los países del norte de Europa (fundamentalmente Finlandia y Dinamarca) y Uruguay. Finlandia es la cuna de la biomasa, pues posee siete de las diez centrales de biomasa más grandes del mundo, en las que se genera electricidad pero también calor. La más grande de ellas y también la más grande del mundo es la central de Alholmenskraft, una central de cogeneración que tiene una capacidad instalada de generación eléctrica de 265 MW y que también ofrece 60 MW para la calefacción urbana a la ciudad de Jacobstad (20 000 habitantes) y 100 MW de vapor y calor para una empresa papelera cercana. De hecho, Finlandia genera alrededor del 15% de su electricidad con biomasa, porcentaje que aumenta al 20% del consumo de energía primaria debido a su uso como fuente de calor. El desarrollo de la industria papelera y maderera otorga a Finlandia sus fuentes principales de biomasa.

Otro país muy interesante es Uruguay que en los últimos años ha aumentado su producción eléctrica gracias a la biomasa, representando alrededor del 18% de la electricidad que genera el país y resultando un porcentaje todavía mayor en el uso de energía primaria. La industria forestal, del arroz y las industrias papeleras son las generadoras de esta electricidad, que permite que Uruguay se acerque a un mix eléctrico 100% renovable.

53

¿Cuáles son los principales biocombustibles?

Los biocombustibles son un producto derivado de la biomasa que se puede usar como combustible en los motores de combustión interna. Técnicamente los biocombustibles serían todas aquellas sustancias sólidas, líquidas o gaseosas que se puedan usar energéticamente, pero generalmente usamos este término para referirnos a los biocombustibles líquidos que se pueden usar como sustitutos de los derivados del petróleo. Existen muchos biocombustibles, pero los dos más habituales son el etanol (o bioetanol) y el biodiésel.

La generación de biocombustibles no es algo nuevo. El inventor alemán August Otto, quien desarrolló el motor de explosión de cuatro tiempos, utilizó etanol en su primer motor. Décadas más tarde, el inventor del motor diésel, Rudolf Diesel, diseñó este motor para funcionar con aceite de cacahuete. También Ford diseñó un coche que funcionaba con aceite de cáñamo, aunque nunca se llegó a comercializar. Durante la II Guerra Mundial tanto los alemanes como los británicos usaban alcohol derivado de las patatas o del grano para mezclarlo con la gasolina, que escaseaba a causa de la guerra. Generalmente las épocas con altos precios de petróleo han potenciado el uso de biocombustibles y al revés, las épocas de petróleo muy barato han minimizado el uso de los biocombustibles.

Los biocombustibles se dividen por generaciones en función de la materia prima que los genera. Los tradicionales se conocen como biocombustibles de primera generación, para los que se suelen usar cultivos tales como la caña de azúcar, la remolacha, las semillas oleaginosas o el maíz, compuestos ricos en hidratos de carbono. Estos biocombustibles suponen problemas medioambientales y conflictos éticos y sociales, fundamentalmente porque todos ellos son productos que se pueden usar para la alimentación y su uso como combustibles puede producir un aumento de su precio en los mercados internacionales, generando problemas alimentarios en los países más pobres de la tierra.

Hay una segunda generación de biocombustibles que se componen por variedades que no son usadas directamente para la alimentación humana, como las gramíneas. También hay biocombustibles de segunda generación que son residuos de cultivos o subproductos de actividades forestales o industriales. El problema de estos biocombustibles es que su transformación es más costosa. Algunos autores hablan también de biocombustibles de tercera generación que serían aquellos que provienen de las algas. Aunque tradicionalmente se les ha incluido en la segunda generación, sus rendimientos energéticos son superiores y por eso algunos autores los han separado e incluido en una generación propia.

El bioetanol es uno de los principales biocombustibles que se usan en el mundo. Se genera a través de la fermentación de los hidratos de carbono (como en las bebidas alcohólicas), pudiendo generarse a partir de multitud de materias primas vegetales. Estas materias primas se trituran previamente y, si son sustancias ricas en almidón (como el maíz o la patata) o celulosa (como la madera), también deben ser hidrolizadas previamente para convertirse en azúcares. Una vez trituradas e hidrolizadas son enviadas a un tanque de fermentación donde los microorganismos existentes convierten los azúcares en etanol y CO_2:

$$C_6H_{12}O_6 \text{ (glucosa)} \rightarrow 2\ CH_3\text{-}CH_2\text{-}OH \text{ (etanol)} + 2\ °CO_2$$

El etanol que se obtiene de la fermentación está en un porcentaje relativamente bajo (no más del 10%), así que posteriormente se destila para separarlo del resto de sustancias. El balance energético, es decir, la cantidad de energía necesaria para generar el bioetanol respecto a la cantidad de energía que este producirá, es mucho más favorable en cultivos como la caña de azúcar que en cultivos como el maíz.

El bioetanol no se puede utilizar directamente en un motor sin modificar, así que en muchos países del mundo se mezcla con la gasolina en pequeñas proporciones (5-10%). En porcentajes mayores del 15%, los motores deben ser específicos. Países como Brasil tienen todo su mercado automovilístico con motores preparados para operar con mezclas del 25% de bioetanol, son usuales los «vehículos flexibles» preparados para funcionar con cualquier mezcla de gasolina y etanol. En otros muchos países también abundan los vehículos flexibles que funcionan con mezclas de etanol hasta el 70 o el 85% dependiendo del clima, ya que en climas fríos la cantidad de gasolina debe ser mayor para que el motor pueda arrancar. Un litro de bioetanol genera aproximadamente el 66% de la energía que genera un litro de gasolina, aunque al tener un octanaje más alto mejora la eficiencia de la gasolina en la mezcla.

El otro biocombustible que se usa ampliamente en el mundo es el biodiésel. Este combustible se genera a partir de grasas que se someten a un proceso químico conocido como «transesterificación». Los ácidos grasos son moléculas de cadena larga muy parecidas al gasóleo, sin embargo, son alrededor de tres veces más grandes. Haciendo reaccionar los ácidos grasos con metanol en presencia de un catalizador alcalino, se produce la reacción la transesterificación que consigue romper la molécula de ácido graso en tres moléculas más pequeñas de tamaño parecido al gasóleo que son el biodiésel, generándose también glicerina como subproducto. Esta reacción se realiza en un tanque cerrado herméticamente a más de 70 °C, tardando varias horas en realizarse. Una vez completada, el biodiésel y la glicerina quedan separados en dos fases distintas, por lo que es sencillo separarlos.

El biodiésel se puede obtener de gran variedad de grasas, generalmente vegetales pero también animales. Los aceites de soja y colza son los más usados para generar biodiesel, pero también se puede generar a partir de todo tipo de aceites vegetales usados, de grasas animales, de subproductos del pescado o de algas. El biodiésel se utiliza mezclado con el gasóleo al igual que pasa en el caso del bioetanol y la gasolina, pudiéndose usar sin problemas en motores diésel convencionales hasta porcentajes cercanos al 20%. En muchos países hay leyes que obligan a mezclar el gasóleo con un determinado porcentaje de biodiésel, casi siempre inferior al 10%. Un litro de biodiésel genera entre el 90 y el 95% de la energía que genera un litro de gasóleo.

El bioetanol es el biocombustible más habitual en América y sus dos principales productores son Estados Unidos y Brasil. Mientras en Europa sus principales productores son Alemania y

$$\begin{array}{c} H_2C-O-\underset{O}{\overset{}{C}}-R \\ HC-O-\underset{}{\overset{}{C}}-R \\ H_2C-O-\underset{}{\overset{O}{C}}-R \end{array} + 3\,HO-CH_3 \xrightarrow{\text{Kat.}} \begin{array}{c} H_2C-O-H \\ HC-O-H \\ H_2C-O-H \end{array} + 3\;R-\overset{O}{\underset{}{C}}-O-CH_3$$

Reacción de transesterificación. Una molécula de ácidos grasos en metanol y en presencia de un catalizador alcalino genera glicerol y tres moléculas de ésteres metílicos de ácido graso, que es el biodiésel.

Francia. A nivel mundial la importancia de los biocombustibles es bastante limitada, ya que solo el 2% de los combustibles líquidos que se consumen en el mundo son biocombustibles, representando el bioetanol el 85% de toda su producción. Este número nos muestra claramente las limitaciones de los biocombustibles, ya que más del 1% de la tierra cultivable del planeta está dedicada a los mismos. Para conseguir la sustitución de la gasolina y el gasóleo por biocombustibles se necesitaría una cantidad de tierras inaceptablemente alta que podría provocar una catástrofe alimentaria, por lo que resulta inviable. Los nuevos biocombustibles de segunda y tercera generación tendrán un papel en el futuro, pero no parece que vayan a poder eliminar o limitar de forma relevante la dependencia de los combustibles fósiles en el sector del transporte.

54

¿SE PUEDE OBTENER ENERGÍA DE LA BASURA?

Además de la biomasa y los biocombustibles también existe una tercera bioenergía: el biogás. El biogás es una mezcla de gases, principalmente metano y CO_2, que se genera por la descomposición de la materia orgánica en ausencia de oxígeno. La materia orgánica utilizada para generar biogás suele ser residuos urbanos orgánicos, estiércol o aguas residuales de los centros urbanos.

El proceso para la obtención de biogás es bastante sencillo. La materia orgánica se mezcla con agua y se introduce en un digestor, que en su versión más simple es un contenedor cerrado y hermético. En el digestor las bacterias anaerobias descomponen los hidratos de carbono, proteínas y grasas formando un gas que es mayoritariamente metano (entre el 50 y el 70%) y CO_2 (entre el 20 y el 40%), con cantidades residuales de nitrógeno, hidrógeno y ácido sulfhídrico. Por otro lado, se genera un residuo con alta concentración de nutrientes que puede ser utilizado como fertilizante.

El proceso, que tarda varios días en completarse (a menor temperatura más días), se realiza en tres etapas. La primera etapa consiste en la hidrólisis de la materia orgánica, que se produce por acción de las enzimas de las bacterias hidrolíticas, generando compuestos orgánicos solubles. La segunda es la acidogénesis, donde se generan varios compuestos, muchos de ellos ácidos orgánicos. Y finalmente tenemos la metanogénesis, donde las bacterias metanogénicas convierten los ácidos orgánicos en metano y CO_2, es decir, en biogás. El biogás generado tiene un poder calorífico de algo más de la mitad del que tiene el gas natural, pues este es directamente proporcional a la cantidad de metano que tenga en la mezcla. Este biogás se puede depurar, separándose del CO_2 del resto de gases, hasta conseguir un porcentaje de metano cercano al 100%, que entonces se conoce como biometano.

Esta conversión de materia orgánica en biogás es algo que ocurre en la naturaleza, de hecho, al metano se le conoce como «gas de los pantanos» porque este proceso de descomposición de la materia orgánica sin oxígeno sucede bajo las aguas superficiales. También se da en tierra y, sobre todo, en los tractos digestivos de los animales. El uso del digestor lo que hace es acelerar el proceso y utilizar este metano para generar energía.

Una de las fuentes para obtener biogás son las aguas residuales de las ciudades que gracias a su elevado contenido en materia orgánica y residuos fecales tienen un alto potencial para generar biogás. En las plantas de tratamiento de aguas residuales estas pasan diferentes procesos físico-químicos con el fin de separar el agua de las sustancias disueltas en ella. En estos procesos se generan lodos de depuradora que son ricos en materia orgánica y que se pueden usar para generar biogás.

Estos lodos primero pasan un proceso de eliminación de agua para reducir su volumen y posteriormente son bombeados a un digestor anaerobio donde se producirá la descomposición de la materia orgánica y la generación de biogás. Los digestores de estas plantas habitualmente tienen un mecanismo de agitación y una temperatura algo menor a 40 °C, que es la temperatura óptima para acelerar la digestión anaerobia, que se completa en aproximadamente 20 días. Las plantas de tratamiento de aguas residuales suelen quemar el biogás en una planta de cogeneración donde se producirá calor y electricidad que usarán en su propio proceso de tratamiento de aguas o, en el caso de la electricidad, inyectarán a la red eléctrica. En algunos países como Alemania y Dinamarca, el biogás puede pasar un proceso de depuración para convertirse en biometano y entonces inyectarse en la red de gas natural.

Un proceso similar es el que se da con el tratamiento de residuos ganaderos, en concreto, con los excrementos del ganado. De la misma manera que se hace con los lodos de depuradora, estos residuos se llevan a un digestor donde se produce la descomposición anaerobia y el biogás, quedando un residuo sólido que es aprovechado como abono. En muchos países del mundo, sobre todo de Asia, las granjas individuales suelen tener sistemas relativamente rudimentarios de biodigestores con los que se genera biogás que posteriormente se usa para generar electricidad o bien para alimentar las cocinas de las propias granjas (por ejemplo, para hacer quesos en granjas bovinas). Este tratamiento de los excrementos tiene ventajas adicionales como contención de plagas y evitar proliferación de insectos o contaminación de las aguas, algo especialmente relevante en el caso de los muy contaminantes purines de los cerdos.

Otra fuente de biogás son los residuos sólidos urbanos, fundamentalmente la fracción orgánica de los mismos. La materia orgánica que acaba en los vertederos sufre de forma natural el proceso de descomposición y generación de biogás, aunque lo hace de forma muy lenta, generándose biogás durante muchos años. Se calcula que una tonelada de residuos urbanos en un vertedero puede generar unos 100 metros cúbicos de biogás en diez años, aunque esta cantidad varía en función de la fracción orgánica de los residuos vertidos.

Para poder extraer el biogás generado por el vertedero hay que cubrir su superficie y hacer un gran número de pozos verticales conectados a tuberías por las que saldrá el biogás. Posteriormente, este gas se bombea y se transporta hacia motores de producción de energía eléctrica que funcionan quemando este biogás, con la consiguiente generación de electricidad y posterior inyección a la red eléctrica. En algunos países el biogás se transforma en biometano y se inyecta a la red eléctrica, exactamente de la misma manera que sucede en las estaciones de depuración de aguas residuales.

Esquema simple de la transformación de los excremento del ganado en biogás. Después de ser mezclados con agua estos se introducen en un recipiente cerrado en ausencia de oxígeno que funciona como digestor, generándose biogás y un residuo que se usa como fertilizante.

No todos los vertederos pueden generar biogás, muchos de ellos no generan lo bastante para que la valorización energética sea viable, así que en estos casos la opción razonable es simplemente quemarlo. El metano es un gas de efecto invernadero con un potencial de calentamiento muy superior al CO_2, así que debe ser eliminado mediante combustión para evitar que llegue a la atmósfera. Su impacto no es menor: en 2007 se calculaba que los vertederos emitían el 2% de los gases de efecto invernadero que se emitían en la Unión Europea.

La producción de biogás en el mundo fue de 59 millones de metros cúbicos en 2013, lo que aproximadamente sería unos 355 TWh de energía primaria. Esto es alrededor del 0,2% de la energía primaria mundial que representa también un porcentaje pequeño respecto a la energía que genera la biomasa en todas sus formas y menos del 1% de la energía que provee el gas natural. En cualquier caso, su crecimiento ha sido muy importante en los últimos años, sobre todo en Europa. Del año 2000 a 2013, la cantidad de biogás generado en el mundo se multiplicó prácticamente por cinco.

Las perspectivas de crecimiento del biogás a nivel mundial son buenas, al representar tanto una oportunidad como una necesidad medioambiental. Además, la extensión del gas natural como combustible de transición en transporte, generación eléctrica y generación de calor supondrá oportunidades adicionales para esta energía.

55

¿LA BIOMASA ES REALMENTE NEUTRA EN EMISIONES DE CO_2?

Técnicamente, y así es considerado en los cálculos de emisiones de gases de efecto invernadero, la biomasa es una fuente neutra de emisiones de CO_2. La combustión de la biomasa sí que emite CO_2, al igual que emite cualquier combustión de materia orgánica o de hidrocarburos, sin embargo, se entiende que este CO_2 ha sido fijado sacándolo de la atmósfera en los años anteriores y por tanto se considera como neutro.

Cuando hablamos del efecto que tiene la emisión de CO_2 proveniente de los combustibles fósiles en el calentamiento de la tierra, debemos percatarnos de que lo que estamos haciendo es emitir un CO_2 a la atmósfera que no corresponde a esta era geológica. La concentración de CO_2 en la atmósfera es actualmente del 0,04%, aunque era de algo menos del 0,03% antes de la revolución industrial. Este CO_2 atmosférico forma parte del ciclo biológico, pues las plantas lo fijan creando materia orgánica y de ahí pasa a la cadena alimentaria, donde los seres vivos lo degradamos para conseguir energía y generamos de nuevo CO_2. Este ciclo de carbono entra dentro de la normalidad de la biosfera y en principio no debería de afectar a las cantidades de carbono de la atmósfera.

Pero no siempre la tierra tuvo este 0,03% de CO_2 en la atmósfera, hubo otras eras geológicas en que hubo mayores y menores concentraciones. Por ejemplo, en la última glaciación había una concentración de CO_2 de 0,018%, mientras que al inicio del jurásico o del carbonífero había concentraciones mayores al 0,2%. Esa mayor cantidad de CO_2 atmosférico de algunas épocas hoy en día se ha convertido en parte en combustibles fósiles, ya que estos tienen como origen la materia orgánica de otras épocas, que quedó atrapado en el subsuelo. Pues bien, lo que estamos haciendo cuando quemamos combustibles fósiles es liberar a la atmósfera un carbono que pertenecía a la atmósfera de otra era, añadiéndolo a nuestra atmósfera actual. En cambio, si quemamos leña o cualquier tipo de materia orgánica lo que estamos haciendo es liberar el carbono que sí pertenece al ciclo natural del carbono de nuestra época y que se fijó hace muy poco tiempo. Por eso la biomasa no altera la concentración normal de CO_2 atmosférico y la quema de combustibles fósiles sí, al menos esa es la teoría.

Sin embargo, hay ciertas dudas con esta percepción sobre la neutralidad de la biomasa, ya que las cosas son algo más complejas que ese simple cálculo. Si imaginamos un ciclo donde plantamos siempre la misma planta y la usamos como biomasa entonces esta neutralidad parece bastante clara, pero la realidad difiere de ese ejemplo ideal. Por ejemplo, ¿qué sucede si se tala un bosque de pinos (una de las especies que más CO_2 absorben) para plantar una especie de rápido crecimiento que se pueda usar como biomasa? Parece difícil pensar que en este caso exista una neutralidad real, primero porque estamos retirando una especie que fija mucho CO_2 (sobre todo cuando los árboles son mayores) y alterando los porcentajes de carbono que después incorpora el suelo gracias a la vegetación, y segundo porque realmente estamos creando ciclos de emisión-fijación en un terreno donde antes probablemente teníamos fijación neta.

Otro caso que podríamos plantear es el de la generación de un biocombustible, por ejemplo, el bioetanol extraído el maíz. Incluso no teniendo en cuenta el uso previo del terreno, este cultivo tiene la característica de que la energía que se obtiene del bioetanol es escasamente superior a la energía gastada para generarlo (para cultivarlo, en todo el proceso de fabricación, etc). La energía que se gasta para obtener bioetanol del maíz tiene asociadas emisiones de CO_2, así que podemos encontrarnos con que para tener un ciclo de carbono neutro en la combustión del biocombustible acabamos generando casi la misma cantidad de CO_2 en su fabricación y eso no parece que tenga demasiado sentido desde un punto de vista medioambiental.

Todas las fuentes de energía generan CO_2 en su ciclo de vida, aunque no lo generen estrictamente en el proceso de producción de la energía. Es lo que se conoce como «huella de carbono» y hay que tenerla en cuenta, porque de nada vale que no se generen emisiones en la producción de energía por parte de una fuente si para crear esa fuente has generado cantidades enormes de CO_2 equiparables a las que pretendes reducir. Todas las energías renovables generan CO_2 en su ciclo de vida, pero generan mucho menos que las energías fósiles. Sin embargo, hay algunas formas de biomasa, como algunos biocombustibles, que tienen huellas de carbono casi más próximas a los combustibles fósiles que al resto de energías renovables.

El problema que tiene la biomasa, los biocombustibles y el biogás es que abarcan tal multitud de posibilidades y tantas posibles formas de gestión que podemos hablar de situaciones radicalmente distintas aunque se trate del mismo tipo de energía. Por tanto, es muy difícil valorar esta energía desde un análisis único y en todo caso debemos conocer el ciclo de vida completo de esta para valorar su conveniencia o no. Si hablamos de utilizar residuos de actividades que se generan normalmente y de su aprovechamiento energético, entonces sí nos encontraremos ante un tipo de biomasa que podremos considerar neutra en carbono y medioambientalmente conveniente. La extracción de biogás de residuos urbanos o agrarios, el uso de biomasa residual de actividades ganaderas (que de otro modo se desperdiciaría o quemaría) o biocombustibles generados por residuos o en terrenos anteriormente áridos y sin vegetación son formas de biomasa adecuadas y sostenibles.

Sin embargo, hay muchas situaciones donde el uso de la biomasa puede ser inconveniente. Un uso intensivo de la misma puede generar deforestación, el uso de terreno para plantaciones destinadas a ser biocombustibles puede hacer subir el precio de los alimentos y puede consumir más energía y generar más CO_2 en el proceso de obtención que el evitado por el uso del biocombustible. Estas aplicaciones de la biomasa serían inadecuadas y por eso en algunos lugares del mundo comienza a legislarse en un sentido más estricto, como por ejemplo en la UE, que ha impuesto limitaciones a los biocombustibles de primera generación a partir del 2020 debido a su impacto en el precio de los alimentos.

56

¿Es verdad que las energías renovables generan más empleo que las tradicionales?

Una de las ventajas que proclama la industria de las energías renovables es que estas energías generan mucho empleo y que su promoción y extensión generarían muchísimas oportunidades de trabajo en los distintos países. Los números parecen darles la razón y para muestra vamos a sacar algunos datos.

A finales de 2016, en Estados Unidos había 6,4 millones de trabajadores en el sector de la energía, de los que 1,9 millones trabajaban en la generación de energía eléctrica y combustibles, es decir, se incluyen también los trabajos en minería, extracción de petróleo y gas natural de pozos (una actividad muy relevante en Estados Unidos a causa del *fracking*), etc. De estos 1,9 millones, el sector que más empleaba era la industria del petróleo con 515 518 trabajadores, 398 235 en el sector del gas natural y 160 119 en el sector del carbón. En total, 1 073 872 personas trabajaban en el sector de los combustibles fósiles (un 56%), a los que podríamos añadir los trabajadores en la industria nuclear (76 771), lo que nos daría que un 60% del empleo estaría concentrado en la generación no renovable. Frente a eso, teníamos a 373 807 personas trabajando en el sector solar, 130 677 en el sector de la biomasa (bioenergía), 101 738 en el sector eólico, 65 554 en el hidroeléctrico y 5 768 en energía geotérmica. En total, teníamos a 677 544 trabajadores en el sector de la generación renovables, algo menos del 36%. El 4% restante está catalogado como «otros».

Esta proporción de 60% frente al 36% podemos compararla con la generación y consumo en los Estados Unidos Según datos del BP Statistical Review of World Energy de 2017, tan solo un 6,3% de la energía primaria de los Estados Unidos provenía de fuentes renovables, mientras que el 93,7% lo hacía de las energías fósiles y la nuclear. Estas cifras pueden ser algo matizadas, ya que en esta estadística los biocombustibles se cuentan como petróleo y parte de la biomasa no se contabiliza, además de que se trata de energía primaria y no final. Si, en cambio, usamos los datos del Banco Mundial, el porcentaje de energía proveniente de fuentes renovables en los Estados Unidos en 2014 no llegaba al 9%. En cualquier caso, podemos ver cómo las renovables, que ofrecen menos del 10% de la energía, generan el 36% del empleo.

También podríamos hacer la comparativa analizando solo la parte de generación eléctrica, donde trabajan 861 000 personas de los 1,9 millones del total del grupo. En este caso, alrededor de 573 000 personas trabajan en el sector de las energías renovables, dos tercios del total, cuando menos del 14% de la electricidad generada en Estados Unidos es de origen renovable. Los únicos trabajadores del sector renovable que no trabajan directamente en la generación de electricidad son los que están relacionados con la biomasa y los biocombustibles.

Si extendemos estos datos a todo el mundo, tendremos resultados parecidos. Según la Agencia Internacional de las Energías Renovables (siglas en inglés, IRENA), 9,8 millones de personas en

More Workers In Solar Than Fossil Fuel Power Generation
Employment in energy generation by source in the U.S. in 2016

Solar	373,807
Fossil Fuels	86,035 Coal / 52,125 / 187,117 Natural Gas 12,840 Oil & Petroleum / 36,117 Advanced Gas
Wind	101,738
Nuclear	68,176

Source: U.S. Department of Energy — statista☑

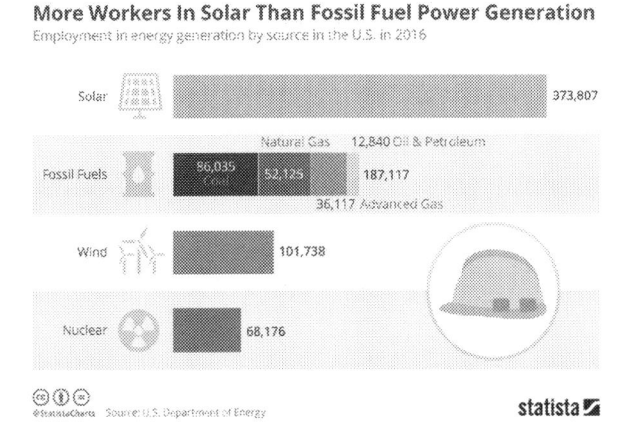

Empleos en el sector de la generación eléctrica en los Estados Unidos en el año 2016. Los empleos en el sector solar duplican a todos los empleos que generan las energías fósiles en este sector, ya que la mayoría de los empleos relacionados con las energías fósiles están en la extracción y transporte de los mismos. Imagen: Gráfica creada por Statista con datos del U.S. Department of Energy.

todo el mundo trabajaban en el sector de las energías renovables en 2016, 1,7 millones más que en 2015. La industria solar fotovoltaica empleó a más de tres millones de personas, seguida por la industria de la biomasa y los biocombustibles que se quedó en los casi 2,8 millones de personas si contabilizamos todas sus variantes. La industria fotovoltaica multiplicó por 2,5 veces sus empleados en cinco años, mientras que la eólica lo incrementó en un 55%. Otras industrias, como la hidráulica o la biomasa, tuvieron incrementos más moderados.

No se han conseguido datos de los empleos generados por las energías fósiles a nivel mundial, pero la reducción de los empleos en estas energías es una tendencia observada globalmente. El empleo en el sector del petróleo y el gas se redujo en 440 000 personas en el año 2016. En China se prevé el cierre de más de 5000 minas de carbón, lo que reducirá el empleo en ese sector en un 20%. En la India ya se perdieron casi 150 000 empleos en el sector del carbón en los últimos 15 años, tendencia que también han seguido Europa y los Estados Unidos.

Las cifras otorgan un potencial enorme a las energías renovables en la generación de empleo, muy superior a la de las energías tradicionales, sin embargo, conviene contextualizar las cifras para no llevarse una impresión equivocada. Las energías renovables, fundamentalmente la solar y la eólica, están experimentando una expansión enorme en todo el mundo. Esto es lo que genera gran parte de los empleos, pues se tienen que fabricar los equipos, hacer los proyectos, instalarlos, etc. Las centrales térmicas convencionales y las nucleares no están en un proceso de expansión, más bien al contrario, por lo que todos estos empleos relacionados con la fabricación e instalación no se generan.

Por poner un ejemplo, un estudio reciente del Organismo Internacional de la Energía Atómica aseguraba que se generaban 200 000 años de trabajo por cada 1000 MW de potencia nuclear instalada, teniendo en cuenta todo el ciclo de la central desde su proyección hasta su desmantelamiento (entiéndase que 200 000 años de trabajo serían equivalentes, por ejemplo, a dar empleo a 10 000 personas durante 20 años). Si el mundo estuviese en un proceso de construcción masiva de centrales nucleares (y no lo está), probablemente veríamos también cifras importantes respecto a la generación de empleo en el sector nuclear.

Eso no quiere decir que el empleo renovable vaya a desaparecer en cuanto se frene la instalación de capacidad renovable, ni mucho menos. Un aerogenerador tiene una vida media útil de 20 años y un panel fotovoltaico de 25, por lo que los equipos se tienen que renovar, además de que hay continuos desarrollos tecnológicos que están mejorando la eficiencia de estos equipos. Estas energías también generan empleos estables para la gestión y mantenimiento de plantas, y algunas como la biomasa destacan en este aspecto. Y, sobre todo, la instalación de capacidad renovable va a aumentar en los próximos años. IRENA proyecta que para 2030 los empleos generados por las energías renovables podrían alcanzar los 24 millones en todo el mundo.

La expansión de las energías renovables es, por tanto, una fuente de generación de empleos muy importante a nivel mundial y en los próximos años cada vez más millones de personas trabajarán en este sector, probablemente en detrimento de los empleos relacionados con las energías fósiles. Los retos que se presentan, de cara en adelante, son el almacenamiento de energía y la transformación de los parques móviles de los distintos países. Se crearán más tipos de empleo, muchos que actualmente no existen y que quizá no podamos ni imaginar.

EL CAMBIO CLIMÁTICO

57
¿POR QUÉ SE ESTÁ CALENTANDO LA TIERRA?

Cuando se habla del cambio climático, nos referimos al proceso de calentamiento que se observa en el planeta Tierra en las últimas décadas y que está producido por los seres humanos, es decir, por causas antropogénicas. Los principales responsables de este cambio en el clima de la Tierra son los llamados gases de efecto invernadero emitidos por los seres humanos en su actividad industrial, fundamentalmente el dióxido de carbono (CO_2), pero también otros como el metano, el ozono, los gases fluorados y el óxido nitroso, gases que absorben la radiación que emite la Tierra y la sobrecalientan.

Si la Tierra no tuviese atmósfera tendría una temperatura media de -18 °C, sin embargo, gracias a la atmósfera tiene una temperatura media real de alrededor de 14 °C. La Tierra recibe radiación solar en forma de radiación de tres tipos: ultravioleta, visible e infrarroja cercana. Parte de ella es absorbida o reflejada por la atmósfera pero otra parte incide sobre la superficie de la Tierra y la calienta. La Tierra, como todos los cuerpos que tienen una temperatura por encima del cero absoluto, emite radiación a cierta frecuencia, pero, como es un cuerpo mucho más frío que el Sol, emite en

[Figura: Balance anual de energía radiativa]

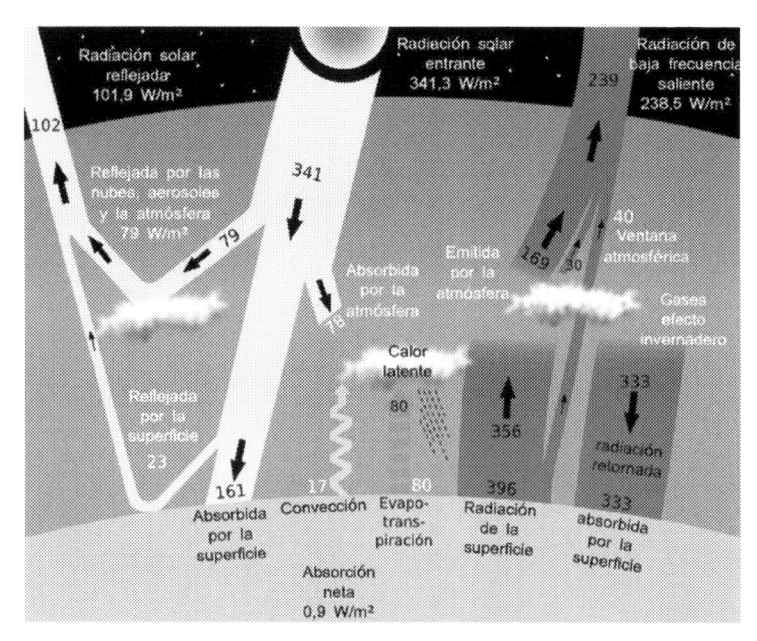

Balance anual de energía radiativa que recibe y emite la Tierra. Los datos son del período de 2000 a 2004, pero sirven para entender el proceso. De forma neta la Tierra recibe 494 W/m² (161 W/m² del Sol y 333 W/m² de radiación retornada por los gases de efecto invernadero) y emite 493 W/m², por lo que se produce un calentamiento neto. Los datos fueron publicados por investigadores del National Center of Atmosferic Research de los Estados Unidos

una frecuencia menos energética que la de la luz visible, que es la frecuencia infrarroja. Esta emisión infrarroja es absorbida mayoritariamente por la propia atmósfera, esencialmente por los gases de efecto invernadero presentes en ella, siendo los dos más importantes el vapor de agua y el CO_2. Una vez que estos gases absorben la radiación infrarroja emitida por la Tierra, también emiten radiación en todas las direcciones y parte de esta emisión se hace hacia la superficie, razón por la que la presencia de estos gases calienta la superficie de la Tierra. Este aumento en la emisión hacia la superficie de la Tierra se conoce como «forzamiento radiativo». Por su similitud con un invernadero que no deja salir el calor del recinto que protege se ha llamado a este fenómeno «efecto invernadero».

De los gases de efecto invernadero el más importante es el vapor de agua que está presente en la atmósfera en un porcentaje variable que depende de la altura y la temperatura (varía entre el 0,01% y el 4,24%). El vapor de agua es el responsable de dos tercios del efecto invernadero natural, sin embargo, las actividades humanas no añaden vapor de agua a la atmósfera, ya que este precipita en forma de agua mediante su ciclo hidrológico normal. El segundo gas de efecto invernadero más importante es el CO_2 que está en porcentajes muy inferiores (0,04% actualmente), pero que es el responsable de la mayoría del efecto invernadero causado por el ser humano, aproximadamente del 60% de este. A diferencia del vapor del agua, que permanece muy poco tiempo en la atmósfera en forma de vapor, una molécula de CO_2 puede permanecer en la atmósfera entre 50 y 200 años.

El siguiente gas más importante es el metano que, aunque representa menos del 0,0002% de los gases atmosféricos, tiene una capacidad de calentamiento 72 veces superior al CO_2, pero su permanencia en la atmósfera es menor, entre 10 y 15 años, por lo que se calcula que su potencial de calentamiento en un horizonte de 100 años es «solamente» 23 veces superior al del CO_2. Se considera que el metano es responsable de alrededor del 20% del efecto invernadero causado por el hombre. El óxido nitroso está todavía menos presente en la atmósfera que el metano (alrededor de 6 veces menos) y, aunque tiene una capacidad de calentamiento 300 veces superior al CO_2, su impacto en el cambio climático es menor (sobre el 5%). Finalmente están los gases fluorados, fundamentalmente los perfluorocarbonos, los hidrofluorocarburos y el hexafluoruro de azufre, unos gases de efecto invernadero potentísimos (entre 750 y 22000 veces más que el CO_2), aunque afortunadamente son muy residuales.

Estos gases de efecto invernadero tienen actualmente una concentración en la atmósfera mayor que en cualquier otro período en los últimos 800000 años. La concentración de CO_2 en la atmósfera es alrededor de un 40% superior a la que existía antes de 1750. En el caso del metano, la concentración directamente se ha multiplicado por 2,5 desde la Revolución Industrial mientras el óxido nitroso ha aumentado un 20% en ese mismo período. Los compuestos fluorados ni siquiera existían en la atmósfera antes del siglo XX.

El calentamiento global es un fenómeno que a estas alturas ya es indiscutible. La evidencia científica nos indica que la temperatura de la tierra ha aumentado de media 0,6 °C entre 1950 y 2010 y más de la mitad de esta variación de temperatura es causa de la influencia humana. El aumento de gases de efecto invernadero ha contribuido a un aumento de la temperatura entre 0,5 y 1,3 °C en ese período, mientras que la emisión de aerosoles (partículas sólidas o líquidas en suspensión) ha tenido un efecto probablemente negativo, de entre −0,6 a +0,1 °C. Los aerosoles en principio causan enfriamiento, pero no todos los hacen (por ejemplo, el hollín que emiten los automóviles causa calentamiento atmosférico) ni su influencia es tan evidente como en el caso de los gases de efecto invernadero. Se calcula que las causas naturales han tenido un efecto de no más de 0,1 °C en cualquiera de los dos sentidos. Si se considera el período de 1880 a 2012, el aumento de la temperatura global ha sido mayor, 0,85 °C.

Además del aumento de la temperatura global, el cambio climático está teniendo otras consecuencias. Una de ellas es el aumento del nivel del mar, que se calcula ha aumentado 19 centímetros entre 1901 y 2010, su incremento anual es alrededor del doble entre 1993 y 2010 respecto a los años anteriores. Adicionalmente, la capa superficial del océano que corresponde a los primeros 700 metros ha experimentado calentamiento, que es en las aguas superficiales de alrededor de 0,1 °C por década entre 1971 y 2010, que también han aumentado su acidez. Por otro lado, se observa que las masas de hielo de Groenlandia y la Antártida están perdiendo masa y en el caso del Ártico incluso está disminuyendo su superficie.

58

¿Desde cuándo se sabe que las emisiones CO_2 provocan el calentamiento del planeta?

Aunque hoy en día la existencia de un calentamiento global causado por la acción de los seres humanos es algo que casi nadie discute, el camino para llegar a este punto ha sido muy largo. El primero en advertir que el aumento de la concentración de CO_2 podía provocar un aumento de la temperatura del planeta fue el químico sueco, y posteriormente premio Nobel de química, Svante Arrhenius en 1896. Arrhenius predijo que si se duplicaba la cantidad de CO_2 en la atmósfera, esto provocaría un aumento de la temperatura en el planeta entre 5 y 6 °C. No obstante, para Arrhenius este calentamiento no era un problema, de hecho, lo veía positivo para regiones frías como su Suecia natal.

Las predicciones de Arrhenius fueron obviadas durante mucho tiempo, en el que la tendencia normal fue pensar que las emisiones de CO_2 no tendrían efecto relevante sobre el clima. Se creía que los océanos serían sumideros de todo el CO_2 generado y que no tenía sentido preocuparse por el CO_2 al tener este una concentración muy baja en la atmósfera, mucho menor que el vapor de agua que también era un gas de efecto invernadero. No obstante, no fue algo generalizado, ya que algunos científicos, como el inglés Guy Callendar, hicieron investigaciones que apoyaban la teoría de Arrhenius, sus conclusiones fueron mayoritariamente rechazadas.

En los años 50, el científico canadiense Gilbert Plass concluyó que la absorción de radiación infrarroja del CO_2 se realizaba a frecuencias diferentes de las del vapor de agua, por lo que comparar el efecto del vapor del agua con el del CO_2 era erróneo, y defendió que una adición de CO_2 a la atmósfera provocaría calentamiento del planeta que valoró en 1,1 °C por siglo. Plass fue el primero que consideró que este calentamiento, lejos de las visiones optimistas de Arrhenius, podía ser un problema para las generaciones futuras. Unos años más tarde, el norteamericano Roger Revelle reafirmó la idea de Plass al asegurar que los océanos solo podían absorber una pequeña parte del CO_2 emitido por la quema de combustibles fósiles y que, por tanto, se generaría un calentamiento del planeta con el tiempo. Unos años después, persuadido por los trabajos de Plass y Revelle, el químico Charles Keeling comenzó a medir las concentraciones de CO_2 atmosféricas todos los años, demostrando que estas aumentaban constantemente. Estas mediciones se siguen haciendo en el Observatorio Mauna Loa de Hawai (donde Keeling las comenzó) y con ellas se ha creado la famosa «curva de Keeling» que se actualiza cada año.

En los años 60, el científico japonés Syukuro Manabe creó el primer modelo climático que tenía en cuenta la circulación atmosférica y la formación de nubles gracias a las primeras técnicas de computarización. El modelo de Manabe predijo que una duplicación de la concentración de CO_2 aumentaría la temperatura en la superficie de la tierra en 2 °C.

A pesar de los avances científicos, la posibilidad de estar generando un cambio climático no fue una preocupación durante los años de la Guerra Fría. Los problemas de contaminación atmosférica de las ciudades, la cuestión nuclear o el agujero de la capa de ozono eran preocupaciones más importantes que el cambio climático, que fue considerado por muchos una mera posibilidad

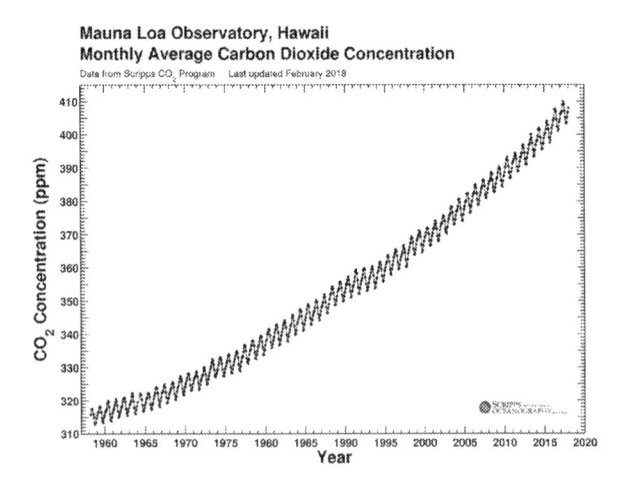

Curva de Keeling actualizada hasta febrero de 2018 gracias a las mediciones del Observatorio de Mauna Loa en Hawai. El máximo del año 2017 se produjo en el mes mayo, siendo la media del año de 403 partes por millón (ppm). Imagen cortesía de Scripps Institution of Oceanography de la Universidad de California, en San Diego.

de consecuencias inciertas. Algunos climatólogos consideraban que un aumento de la temperatura de 2 °C no era nada catastrófico y otros que los modelos no explicaban las variaciones de temperatura que se habían dado en el pasado. Incluso, durante los años 70, dos científicos de la NASA publicaron un trabajo en donde explicaban que los aerosoles de los compuestos de azufre podían estar enfriando el planeta y que podrían causar una nueva edad de hielo. En 1975, la Academia de Ciencias de Estados Unidos publicó un informe en el que indicaba que la predicción de la evolución del clima aún no era posible con los conocimientos que se tenían y que no se sabía con certeza qué efecto prevalecería, el de calentamiento por el CO_2 o el de enfriamiento por los aerosoles.

Este estado de incertidumbre comenzó a cambiar en los años 80, coincidiendo con un período donde la temperatura comenzó a subir bruscamente frente a lo que había pasado de los años 50 a 70, donde el aumento de temperatura no se observó. La teoría sobre la posible futura edad de hielo fue progresivamente rechazada, incluso muchos de los que la defendieron indicaron que habían sobredimensionado el efecto de los aerosoles en enfriamiento del planeta.

A finales de los años 80, la ONU estableció el Grupo Intergubernamental de Expertos sobre el Cambio Climático (conocido por sus siglas en inglés, IPCC) y en 1992 se firmó la Convención Marco de la ONU sobre el Cambio Climático que fue el primer tratado internacional por el que 154 países se comprometían a limitar sus emisiones de gases de efecto invernadero. Este acuerdo obligó a realizar un inventario de emisión de gases de efecto invernadero que crearon los niveles de referencia de 1990, referencia que se sigue utilizando hoy en día para calcular el objetivo de porcentaje de reducción que tiene que alcanzar un país. El Convenio Marco sobre el Cambio Climático estableció reuniones anuales de todos los países firmantes conocidas como Conferencia de las Partes (abreviadas como COP) que evalúan y hacen seguimiento a los objetivos de reducción de emisiones y sirven como marco para alcanzar nuevos acuerdos. La primera de estas conferencias fue en 1995.

En la III Conferencia de las Partes (COP 3) en Kioto, Japón, en 1997, se llegó a un acuerdo climático conocido como Protocolo de Kioto, que fue el primer acuerdo con objetivos vinculantes para una serie de países desarrollados, distintos para cada país pero que de media suponía reducir las emisiones de gases de efecto invernadero en un 5 % respecto al nivel de 1990 y que tenían que cumplirse para el período de 2008 a 2012. Por la enmienda de Doha en la COP 18 se buscaron nuevos compromisos para el período de 2013 a 2020, aunque solo fueron de aplicación para un número limitado de países. Finalmente, en el año 2015 en la COP 21, celebrada en París, se llegó a un acuerdo entre 195 países para aplicar unos objetivos de reducciones globales a partir del 2020.

Ha pasado un siglo desde los primeros análisis científicos que indicaban el posible calentamiento global debido al CO_2. Durante muchas décadas esto no supuso ninguna preocupación, posteriormente fue considerado incierto y más adelante se opuso que no se tenía el nivel de certeza suficiente. Tan solo a la llegada del nuevo siglo se ha aceptado que hay una evidencia científica respecto al cambio climático y su origen antropogénico. El funcionamiento del clima es algo muy complejo y la ciencia ha tardado mucho en obtener una respuesta prácticamente unánime, aunque no exenta de cierto grado de incertidumbre y discrepancia. Para cuando lo ha hecho, los efectos sobre el clima ya se han hecho evidentes y el cambio climático ya no se puede parar, tan solo mitigar.

59
¿Hasta cuántos grados se podría calentar la tierra?

El Grupo Intergubernamental de Expertos sobre el Cambio Climático (en inglés, IPCC) es un organismo de la ONU encargado de analizar todas las evidencias científicas sobre el cambio climático y guiar a los gobiernos en sus decisiones. El IPCC publica informes cada varios años (por ahora entre cinco y siete) que muestran las evidencias científicas conocidas hasta el momento, las consecuencias potenciales para el clima de la Tierra y las opciones existentes para evitar o mitigar estos efectos. Miles de científicos y expertos colaboran con estos informes, tanto en la redacción como en las varias revisiones de pares que se realizan, generando unos informes que pueden considerarse el resumen del consenso científico respecto al cambio climático.

El informe IPCC más reciente es el quinto, que se completó en 2014. Estos informes expresan sus afirmaciones con adjetivos que muestran el nivel de seguridad científica que existe sobre las mismas: desde «virtualmente cierto» (más del 99% de probabilidad) a «excepcionalmente improbable» (menos del 1% de probabilidad). Entiéndase que en ciencia en general, y en climatología en particular, no existen las verdades absolutas, de ahí esta prudencia dialéctica y el no querer asegurar nada al 100%, sin que eso quiera decir que haya verdadera incertidumbre. Algunas de las conclusiones más claras del quinto informe IPCC fueron estas:

- Es virtualmente cierto que la troposfera se ha calentado desde mediados del siglo xx.
- La temperatura mundial se incrementó entre 0,65 °C y 1,06 °C en el período de 1880 a 2012.
- La cantidad de gases de efecto invernadero en la atmósfera es la más grande en los últimos 800 000 años.
- Es muy probable (más del 90% de probabilidad) que la acción del ser humano sea la causa dominante del calentamiento global.
- Es muy probable que el número de días fríos haya descendido y el número de días cálidos aumentado.
- El nivel del mar ha aumentado 19 centímetros en el período de 1901 a 2010.

Además del análisis de los cambios ocurridos, el informe del panel IPCC realiza una serie de proyecciones sobre cuál puede ser el escenario a futuro si la situación actual persiste. En el último informe se plantean cuatro escenarios distintos en función del forzamiento radiativo y se relaciona también con la concentración de CO_2 que se alcanzaría en el año 2100. Estos escenarios se llaman RCP (Representative Concentration Pathways en inglés) y vienen acompañados por un número que representa el aumento del forzamiento radiativo respeto a niveles preindustriales. Los cuatro escenarios son el RCP 2.6 (aumento del forzamiento radiativo de 2,6 W/m^2), el RCP 4.5, el RCP 6.0 y el RCP 8.5.

Escenario RCP 2.6

Es el escenario más optimista de todos. Se llegaría a este escenario si se alcanzase una concentración de CO_2 en la atmósfera de 421 partes por millón (ppm) en 2100, algo que resulta extremadamente difícil ahora mismo ya que en el año 2016 tuvimos una concentración media de CO_2 de 403 ppm. En este escenario la concentración de CO_2 equivalente (el CO_2 más el resto de gases de efecto invernadero transformados a su equivalente en CO_2) llegaría a su máximo alrededor de 2040 (aproximadamente 450 ppm) y a partir de ahí comenzaría a bajar. Para que estas concentraciones se produjesen, sería necesario que en 2050 el nivel de emisiones de gases de efecto invernadero fuese entre un 40 y un 70% inferiores a 2010 y que en 2100 fuesen cercanas a cero. Y a pesar de eso, este escenario nos ofrece un aumento de la temperatura de más de 1 °C respecto al período de 1986 a 2005 (lo que implica alrededor de 1,5 °C desde niveles preindustriales). Este grado de aumento sería de media en todo el globo, pero en la mayoría de los países se superaría esta cantidad y en la zona del Ártico superaría los 2 °C.

Además del aumento de la temperatura, habría un aumento del nivel del mar de 40 centímetros en 2100 y una reducción del permafrost superficial (la capa de hielo permanentemente congelada que hay en regiones preglaciares) de un 37%.

Escenario RCP 4.5

Este escenario es relativamente optimista, pero más realista que el anterior. En él se alcanzaría una concentración de CO_2 de 538 ppm en 2100, concentración a la que se llegaría mediante un aumento progresivo hasta ese año pero que a partir de ahí no continuaría aumentando. Para conseguir esto sería necesario que las emisiones de gases de efecto invernadero aumentasen muy poco hasta 2030 y comenzasen a disminuir a partir de 2040, para llegar a 2080 con aproximadamente la mitad de emisiones que en 2010.

Este escenario implicaría un aumento de la temperatura media de 1,8 °C respecto al período de 1986 a 2005, llegando casi a 2,5 °C respecto a niveles preindustriales. El nivel del mar aumentaría 47 centímetros para el año 2100.

Escenario RCP 6.0

Este escenario implicaría una concentración de CO_2 de 670 ppm en 2100, concentración que seguiría aumentando probablemente hasta casi la mitad del siglo siguiente. La temperatura respecto al período de 1986 a 2005 aumentaría 2,2 °C (y seguiría aumentando algo más después de 2100) y el nivel del mar aumentaría también 47 centímetros. En este escenario se alcanzaría un máximo de emisiones de gases de efecto invernadero sobre 2080 (aproximadamente un 60% superiores a las de 2010), para comenzar a declinar a partir de entonces.

Escenario RCP 8.5

Es el escenario más catastrófico de todos e implicaría, básicamente, no hacer casi nada respecto a las emisiones de CO_2, cuya concentración alcanzaría los 936 ppm en 2100 y no comenzarían a estabilizarse hasta el siglo XXII. La temperatura ese año sería 3,7 °C más alta que la de 2005 y seguiría aumentando en los años posteriores. En zonas como el Ártico, la temperatura podría llegar a aumentar más de 11 °C, de hecho, probablemente el Ártico quedaría completamente libre de hielo antes de 2050 y el permafrost reducido en más de un 80% para final de siglo. El aumento del nivel del mar sería de unos 62 centímetros en 2100.

El quinto informe IPCC se centra en los escenarios posibles hasta 2100 pero también hay un apartado en que se proyectan las posibilidades de futuro para todo el tercer milenio (hasta el año 3000). Las proyecciones a tan largo plazo tienen un nivel de certeza menor, pero resulta muy interesante analizar fundamentalmente el escenario RCP 8.5 y su proyección durante mil años en un caso concreto. En ese caso las emisiones de CO_2 comenzarían a caer con fuerza a partir de 2150, quizá por el agotamiento de muchos combustibles fósiles, y bajarían a cero antes del año 2300. Eso haría que la concentración de CO_2, que llegaría casi a 2000 ppm en el 2250, comenzase a declinar a partir de 2300, pero lo haría tan poco a poco que en el año 3000 aún estaría en 1500 ppm.

Las consecuencias de algo así serían radicales. La temperatura, que podría aumentar en el rango de 5,5 a 9 °C para el año 2250,

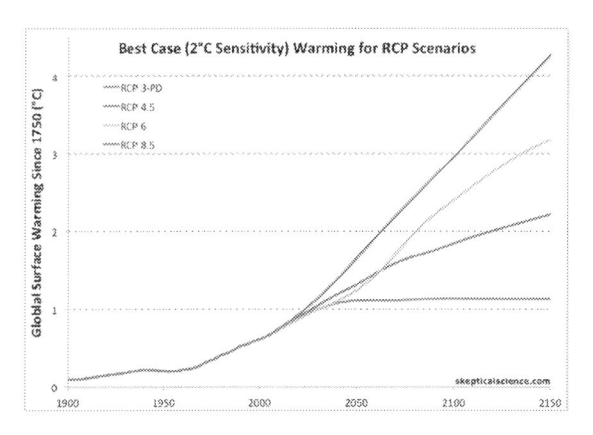

Escenarios de forzamiento radiativo para el año 2100 y aumento de la temperatura en cada uno de ellos. El escenario RCP-3PD es el mismo que el RCP 2.6 (quiere decir que alcanzaría durante el siglo los 3 W/m² de forzamiento radiativo, aunque en 2100 serían esos 2,6 W/m²). Imagen de Dana Nuccitelli publicada en *Skeptical Science*.

en el año 3000 seguiría siendo del orden de entre 4,5 y 7,5 °C más alta que la actual, lo que nos indica que la temperatura prácticamente no descendería durante muchos siglos. Además de esto, el nivel del mar aumentaría de forma progresiva hasta el año 3000, pudiendo subir 3,4 metros respecto a la actualidad.

Este escenario resulta muy interesante porque es bastante equiparable a la situación de seguir consumiendo combustibles fósiles hasta que se acaben. Con estos aumentos de temperaturas y del nivel del mar, el mundo que quedaría se parecería muy poco al actual y permanecería así posiblemente durante milenios.

60

¿QUÉ CONSECUENCIAS PARA EL SER HUMANO TENDRÍA EL CAMBIO CLIMÁTICO?

Cuando se piensa en las consecuencias del cambio climático muchas veces se hace desde una perspectiva un tanto ajena, como si fuese un problema menor que no debería afectar especialmente a nuestras vidas. Quizá el abuso de la imagen del oso polar que puede perder su hábitat a causa del deshielo nos ha llevado a pensar en el cambio climático como algo que puede afectar a la naturaleza y no al hombre, o por lo menos que nos afectará en cosas menores como por ejemplo que haga más calor en verano, que suba un poco el nivel del mar y que se inunden las playas. Pero la realidad es que el cambio climático es un problema mucho más grave para la sociedad humana.

Circunscribir bien el problema es importante para no caer en equívocos. La humanidad no va a desaparecer a causa del cambio climático pues los seres humanos se adaptarán a él, aunque algunas especies animales sí desaparecerán. La vida en la Tierra tampoco va a desaparecer, ha habido épocas mucho más cálidas en el pasado y estaban rebosantes de vida. La vida puede con todo y se adapta a todo, aun con enormes pérdidas. Parece que a veces se abusa de algunas visiones extremadamente apocalípticas sobre el cambio climático para intentar concienciar a la población pero a la larga no son positivas, pues generan rechazo más que preocupación. La humanidad no se va a ver al borde de la extinción y quien genere equívocos al respecto se equivoca.

Sin embargo, y sin llegar al apocalipsis de la especie, el problema social que puede generar el cambio climático es enorme. Los seres vivos se han ido adaptando progresivamente a los cambios de clima durante millones de años, pero lo han hecho de forma progresiva, en cambios climáticos larguísimos que duraban decenas de miles de años. Cuando no ha sido así se han provocado grandes extinciones de especies al no estar estas preparadas a cambios bruscos en el ecosistema. La sociedad humana también se ha edificado bajo unas condiciones climáticas determinadas que han definido desde dónde están los asentamientos humanos hasta el tipo de agricultura y formas de vida de cada zona. La alteración de todo esto implica cambios en los modos de vida de los humanos y tiene evidentes consecuencias económicas y sociales.

Un terreno donde el cambio climático afectaría especialmente es la agricultura. Uno de los principales efectos sería la reducción de rendimiento de las cosechas en las latitudes más bajas, fundamentalmente en la región de Asia del Sur, donde serían especialmente dañados los cultivos de riego. Esto provocaría el aumento de precios en los alimentos con las consiguientes crisis alimentarias en los países más pobres. De forma general el cambio climático produciría alteraciones distintas en función de la región del mundo, pero el consenso es que este afectaría sobre todo a las latitudes más bajas, por lo que dañaría esencialmente a los países más pobres. En las regiones situadas más lejos del trópico los rendimientos agrícolas no descenderían en un escenario de cambio climático leve (en ese caso incluso podrían aumentar), pero probablemente sí lo harían en caso de cambio climático brusco.

El cambio climático provocaría alteraciones tanto en los ciclos de lluvias habituales en las distintas regiones como en el aumento de los fenómenos climatológicos adversos. En determinadas regiones se reduciría la cantidad de tierra apta para el cultivo a causa de la erosión y se puede producir aumento de plagas y enfermedades en las plantas. Determinadas zonas que se usan para la agricultura, como lagunas costeras de agua dulce, podrían quedar inservibles a causa del aumento del nivel del mar y la salinidad de las mismas.

Otra grave consecuencia del cambio climático, relacionada con la anterior, es el aumento de lo que se comienza a conocer como «refugiados climáticos». Estos refugiados son quienes se ven obligados a abandonar sus hogares por cuestiones climáticas, tales como sequías, desertización de las tierras que los sustentan, inundaciones, subida del nivel del mar u otros fenómenos climáticos. Su delimitación es bastante confusa, ya que se superpone por las migraciones económicas, y, de hecho, muy pocos países consideran estas cuestiones como causa para pedir asilo. La agencia de la ONU para los refugiados, ACNUR, considera que el cambio climático es un factor adicional que provocará incremento de migraciones a causa del aumento de los desastres naturales y las sequías, que irán a peor especialmente en los países más pobres de África y Asia, absolutamente dependientes de la generación de alimentos. Según un informe de esta organización, en el próximo medio siglo entre 250 y 1000 millones de personas se verán obligadas a emigrar a causa de las consecuencias del cambio climático.

Además de refugiados climáticos, las mismas situaciones también pueden generar «guerras climáticas» debido a la escasez de recursos. El genocidio de Darfur, en Sudán, es considerado como la primera guerra cuyo origen, al menos en parte, se debe al cambio climático, ya que fueron la expansión del desierto y la reducción de precipitaciones algunas de las causas del conflicto entre las tribus nómadas y la población sedentaria. También se ha relacionado la guerra de Siria con causas climáticas, ya que en los años previos a su comienzo varias sequías azotaron la región, lo que generó un

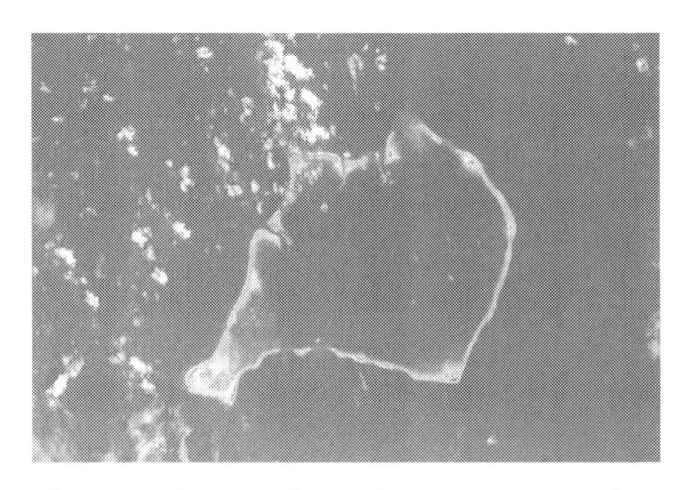

Atolón de Funafuti, en Tuvalu, uno de los cuatro países que forman Polinesia. Tuvalu es considerado el primer país víctima del cambio climático, ya que la subida del nivel del mar ha provocado progresiva desaparición de playas y salinización de los cultivos y de las reservas de agua dulce. Este país ya ha comenzado a definir un plan de evacuación para sus once mil habitantes en caso de que las islas se hagan inhabitables, lo que representaría un caso claro de refugiados climáticos.

desplazamiento masivo del campo a la ciudad y un aumento de la pobreza extrema, que pudo ser una de las causas de las revueltas que dieron origen a la guerra.

El cambio climático también podría tener consecuencias sanitarias. Una de las enfermedades que se estima que se extenderá es la malaria, sobre todo en ciertas regiones de África y América del Sur, debido a que el aumento de las temperaturas facilita la extensión del mosquito que la transmite. Otras enfermedades transmitidas por mosquitos como en dengue o la fiebre amarilla podrían tener extensiones parecidas. Otro de los problemas sanitarios que puede traer del cambio climático es que la fusión del permafrost puede liberar antiguos patógenos que causen nuevas enfermedades o variantes de las actuales para las que no estemos inmunizados. Un caso de este tipo sucedió en 2016, donde las altas temperaturas del verano ruso descongelaron el cadáver de un reno que murió de ántrax durante la II Guerra Mundial. Esto generó un nuevo brote de esta enfermedad que mató a un niño y provocó la hospitalización de casi mil personas, además de la muerte de miles de renos de la zona.

Todos estos problemas sociales, sanitarios y en la producción de alimentos tendrían obvias implicaciones económicas, por ello tenemos varios estudios en este sentido. El más conocido es el Informe Stern publicado en 2006. Este auguraba que el cambio climático intenso podría producir una pérdida del 20% en el PIB mundial mientras que valoraba en solo el 2% del PIB el coste para tomar las medidas necesarias para conseguir que los niveles de CO_2 equivalente se mantuviesen por debajo de 550 ppm. Otro estudio del año 2015 aseguraba que el cambio climático que se produciría de no disminuir las emisiones de CO_2 causaría en el año 2100 un descenso del PIB del 23% y un aumento de la desigualdad de ingresos en el mundo.

El cambio climático no es una cosa que afecte solamente a la naturaleza y a la biodiversidad, es algo que afecta profundamente al ser humano y a sus modos de vida, con consecuencias sociales y económicas graves. No es el apocalipsis ni el fin del mundo, pero sí tendrá consecuencias mucho más graves y costes mucho más altos que los esfuerzos y costes que serían necesarios para su mitigación.

61
¿EXISTEN DUDAS RAZONABLES SOBRE EL CAMBIO CLIMÁTICO?

Entre los científicos climáticos, como en cualquier otro campo, hay discrepancias. Es algo inherente a la investigación científica, los puntos de vista distintos y el escepticismo ante cualquier nueva revelación es una posición habitual en el campo científico. Actuar de esa manera permite que la comunidad científica analice cuidadosamente el trabajo de sus colegas, detecte errores y plantee dudas, mediante esa actitud y esos procesos de corrección las investigaciones se completan y mejoran y la ciencia va avanzando. Muchas veces se generan grandes discrepancias entre científicos o escuelas que con el tiempo se suelen resolver en favor de alguna o bien con algún tipo de síntesis de ambas y eso acaba marcando el consenso científico posterior que sirve como base para investigaciones más profundas. También sucede, en ocasiones, que ciertos desarrollos ponen en duda las teorías establecidas, generándose una revolución científica, pero mientras tanto se suele aceptar la evidencia científica porque si no sería imposible que la ciencia pudiese avanzar.

Todas estas situaciones ya sucedieron en el pasado con la investigación sobre el cambio climático, durante muchas décadas muchos climatólogos fueron escépticos e incluso plantearon teorías contrarias al calentamiento global como que la Tierra se estaba enfriando. Conforme aumentaron las evidencias y se profundizó en las investigaciones se generó un consenso respecto al calentamiento global y a su origen humano, y muchos de los que fueron escépticos dejaron de serlo, algo absolutamente normal en el mundo científico donde el buen científico es quien cambia de opinión ante las nuevas evidencias y no quien se mantiene inmóvil ante los avances. Hoy en día existe un consenso extremadamente amplio respecto a la existencia del cambio climático y también sobre su origen antropogénico, aunque sigue habiendo discrepancias de grado y sobre las medidas que se pueden tomar para frenarlo.

Sin embargo, se escuchan opiniones que niegan la gravedad del cambio climático, que este sea de origen antropogénico o directamente hasta que exista. Algunos científicos defienden estas teorías, aunque usualmente las escuchamos en bocas de responsables políticos, comunicadores o algunos representantes empresariales. A estas personas se les conoce como «negacionistas climáticos», utilizando una palabra con connotaciones bastante negativas que se suele aplicar a quienes niegan los crímenes del nazismo. Los argumentos de los negacionistas climáticos son muy variados. Uno de los principales es que el clima es algo tan complejo que no hay certeza sobre cómo va a reaccionar ante los cambios y que por tanto los modelos climáticos que existen no son válidos, rebatiendo la existencia del calentamiento global con cualquier conjunto de datos que parezca ponerlo en duda.

Por ejemplo, se suele argumentar que las imágenes por satélite muestran como la masa de hielo en la Antártida está aumentando, lo que se quiere presentar como una evidencia contra el calentamiento de la Tierra. La realidad es que la masa de hielo de la Antártida está aparentemente creciendo pero solo crece el hielo marino, mientras el hielo sobre tierra firme se reduce y, además, la masa de hielo del Ártico retrocede más todavía. Otro ejemplo es cuando se defiende que estos cambios en la temperatura ya se han dado en el pasado, como en la Edad Media, donde se produjo el «período cálido medieval» que fue seguido por la Pequeña Edad de Hielo, un período más frío entre los siglos XIV y XIX, concluyendo que eso demuestra que nos encontramos ante una variabilidad climática normal. La evidencia científica, en cambio, apunta a que fueron la actividad solar y volcánica las que produjeron esas variaciones, situación que no se da en la actualidad y que no justifica el calentamiento presente. Hay argumentos de todo tipo, como que las mediciones de la temperatura están distorsionadas por el efecto de la isla de calor en las ciudades, que el cambio de temperatura se debe a la actividad del sol o hasta que los períodos cálidos son mejores para la humanidad. Todos estos argumentos han sido convenientemente rebatidos por los científicos climáticos.

Uno de los problemas en el debate climático es que su objetivo principal no es solamente obtener un conocimiento teórico sobre un fenómeno, sino principalmente obtener este conocimiento para poder tomar las medidas adecuadas y poder prevenir un calentamiento conflictivo para la humanidad. Esto otorga a este debate una urgencia especial e implica que ciertas exigencias de evidencias totales, que podrían ser razonables en debates teóricos con poca aplicación práctica, aquí se puedan convertir en dilaciones peligrosas a la hora de confeccionar políticas contra el cambio climático. Muchos negacionistas exigen pruebas que no se podrán obtener hasta que los hechos que queremos evitar sucedan, lo que acaba convirtiéndose en una falacia obstruccionista. Sembrar dudas por cualquier cosa no es una actitud de sano escepticismo científico, es prácticamente una actitud boicoteadora que no beneficia a la ciencia y que mantiene a los científicos ocupados en rebatir estos argumentos en vez de avanzar en la investigación.

La realidad es que entre los climatólogos y los científicos del clima, los negacionistas son una minoría muy residual. Desde principios del siglo XXI se han realizado varios estudios analizando las publicaciones científicas con revisión de pares que se han hecho sobre el cambio climático. Uno de ellos es el publicado por William Anderegg en el año 2010 en la revista *Proceedings of the National Academy of Science* donde se analizaron las publicaciones de 1372 científicos, en la cual se incidía en los que más publicaban y más citaciones de otros científicos recibían. La conclusión fue que de los 200 científicos que más publicaban, solo cinco negaban que el cambio climático tuviese un origen antropogénico, es decir, que el 97,5% de los 200 científicos más relevantes estaban de acuerdo en que el cambio climático tiene un origen antropogénico (al menos en parte). Se han hecho muchos estudios como estos

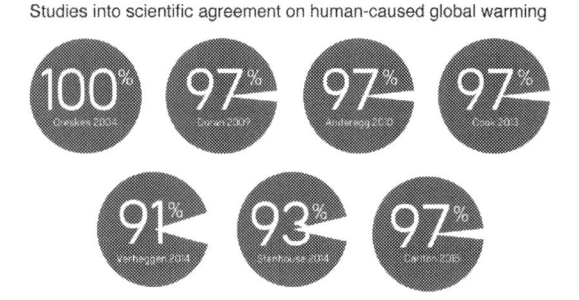

Studies into scientific agreement on human-caused global warming

Resultados de siete estudios sobre el consenso científico respecto al origen antropogénico del cambio climático que se han realizado desde el año 2004. En todos ellos, más del 90% de los estudios o científicos del clima están de acuerdo en que la acción humana es la causa principal del cambio climático. Imagen: John Cook, *Skeptical Science*.

y en todos ellos se ha concluido que el consenso sobre el origen antropogénico del cambio climático supera ampliamente el 90%.
Además de estudios sobre publicaciones también se han hecho encuestas. Las encuestas son un método más inseguro porque los resultados están condicionados tanto por las preguntas como por la población a la que se pregunta, pero aun así nos dan algunos datos. Por ejemplo, en una encuesta del año 2012 que se hizo a 1868 científicos que estudiaban distintos aspectos del cambio climático, resultó que el 90% de los científicos que tenían más de diez publicaciones revisadas por pares sobre este tema estaban de acuerdo en que el calentamiento global estaba causado mayoritariamente por causas antropogénicas.

Este consenso sobre el origen antropogénico del cambio climático abarca a la práctica totalidad de las instituciones científicas relevantes. Desde hace casi dos décadas decenas de academias de ciencias de distintos países publican declaraciones conjuntas avalando las conclusiones de los paneles del IPCC. También lo han hecho academias de ingeniería, organismos nacionales de estudios climáticos y hasta la NASA. Finalmente, todos los países del mundo han acabado firmando el tratado de París (con la excepción parcial de EE.UU., que lo firmó pero la nueva administración ha decidido sacarlo del acuerdo), lo que representa una aceptación política de la evidencia del cambio climático.

Dudar del cambio climático y de que el ser humano sea su principal causante no es una actitud razonable dada la abrumadora evidencia científica que existe. Eso no quiere decir que las previsiones sean perfectas ni que haya una seguridad absoluta en su cumplimiento, esas cosas no existen en ciencia. No obstante, sí podemos afirmar que con altísimo grado de probabilidad el calentamiento causado por los gases de efecto invernadero es una realidad que muy probablemente causaría la mayoría de las previsiones comentadas, con sus ya contemplados márgenes de error. No tomarlas en serio sería una enorme irresponsabilidad.

62
¿Por qué es tan importante el Acuerdo de París?

En la XXI Conferencia sobre el Cambio Climático (COP 21) de París se llegó a un nuevo acuerdo climático internacional que sustituirá al protocolo de Kioto a partir de 2020. El acuerdo fue firmado por los representantes de 195 países, lo que implica un consenso prácticamente mundial. Para que el Acuerdo de París entrase en vigor este debía ser ratificado por 55 partes que sumasen al menos el 55% de las emisiones de gases de efecto invernadero, algo que se produjo en octubre de 2016, entrando en vigor el acuerdo el mes siguiente.

La propuesta central del documento es que los países se comprometan a mantener el aumento de la temperatura media mundial muy por debajo de 2 °C con respecto a los valores preindustriales y perseguir el objetivo de que este aumento no sea mayor a 1,5 °C. Para ello, los firmantes se proponen llegar al punto máximo de emisiones lo antes posible y, a partir de ese momento, reducirlas rápidamente con el objetivo de llegar al equilibrio entre las emisiones antropógenicas y la absorción por los sumideros de carbono en la segunda mitad del siglo. El acuerdo asume que son los países desarrollados los primeros que tienen que llegar a ese punto máximo de emisiones, admitiendo que los menos desarrollados tardarán más tiempo.

Para conseguir estos objetivos, el acuerdo no impone ningunas medidas vinculantes a los países, tan solo indica que cada país deberá preparar unos objetivos de reducción de emisiones coherentes con la meta global, objetivo que deberá ser superior a los objetivos acordados previamente y que los países enviarán a la Convención Marco de la ONU sobre el Cambio Climático. A finales de 2017 ya se habían enviado 190 planes nacionales de reducción de emisiones que cubren prácticamente la totalidad de firmantes del acuerdo. En 2018 se evaluarán los objetivos nacionales de cada país y en 2023 se hará el primer balance sobre su cumplimiento. A partir de ahí se acometerán revisiones cada cinco años.

El acuerdo también destaca la importancia de adaptarse a los efectos adversos provocados por el cambio climático, que establece un objetivo mundial el cual consiste en «aumentar la capacidad de adaptación, fortalecer la resiliencia y reducir la vulnerabilidad» al cambio climático. Este objetivo genera un marco de cooperación mundial que facilita a los países más vulnerables (que también son los más pobres) el poder enfrentar los problemas derivados del cambio climático con el apoyo del resto de países. Este apoyo de los países desarrollados se concreta en un paquete financiero de 100 000 millones de dólares anuales a partir de 2020, cantidad que se pretende aumentar en la revisión de 2025. El objetivo del paquete es ayudar a los países menos desarrollados y a los pequeños países insulares que tienen un reconocimiento especial en el acuerdo por su vulnerabilidad a implantar modelos de desarrollo bajos en emisiones y resilientes al clima.

Este objetivo es terriblemente ambicioso, ya que solo se conseguiría en el escenario más optimista de todos los contemplados. Muchos expertos consideran que es prácticamente imposible cumplir estos objetivos, pues con las dinámicas actuales se estima que en 2100 la temperatura habrá aumentado alrededor de 3,3 °C y que para poder cumplir el objetivo de un aumento inferior a los 2 °C se debería multiplicar por tres el recorte de las emisiones que los distintos países han comprometido en sus diferentes objetivos nacionales. Aun así, también hay estudios, como un trabajo publicado en la revista *Nature* en septiembre de 2017, que no ven imposible cumplir los objetivos de limitación del calentamiento a 1,5 °C, eso sí, ponen como condición una disminución radical de todos los gases de efecto invernadero que no sean CO_2 (metano, óxido nitroso, compuestos fluorados, etc.) para poder ganar tiempo y reducir progresivamente las emisiones de CO_2.

Una de las grandes críticas al Acuerdo de París es que no se llegó a ningún acuerdo concreto sobre el nivel de emisiones a recortar ni se crearon mecanismos para obligar a los países a cumplirlo, así que en el fondo su cumplimiento depende de la buena

Foto de los representantes políticos en la conferencia de París. Fuente: Presidencia de la república mexicana.

voluntad de los firmantes y de que no decidan abandonar el acuerdo. De hecho, el primer gran golpe del Acuerdo de París fue la decisión del presidente norteamericano Donald Trump de retirar a su país del acuerdo en 2020.

Aun así, no parece que la salida de Estados Unidos del acuerdo vaya a provocar su paralización. Los otros dos grandes emisores de CO_2 mundiales, China y la Unión Europea, se han comprometido a mantenerse dentro del acuerdo y han lamentado la actitud de los Estados Unidos. Dentro de los Estados Unidos la actitud de su presidente ha sido muy criticada, incluso muchos de los estados del país (entre ellos el económicamente más importante, California) siguen presentando planes de recorte de emisiones de acuerdo con el espíritu del Acuerdo de París. La retirada de los Estados Unidos se producirá en 2020, año donde habrá unas nuevas elecciones en las que no es descartable que una nueva presidencia devuelva al país a los acuerdos climáticos internacionales.

Otra de las críticas al Acuerdo de París es que no incluye al transporte aéreo y marítimo que son responsables de la emisión de más del 5% de los gases de efecto invernadero a nivel mundial. No obstante, en 2016 la Organización de la Aviación Internacional Civil generó su propio acuerdo para reducir emisiones de CO_2 que comenzará en 2021 y que pretende reducir las emisiones de CO_2 por unidad de carga en un 2% anual. Ese mismo año, la Organización Marítima Internacional decidió recopilar información para crear un plan de reducciones de emisiones de CO_2, aunque la industria marina ya ha hecho algunos avances (indirectos) en este campo mediante el último Convenio Internacional para prevenir la contaminación por los Buques (MARPOL).

El Acuerdo de París se gestó como un acuerdo de mínimos y con algunas lagunas, pero permitió que por primera vez todos los países de la tierra se comprometiesen en la reducción de emisiones de gases de efecto invernadero, algo que no pasaba con el protocolo de Kioto, que solo afectaba a los países desarrollados. Que países como India y China se hayan comprometido activamente en la reducción de emisiones genera por primera vez un consenso general sobre un problema global y esa es la razón por la que el Acuerdo de París se considera un éxito en la lucha contra el cambio climático.

63

¿Cómo afecta el acuerdo de París al futuro de la energía?

Los compromisos derivados del Acuerdo de París afectan especialmente al sector de la energía, ya que es directa o indirectamente el responsable de la inmensa mayoría de las emisiones de CO_2, bien sea en la generación de electricidad, en el transporte, en la industria o en la generación de calor. La combustión de los distintos combustibles fósiles es la fuente fundamental de CO_2, aunque otros gases de efecto invernadero como el metano o el óxido nitroso están más bien relacionados con el sector de la agricultura y la ganadería.

Los distintos países, en sus compromisos nacionales, han adquirido compromisos fundamentalmente en relación a su matriz energética y esto va a condicionar el futuro de las distintas fuentes de energía. El país más contaminante de la tierra, China, se comprometió en sus objetivos presentados en septiembre de 2016 a alcanzar su punto máximo de emisiones de CO_2 como máximo en 2030. Para ello propuso aumentar su proporción de fuentes de energía no fósiles al 15% en 2020 y al 20% en 2030, además de aumentar la proporción de gas natural en su suministro de energía primaria al 10% en 2030, en perjuicio fundamentalmente del carbón. También propuso reducir su intensidad de carbono (cantidad de CO_2 emitida por unidad de PIB) para 2020 en un 40-45% respecto al estándar de 2005 y un 60-65% para el año 2030.

Este objetivo no se ha quedado en una mera declaración de intenciones, sino que está siendo activamente aplicado. China suspendió la construcción de más de 150 centrales de carbón y duplicó sus objetivos de instalación de energía solar fotovoltaica para 2020 (ya cumplidos), además de llevar camino de superar los objetivos de instalación eólica en más del 25%. Respecto al transporte, el gobierno chino ha anunciado que dejará de fabricar coches de gasolina y diésel en un futuro cercano, aunque aún no ha especificado cuándo. Se estima que con todas estas medidas las emisiones de CO_2 permaneceran más o menos constantes respecto a las de 2015.

El segundo mayor emisor de CO_2 del mundo, los Estados Unidos, también hizo un plan de reducción de emisiones antes del anuncio de retirada del Acuerdo de París. El plan buscaba una reducción de emisiones de entre un 26 y un 28% respecto a las emisiones del año 2005, aplicado a todos los gases de efecto invernadero. Entre las medidas propuestas estaba duplicar la cantidad de energía renovable en 2020 respecto a 2013 y reducir las emisiones del sector eléctrico en un 32% para 2030 (respecto a la referencia de 2005). Otra de las medidas era la reducción de emisiones de metano provenientes de las industrias del petróleo y el gas entre un 40 y un 45% para 2025, usando también como referencia el nivel del 2005. También se propuso una moratoria a la construcción de más centrales de carbón y una reducción de los parámetros de emisiones máximos para los coches y vehículos ligeros comercializados a partir de 2022.

Muchas de estas regulaciones desaparecieron con la firma de la orden ejecutiva sobre «independencia energética» por parte del presidente Trump en marzo de 2017, aunque muchos estados han confirmado que van a seguir aplicando las medidas del plan de acción climática de Obama. Tanto California como los estados más desarrollados de la costa atlántica tienen sus propios planes de reducción de emisiones, así como miles de ciudades y organizaciones privadas en los Estados Unidos. Incluso si se retirasen todos los planes medioambientales a nivel federal, se estima que, gracias a los planes de las entidades estatales o locales, los Estados Unidos podrían cumplir aproximadamente la mitad de los objetivos climáticos comprometidos por la administración Obama.

El otro gran bloque contaminante, la Unión Europea, es una de las zonas más avanzadas en cuanto a políticas medioambientales se refiere. El compromiso global que presentó para cumplir con el Acuerdo de París fue una reducción de emisiones del 40% para 2030 en comparación con las de 1990, cuando el objetivo para el que se comprometió en la segunda parte del protocolo de Kioto (que finaliza en 2020) era de reducirlas un 20% respecto a las de 1990. A más largo plazo, el objetivo de la UE es reducir las emisiones de gases de efecto invernadero al menos un 85% para el año 2050, también respecto a los valores de 1990, una meta bastante ambiciosa. Otros compromisos para el 2030 son que el 27% de la energía sea de origen renovable (objetivo que el parlamento europeo quiere aumentar) y otro 27% de mejora en eficiencia energética.

Por la propia composición de la UE, estos objetivos globales se negocian internamente y cada país toma unas medidas distintas, aunque a nivel general se ha apostado por una reforma del sistema de comercio de emisiones de CO_2 para hacerlo más gravoso. Algunos países, entre ellos Francia, Reino Unido o Italia, pretenden cerrar todas sus centrales de carbón antes de 2030, de hecho, en el Reino Unido el alto precio de los derechos de emisión de CO_2 que se implantó en 2013 ha llevado a que se genere muy poca electricidad con esa fuente de energía. Otros países han puesto calendarios para prohibir la venta de coches de combustión diésel y gasolina, como Francia (que ha propuesto 2040), Reino Unido (2040), Noruega (2025) y Holanda (2025).

También un país como la India está tomando medidas importantes. Sus compromisos para 2030 son reducir la intensidad de carbono entre el 33 y el 35% y aumentar la participación de los recursos energéticos no fósiles al 40% de la capacidad instalada. Uno de los objetivos que tiene la India es que a partir de 2030 todos los coches que se vendan en el país sean eléctricos. El otro gran objetivo es el de la instalación de energía solar fotovoltaica que aspira a una potencia instalada de 100 000 MW para 2022 y a 130 000 MW para 2025.

A pesar de lo impactantes que resultan todas estas medidas, la realidad es que los objetivos presentados por los distintos países no limitarían el calentamiento global a 2 °C y mucho menos a 1,5 °C, sino más bien nos situarían en los 3,5 °C. Sin embargo, hay buenas noticias: las acciones que se han realizado y proyectado en 2017 han mejorado algo las previsiones climáticas y algunos estudios que proyectaban un aumento de la temperatura de 3,6 °C, a la vista de los compromisos nacionales presentados a final de 2017, han reducido ese aumento a 3,4 °C. Es claramente insuficiente, pero por primera vez en mucho tiempo las predicciones mejoran y esto nos sitúa en un interesante punto de inflexión.

64
¿Cómo funcionan los sistemas de comercio de emisiones de CO_2?

Una de las políticas que se han implementado para luchar contra el cambio climático a nivel nacional y regional son los mercados de emisiones de CO_2, que pretenden generar incentivos para que los países y empresas reduzcan sus emisiones de gases de efecto invernadero. Son esquemas que se conocen como *cap and trade* ('tope y comercio') que por una parte limitan las emisiones y por otro lado permiten la comercialización de estos derechos de emisión para asignarles así un valor económico de mercado. La teoría sobre los derechos de emisión es bastante antigua. Ya en la década de 1920, Arthur Pigou hablaba de la creación de impuestos para corregir externalidades negativas, esto es, aquellos daños que se realizan al colectivo pero que no cuestan dinero a quienes los generan. La idea fue recogida por Ronald Cohase en 1960, quien la adaptó concretamente al caso de las emisiones de contaminantes atmosféricos e introdujo la idea de los derechos de emisión, que deberían ser transferibles y tener valor de mercado, buscando crear un incentivo económico para reducir las emisiones contaminantes.

En la década de 1970 estas ideas se aplicaron en ciertas zonas de EE.UU. que ya superaban los límites de calidad del aire que marcaba la legislación, lo que impedía instalar más industrias. Se incentivó a las empresas a reducir sus emisiones contaminantes por debajo de los parámetros legales ofreciéndoles a cambio «créditos de reducción de emisiones» que podían ser vendidos a otras empresas que quisiesen instalarse en la zona. El truco para mejorar la calidad del aire fue otorgar créditos por un valor del 80% de las emisiones reducidas y así se generaba una mejora del 20% gracias a la posibilidad de comercialización de este derecho. Esta idea también se aplicó en la década siguiente para las emisiones de dióxido de azufre de las centrales térmicas norteamericanas, donde se crearon unos derechos de emisión que se reducían año a año y que las empresas podían acumular si no los gastaban o venderlos a otras empresas. El sistema funcionó y las emisiones de dióxido de azufre se redujeron conforme al objetivo previsto.

El concepto de «derechos de emisión» aplicado a los gases de efecto invernadero fue introducido por el protocolo de Kioto en 1997. El protocolo fijaba unos límites de emisión por país en base a la reducción respecto a la referencia de 1990, pero estos límites se podían aumentar o disminuir comprando o vendiendo derechos de emisión. Este mecanismo demostró ser poco eficiente, pues muchos países que habían sufrido fuertes crisis económicas a partir de 1990 (generalmente los de Europa del Este después de la desintegración de la URSS) tuvieron importantes caídas de emisiones relacionadas con la crisis, por lo que pudieron vender estos excedentes a países necesitados sin que se hubiese realizado medida de reducción de emisiones alguna.

El protocolo de Kioto también creó el «mecanismo de desarrollo limpio», por el que los países que tenían objetivo de reducción de emisiones podían obtener Créditos de Carbono (CERs) si desarrollaban proyectos en otros países que generasen reducción de emisiones; y el «mecanismo de acción conjunta» que creó las Unidades de Reducción de Emisiones (ERUs) por proyectos en países con economías en transición. Ambos certificados podían también ser comercializados y su compra permitía aumentar los derechos de emisión cara a cumplir con los objetivos del protocolo de Kioto.

A partir de los derechos de emisión del protocolo de Kioto se crearon los primeros sistemas de comercio de CO_2 a nivel nacional o regional. El más importante de todos es el Sistema Europeo de Comercio de Derechos de Emisión (con sus siglas en inglés, EU ETS) que se comenzó a aplicar en 2005. El sistema se aplica a las centrales térmicas e instalaciones de combustión que superen los 20 MW de potencia, además de ciertas industrias como cementeras, refinerías, empresas cerámicas, papeleras, etc. Este sistema afecta a alrededor del 45% del CO_2 que se emite en la UE.

En sus dos primeras fases (de 2005 a 2007 y de 2008 a 2012) se asignaban una serie de derechos por país que, a su vez, se repartían de forma gratuita por las instalaciones implicadas. Si una instalación emitía más de los derechos que tenía asignados se enfrentaría a fuertes multas, así que para evitarlo buscaría en el mercado derechos de emisión sobrantes de otras empresas, generando un valor a la reducción de emisiones. A partir de 2013 se cambió el sistema, eliminándose los sistemas nacionales y creándose un sistema europeo centralizado. Además, se redujeron notablemente los casos de asignación gratuita de derechos (quedaron para empresas en riesgo

Precios de los derechos de emisión de CO_2 en el sistema europeo de comercio de derechos de emisión entre 2006 y 2016. Como se puede observar el precio ha sido bastante oscilante y, desde mediados de 2011, el precio se desplomó a valores de alrededor 5 €/tonelada. A principios de 2018 el precio del CO_2 estaba sobre 9 €/tonelada. Imagen cortesía de Phil McDonald y Sandbag.

de deslocalización y para algunas excepciones nacionales) y se pasó a un esquema de subasta por el que los emisores debían comprar los derechos. Otras de las novedades es que cada año los derechos de emisión se reducían un 1,74% respecto al año anterior, a diferencia de los períodos anteriores donde el tope era fijo.

Con el nuevo sistema las centrales térmicas pasaron a no tener derechos de emisión gratuitos, por lo que la generación eléctrica que emitía CO_2 pasó a internalizar este coste. La idea era que las centrales que emitiesen más CO_2 fuesen menos competitivas respecto al resto, algo que se conseguiría si el precio del derecho de emisión fuese alto, lo que a su vez forzaría medidas de reducción de emisiones o su cierre. Sin embargo, los precios de los derechos de emisión en Europa están muy por debajo de lo que se esperaba cuando se creó el sistema debido a la acumulación de un gran excedente de los mismos. El máximo histórico estuvo en alrededor de 30 € la tonelada de CO_2, mientras que en todo el período de 2013 a 2017 el precio no ha superado los 8,5 € por tonelada. Ya hay voces en Europa, como las del presidente francés Emmanuel Macron, que hablan de imponer un precio mínimo por tonelada de CO_2 de 25-30 €/t para hacer verdaderamente eficiente este mercado.

Dentro del EU ETS está el caso particular del Reino Unido donde se ha aplicado un mecanismo de precio mínimo a las emisiones de CO_2 que se fijó en 18 libras. Si el precio del CO_2 en el sistema europeo está por debajo de ese suelo, las empresas deben pagar el diferencial a modo de impuesto. A consecuencia de ese suelo la generación de electricidad con carbón en el Reino Unido ha pasado de casi el 40% en 2012 a menos del 10% en 2016.

Además del sistema europeo existen mercados de derechos de CO_2 en otras muchas partes del mundo como en Australia, Nueva Zelanda, Corea del Sur, Kazajistán, en California y en otros nueve estados del noreste de los Estados Unidos, en algunos estados de Canadá, etc. China tiene proyectos piloto en varias regiones y, a finales de 2017, presentó el esquema de su sistema de comercio de emisiones a nivel nacional que se pondrá definitivamente en marcha en unos tres años más, entre 2020 y 2021.

Todos estos sistemas pueden diferir en el tope máximo de emisiones, en el tipo de comercio permitido (regional, nacional, etc.), los sectores que están implicados, los derechos gratuitos repartidos o la posibilidad de acumular derechos no consumidos, pero esencialmente son sistemas *cap and trade* como el sistema europeo, donde existe una carestía de derechos generada por un tope y una posibilidad de comerciar con los derechos de emisión.

65

¿Cuáles son las acciones individuales más efectivas para combatir el cambio climático?

Además de las grandes líneas maestras que se pueden desarrollar para reducir las emisiones de gases de efecto invernadero, hay acciones que las personas podemos llevar a cabo individualmente para que nuestro impacto sobre el clima de la tierra sea menor. En 2017 se publicó un artículo en la revista *Environmental Research Letters* en el que se argumentaba que las grandes ideas sobre las que se focalizaba el debate sobre el cambio climático dejaban de lado las acciones más efectivas que los individuos podían tomar por sí mismos.

El artículo analizaba las distintas acciones que podían ser realizadas individualmente para paliar el cambio climático y las dividía en acciones de bajo, moderado y alto impacto, calculándolas para un habitante de un país desarrollado. Para poder circunscribir bien las cifras tengamos en cuenta que las emisiones de CO_2 por persona y año en países como EE.UU, Australia o Canadá son de unas 15 toneladas, mientras que la media de un país europeo puede estar en unas 6 toneladas y países como Argentina o Chile no llegan a 5 toneladas por persona y año.

De entre las distintas acciones, sorprendentemente, una de las de menor utilidad era el cambio de todas las luminarias de la vivienda por otras de bajo consumo. Esta acción evita unas emisiones de CO_2 equivalente de menos de 200 kilogramos al año y está considerada una acción de bajo impacto para reducir el cambio climático. Otras acciones de bajo impacto son consumir productos con etiqueta ecológica, ahorrar agua, minimizar la cantidad de residuos que generamos en casa o plantar un árbol, todas ellas con impacto menor a 200 kilogramos de CO_2 equivalente por año.

Entre las acciones de impacto moderado se definieron dos acciones simples y relacionadas: colgar la ropa mojada para que se seque de forma natural en vez de en una secadora, que evita unas emisiones anuales de 210 kg de CO_2 equivalente al año, y lavar la ropa a mano en vez de con lavadora, que evita 250 kg de CO_2 equivalente. También son acciones de impacto moderado el reciclaje a nivel doméstico (ahorra 210 kg de CO_2 equivalente al año) o cambiar un coche de combustión convencional por un coche híbrido no enchufable, que ahorraría más de 400 kg de CO_2 anuales. Otras acciones de impacto moderado son el aislamiento térmico de la vivienda, que ahorraría unos 180 kilogramos anuales, o no tirar comida a la basura (y por tanto consumirla), que podría evitar hasta 370 kg de emisiones de CO_2 anuales.

Pero lo más interesante es el análisis de las acciones de alto impacto. Una dieta basada en verduras ahorraría alrededor de 900 kg de emisiones de CO_2 equivalente, usar un coche eléctrico ahorraría sobre 1200 kg de emisiones y consumir solo electricidad renovable podría ahorrar de media unos 1300 kg de emisiones de CO_2. Y entre las acciones de alto impacto las que más CO_2 ahorrarían son tres: evitar volar en avión (alrededor de 1600 kg CO_2 equivalente anuales), vivir sin coche (más de 3000 kg de CO_2 al año) y la más afectiva de todas… tener un hijo menos. Esta última ahorraría alrededor de 70 000 kg de CO_2 al año, una diferencia enorme respecto a cualquier otra medida y que se basa en un cálculo un tanto atrevido de todas las emisiones futuras que tendría este hijo, los hijos de este hijo, etc. La cifra es, no obstante, una abstracción que resulta excesiva (es bastante mayor que la emisión per cápita) y que especula sobre comportamientos de futuras generaciones que todavía no conocemos, así que mejor tomar con mucha cautela lo abultado de la cifra.

En cualquier caso, podríamos decir que este estudio nos indica que las acciones más efectivas contra el cambio climático que puede realizar una persona son estas cuatro: comer menos carne, usar menos el coche, evitar los vuelos en avión y tener familias más pequeñas. La importancia de comer menos carne radica en que la crianza de animales para la alimentación humana es responsable alrededor del 15% de las emisiones de gases de efecto invernadero. Estos gases se producen en todas las etapas de la producción de carne, desde el cambio de uso de la tierra, pasando por la producción de su alimento, hasta los gases que se producen en el tracto digestivo de estos animales, rico en gas metano. La ganadería produce sobre el 37% del gas metano del mundo.

La aviación es responsable de alrededor del 2,5% de las emisiones de gases de efecto invernadero y del 3,5% del cambio climático, ya que los efectos de ciertos gases en la estratosfera son más nocivos que en tierra. No es ni de lejos la causa más importante del cambio climático, sin embargo, cada kilómetro recorrido en avión emite casi tres veces más CO_2 que un kilómetro recorrido en coche, y los viajes en avión no suelen ser precisamente cortos. Evitar un viaje en avión impide una emisión de CO_2 comparable a la de miles de kilómetros en coche, de ahí las cifras que hemos visto anteriormente.

El tener menos hijos es probablemente una idea bastante polémica, pero es evidente que la cantidad de seres humanos es un factor importante en la amplitud del cambio climático. Ningún gobierno ni organización ha recomendado esto como medida paliativa del cambio climático, solo el gobierno chino estableció en su momento la política del hijo único, aunque por otras razones, y evidentemente sería una medida extraordinariamente polémica. En cualquier caso, este impacto por hijo depende fundamentalmente del tipo de sociedad en el que vivamos y si un hijo tiene este alto impacto, es precisamente porque nuestras sociedades generan muchos gases de efecto invernadero en sus actividades, por lo que estamos fundamentalmente ante un problema social, no poblacional.

Una situación como las limitaciones para coger un coche o un avión, no poder comer carne o no poder tener los hijos que se quiera parecen propias de la ciencia ficción y de futuros distópicos, pero, si no se consigue limitar el efecto del cambio climático, no sería descartable ver medidas en este sentido en el futuro, quizá no de carácter tan prohibicionista, pero sí en forma de mecanismos desincentivadores como, por ejemplo, mayores impuestos indirectos a todas esas actividades.

66
¿Se puede consumir electricidad verde?

Como hemos visto el consumo de electricidad renovable es una de las acciones más efectivas contra el cambio climático. En muchas ocasiones se escucha que determinadas instituciones han firmado un contrato de suministro eléctrico con electricidad 100% renovable o se ven ofertas comerciales que venden energía verde o electricidad de origen renovable. A muchos consumidores esto les suena un poco extraño y no tienen claro si esto es realmente posible o bien si se trata de un instrumento de marketing.

Cuando consumimos electricidad, si lo hacemos conectados a la red eléctrica nacional, estamos usando una electricidad que está generada por cualquiera de los productores que están conectados a la misma, así que en el fondo consumimos una mezcla de electricidad de diferentes orígenes. Físicamente la electricidad no se puede segregar a no ser que estemos conectados a un circuito cerrado o en un área con un único generador. Si vivimos en países como Uruguay o Islandia podemos tener la certeza física de que estamos consumiendo electricidad de origen renovable, pero en la mayoría del resto del mundo lo que estaremos consumiendo es una mezcla de electricidad de origen renovable y no renovable.

Quienes aseguran que venden energía «verde» lo que están haciendo es ofrecer a sus clientes lo que se conoce como «garantías de origen» según la terminología europea. Las garantías de origen son un instrumento por el que se certifica que un determinado consumo de electricidad ha sido generado mediante fuentes renovables, instrumento creado con el objetivo de informar al consumidor sobre el impacto de la energía que consume. Estas garantías, que se emiten por unidad de consumo, pueden ser solicitadas por parte de los productores que las traspasarán a los comercializadores que les compren la electricidad y posteriormente estos se las facilitarán a los clientes finales que las demanden. El cliente final obtiene así un documento que certifica que la electricidad que ha consumido es de origen renovable. Las garantías de origen se pueden comprar y vender en el mercado excepto por aquellos generadores que reciben primas o ayudas, que tienen prohibido lucrarse con ellas. En los Estados Unidos existe un sistema de certificados esencialmente similar en su funcionamiento, los Certificados de Energías Renovables (en inglés, REC).

En el fondo este sistema es un artificio contable. Un comercializador de electricidad posiblemente comprará electricidad de muchos orígenes distintos y solo un porcentaje será renovable. Sus clientes consumirán esa energía obtenida por el comercializador y este solo podrá certificar un porcentaje de ellos que se corresponda con la cantidad de energía renovable obtenida. Así pues, habrá unos clientes de ese comercializador con certificados de energía de origen renovable y otros que no los tendrán, sin que haya más diferencia que la mera entrega de certificados. También es posible que ese comercializador simplemente haya comprado las garantías de origen en el mercado, transfiriendo los certificados de terceras partes ajenas a la compra-venta de electricidad en cuestión.

Pero que sea un artificio contable no quiere decir que el sistema no sirva para nada. El sistema de certificados de garantías de origen tiene como objetivo permitir a los consumidores establecer preferencias sobre el tipo de electricidad que prefieren consumir y la idea es que su demanda incentive al mercado a generar más electricidad renovable. Mientras haya poca demanda de garantías de origen, estas no servirán para mucho, pero, si la demanda es alta, los comercializadores tendrán que conseguir energía certificada y eso repercutirá en los generadores que se verán incentivados a generar con fuentes renovables para no perder a los clientes y para poder comercializar estas garantías.

En muchos países los organismos públicos están obligados a consumir electricidad con garantías de origen como mecanismo para fomentar la generación con energías renovables. Muchas empresas también exigen a sus proveedores energéticos garantías de origen, generalmente por cuestiones de responsabilidad

Ejemplo de certificado de garantías de origen. Cedido por las bodegas Eguren Ugarte de Álava, España.

corporativa, cumplimiento de sistemas de gestión medioambiental autoimpuestos o directamente como estrategia de marketing. De hecho, existe una iniciativa internacional privada que se llama RE100 de la que forman parte más de 100 empresas multinacionales cuyo compromiso es hacer planes para conseguir que todo su consumo eléctrico provenga de fuentes renovables. Empresas como Coca-Cola, Walmart, Telefónica y H&M forman parte de esta iniciativa.

Las garantías de origen suelen tener un coste asociado que no es muy alto (menos de 1 €/MWh), aunque muy distinto en función del país. Los países con los precios más altos son en los que hay mayor demanda de certificados y donde los consumidores están dispuestos a pagar más por consumir energía renovable, por tanto será donde estos certificados tendrán mayor efecto incentivador de la generación renovable.

Hay algunas comercializadoras que tienen garantías de origen para toda la energía que comercializan en el mercado o para determinados sectores, por lo que el efecto de preferencia va implícito en su elección. Sin embargo, estas preferencias solo generarán un verdadero incentivo para la generación con renovables si la certificación del origen de la energía es el factor diferencial a la hora de elegir una opción de comercialización y si esta preferencia es compartida por un número importante de consumidores, pues en caso contrario su efecto será prácticamente nulo.

Otra forma que existe para consumir electricidad renovable es firmar un tipo de contrato llamado Power Purchase Agreement (PPA), que es un contrato de compra de energía a largo plazo entre un generador (normalmente renovable) y un gran consumidor de electricidad. Los PPA se pueden firmar con parques eólicos, plantas fotovoltaicas u otras fuentes renovables, generándose una compra directa de la energía renovable generada. Los PPA no son solo una garantía de compra de energía renovable, sino que muchas veces se realizan antes de que se implante el generador renovable, de manera que son el motor de la inversión de la propia planta y lo que permite su implantación.

Finalmente también existe la posibilidad de autoconsumir tu propia electricidad mediante la instalación de equipos de energía renovable en una vivienda o empresa, generalmente mediante placas solares o pequeños aerogeneradores de eje vertical. Es la manera más directa e incuestionable de consumo de energía renovable.

VII

HACIA UN MIX ELÉCTRICO 100 % RENOVABLE

67

¿CUÁLES SON LAS PRINCIPALES DIFICULTADES PARA QUE TODA LA ELECTRICIDAD SEA RENOVABLE?

Sustituir centrales térmicas o nucleares por fuentes renovables no es algo problemático, de hecho, casi todos los países lo están haciendo sin que eso afecte a la seguridad del suministro, es decir, sin que el sistema eléctrico tenga problemas para ofrecer electricidad en los momentos en que la demanda lo requiere. Al introducir energías renovables intermitentes como la eólica y la solar en el mix eléctrico, estas energías tienen preferencia de entrada, pues sería absurdo desperdiciar energía gratuita; y cuando están generando, las centrales térmicas e hidroeléctricas paran o trabajan a menor capacidad para ajustar la generación a la demanda (las nucleares no lo hacen, parar y reiniciar una central nuclear no es un proceso rápido). Si se sustituyen centrales nucleares por capacidad renovable pasa lo mismo, en los momentos de generación renovable esta electricidad sustituye a la nuclear y cuando no la hay, la producción de electricidad deben realizarla las centrales térmicas o a las hidroeléctricas, aumentando su generación. Solo podría haber problemas en el caso de no existir una capacidad de respaldo suficiente, pero no es un problema que se esté dando en ningún país por esta sustitución, aunque sí sucede algo parecido en países que dependen casi exclusivamente de la energía hidráulica en momentos de gran sequía. El problema podría aparecer cuando la cantidad de generación renovable con energías intermitentes llegue a porcentajes muy mayoritarios en la capacidad instalada de un país. Habría muchos momentos durante el año, la mayoría, en que las energías renovables generarían toda la electricidad necesaria (en ocasiones incluso mucho más), pero habría otros momentos en que no sería así y se tendría que recurrir a centrales de respaldo. El inconveniente es que con ese hipotético mix eléctrico estas centrales de respaldo podrían funcionar muy pocas horas al año, por lo que no sería rentable para las compañías eléctricas mantenerlas abiertas. Para que se mantuviesen abiertas y pudiesen generar electricidad en momentos de urgencia tendrían que cobrar una cantidad de dinero por el mero hecho de permanecer disponibles, cantidad que en todo caso tendría que ser suficiente para mantener todos sus costes fijos. Estos pagos ya existen en la mayoría de mercados eléctricos y se llaman pagos por capacidad, pero en una situación como la planteada estos pagos probablemente serían bastante más altos que los actuales.

De todos modos, muchas veces se sobredimensiona el problema de la intermitencia de ciertas renovables con argumentos sobre hipotéticas situaciones donde no hay ni sol ni viento ni agua y donde justo en ese momento la demanda sube. La realidad es que esas situaciones tan extremas son improbables por no decir imposibles. En un país de un mínimo tamaño no hay nunca momentos donde no haya viento, puede haber más o menos, o no haberlo en unas zonas, y obviamente hay mucha variabilidad, pero si se analiza la producción eólica en un país se observa que esta nunca es nula. Con la fotovoltaica pasa algo parecido en las horas diurnas, un día nublado de invierno generará mucho menos que uno soleado de verano, pero nunca será nula excepto de noche y los picos de demanda de un país no tienen lugar a las tres de la mañana. Y la hidráulica, como hemos dicho, se puede gestionar.

Esto, no obstante, hay que estudiarlo muy bien y analizar qué demanda mínima se va a poder cubrir con renovables y cuáles son las alternativas para complementarla. Las alternativas son muchas, desde las comentadas centrales de respaldo hasta sistemas de almacenamiento de energía, pasando por una reducción consensuada de la demanda (hay grandes consumidores que están dispuestos a dejar de consumir en momentos de estrés del sistema eléctrico a cambio de dinero, lo que se conoce como interrumpibilidad), la posibilidad de recurrir a interconexiones con los países vecinos o mecanismos todavía más sofisticados.

En la actualidad, los países que tienen sistemas eléctricos casi 100% renovables casi siempre tienen un porcentaje muy importante de generación hidroeléctrica, que es la que da el respaldo necesario al sistema. Si la capacidad hidroeléctrica es elevada, el problema del respaldo está resuelto, ya que las centrales hidroeléctricas de embalse pueden regular su generación en función de la demanda. De hecho, estas centrales y energías renovables como la eólica y solar son complementarias, pues en los momentos de total cobertura de la demanda con renovables intermitentes, los embalses limitan su producción de electricidad y, por tanto, aumentan sus reservas de energía en forma de agua que será utilizada cuando no haya suficiente generación de tipo intermitente.

Pero no todos los países tienen estas posibilidades y un país seco o sin las infraestructuras hidráulicas necesarias tendrá dificultades si quiere acceder a una generación de electricidad íntegramente renovable. Si se introducen los respaldos necesarios con centrales térmicas, se podría llegar a porcentajes muy altos de generación con energías renovables, pero en este caso la generación no podría ser íntegramente renovable y probablemente se sobredimensionase la capacidad del sistema, lo que generaría algunos sobrecostes.

Obviamente esa no es la única posibilidad, hay un rango casi infinito de opciones en función de la naturaleza del país, sus recursos naturales, sus conexiones con el exterior y otros parámetros. Cada país tiene realidades particulares y establecer reglas generales resultaría una osadía. Además de la hidráulica, hay varias energías renovables que no son intermitentes, como pueden ser la geotérmica o la biomasa (o incluso la mareomotriz mediante algunas estructuras de doble embalse), y si existen abundantes recursos en alguna de ellas, podría ser una solución. Si un país tiene su sistema eléctrico totalmente integrado con el de sus vecinos, también resulta bastante más fácil que pueda solventar estos problemas con intercambios, a mayor territorio más fácil es complementar generaciones renovables. O quizá una parte sustancial del consumo eléctrico de un país provenga de empresas que están dispuestas a parar el consumo en casos así a cambio de una compensación económica. Cada caso es un mundo y, sobre todo, cada solución tiene unos costes distintos, por lo que hay que ajustarla inteligentemente para no generar una solución absurdamente costosa.

De todos modos, la tendencia principal para solventar el problema de la intermitencia de muchas renovables es buscar formas de almacenamiento que permitirían tanto garantizar el suministro como aprovechar aquellos momentos en que se genere más electricidad de la que se pueda consumir, que también serían muchos. La integración de esta nueva forma de generar energía es el gran reto de los próximos años una vez que energías renovables como la eólica o la solar fotovoltaica han demostrado ser crecientemente competitivas frente a las energías convencionales.

68
¿Qué mecanismos existen para almacenar energía?

Un nuevo modelo basado totalmente en energías renovables representa un cambio de paradigma a la hora de generar electricidad, pues la generación dejará de realizarse cuando se necesite para pasar a realizarse, al menos en parte, cuando tengamos las necesarias intensidades del recurso natural generador. Para poder gestionar esto de una manera adecuada el almacenamiento de energía se convierte en la clave del sistema, ya no solo para poder garantizar la continuidad del suministro sino también para no dejar que se pierda la electricidad.

Existen muchos sistemas para poder almacenar energía sin tener que recurrir a las energías fósiles o la nuclear. Hay una forma indirecta de almacenar energía que es, sencillamente, la acumulación de agua en los embalses de las centrales hidroeléctricas en los momentos de intensa generación con otras fuentes renovables, sin embargo, este mecanismo indirecto se puede convertir en directo mediante la existencia de centrales hidroeléctricas mixtas. Estas centrales suelen combinar la generación hidroeléctrica con la eólica o bien con la solar, incorporando estas a la potencia nominal estándar de la planta hidroeléctrica. Usualmente se tiene el parque eólico o la planta solar conectado a una de las turbinas de la central hidroelectrica y cuando están generando a causa del viento o del sol la turbina hidráulica no turbina agua, la almacena. El uso que se le da a la energía renovable intermitente en este caso no es de generación adicional, sino de mecanismo que permite mantener el agua embalsada en los momentos en que hay mucho viento o mucha radiación solar, convirtiéndose objetivamente en un método de almacenamiento de energía.

El caso de la generación con placas fotovoltaicas es muy interesante. Para empezar, estas se pueden situar flotando encima del agua, lo que evita una ocupación de terreno adicional (si bien las estructuras resultan más caras que en tierra firme), pero además el hecho de estar flotando sobre el agua impide que los paneles solares se sobrecalienten, lo que aumenta su eficiencia en alrededor del 10%. Este tipo de instalaciones se están realizando en algunos países como China o Portugal.

Sin embargo, la forma más evidente de almacenar energía con energía hidráulica son las centrales de bombeo, que son aquellas que disponen de un segundo embalse a una altura superior al embalse principal y que, en determinados momentos, consumen electricidad para bombear el agua hacia el embalse de arriba como método de almacenamiento, dejando caer ese agua al embalse principal cuando se precise generar electricidad. Normalmente las centrales de bombeo realizan esta operación en momentos donde la energía es muy barata y, en cambio, sueltan el agua cuando la energía es cara, ganando dinero con la operación.

Bombear agua hacia arriba y luego turbinarla en la caída no es una operación energéticamente eficiente en el sentido que se pierde alrededor del 30% de energía. Económicamente tiene sentido cuando se puede vender la electricidad generada a un precio mucho mayor que la consumida para el bombeo y la diferencia compense esas pérdidas, pero técnicamente también tiene sentido en una situación de enorme generación renovable, que de otro modo se desperdiciaría. Con amplios parques de generación eólica y solar habría muchas situaciones en las que se generase más energía de la demandada por el sistema, una energía que no tiene coste generar y que por tanto no tiene sentido desperdiciar. En esos casos el almacenamiento por bombeo se convierte en un excelente mecanismo para almacenar los excesos de energía generados y poder aprovecharlos en otros momentos.

Otra forma de almacenar la energía es hacerlo en forma de calor. Este es el mecanismo por el que las centrales termosolares de concentración pueden generar electricidad por la noche. Una

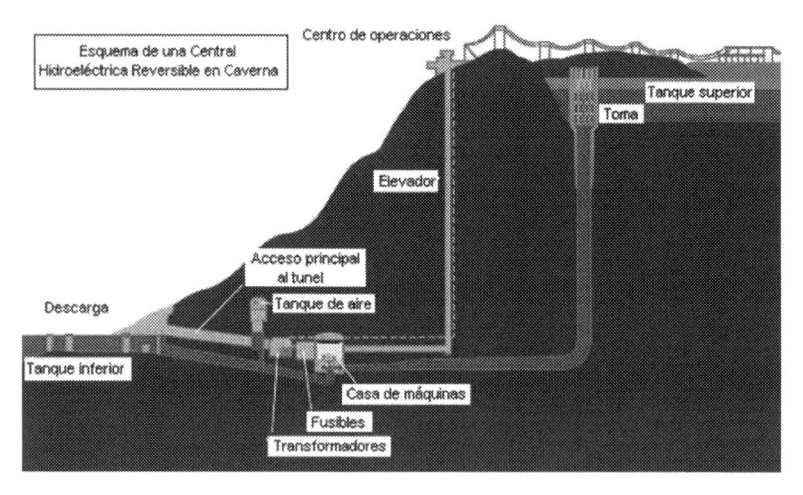

Esquema del funcionamiento de una central hidroeléctrica de bombeo. En este tipo de centrales el agua es bombeada del embalse inferior al superior como mecanismo de reserva de energía que se liberará cuando se deje caer el agua desde el embalse superior. Es el mecanismo más generalizado de reserva de energía.

vez se pone el sol, estas centrales pueden seguir funcionando durante varias horas gracias a que se ha utilizado la energía del sol para calentar un fluido que puede estar a unos 500 °C. A esa temperatura el fluido puede ceder calor durante muchas horas y gracias a eso generar electricidad mediante turbina de vapor. Este sistema de almacenamiento de energía es de corto plazo, por lo que es muy válido para energías como la solar que tienen ciclos relativamente regulares de generación pero no lo sería para almacenar energía durante muchos días, ya que el calor se acabaría perdiendo.

En el caso de las centrales termosolares de concentración no se utiliza electricidad, ya que la energía que se almacena es directamente el calor del sol, pero técnicamente no hay ninguna razón para que mecanismos parecidos no puedan aplicarse convirtiendo la electricidad en calor. De hecho, ya hay un proyecto de almacenamiento de energía de la compañía alemana Siemens Wind Power que pretende almacenar electricidad en forma de calor mediante un sistema incorporado a los parques eólicos, sistema compuesto por piedras que se calientan hasta alcanzar los 600 °C. En los momentos de alta generación y poca demanda la electricidad sobrante se convertiría en calor y calentaría esas piedras que permanecerían calientes gracias a un buen aislamiento térmico. Cuando fuese necesario generar la electricidad y no hubiese viento, esas piedras calentarían un sistema de turbina de vapor que generaría electricidad. Este sistema no es muy eficiente energéticamente (alrededor del 25%), pero por su simplicidad y tiempo de almacenamiento parece que se ajusta bastante bien a la generación eólica.

También existe la posibilidad de almacenar electricidad mecánicamente en forma de aire comprimido. Estas instalaciones usan la electricidad para accionar un motor reversible que comprime el aire en una caverna subterránea a una presión de hasta 72 bar. Cuando es necesaria electricidad, este aire comprimido se calienta con alguna fuente de calor y se expande, pasando por una turbina de gas con la que se genera electricidad. Existen unas pocas plantas de almacenamiento por aire comprimido en el mundo y son relativamente antiguas, siendo una tecnología que no se ha desarrollado mucho quizá por su baja eficiencia.

Existen más sistemas de almacenamiento de energía. Uno de los más modernos son los volantes de inercia, unos discos que giran en una cámara de vacío, que se aceleran al consumir electricidad y la generan al frenarse. Otro mecanismo son los supercondensadores, unos dispositivos que pueden almacenar gran cantidad de electricidad electrostática y que pueden cederla de forma casi instantánea, ideales para responder a puntas de demanda o interrupciones breves de suministro. También se trabaja mucho en el almacenamiento en forma de hidrógeno.

Pero el mecanismo que más expectativas genera y que parece que dominará el futuro próximo del almacenamiento de electricidad es el de las baterías electroquímicas. Las baterías existen desde hace muchísimo tiempo, de hecho, se usan en automóviles o a pequeña escala (las pilas recargables), pero ha sido en los últimos años cuando se ha visto que pueden ser el complemento perfecto para el almacenamiento de la electricidad generada por fuentes renovables intermitentes, ya que pueden funcionar tanto a nivel particular como a nivel de sistema eléctrico o planta generadora de energía. De hecho, en los últimos tiempos se están proyectando parques eólicos y plantas fotovoltaicas con sistemas de almacenamiento asociados para poder gestionar mejor la energía generada y cederla a la red en caso de necesidad o interés económico.

69

¿Por qué han sido tan revolucionarias las baterías de litio?

A pesar de que la primera batería de litio se inventó a principio del siglo xx, no fue hasta el año 1991 cuando la compañía SONY comercializó la primera batería de ion-litio recargable como soporte a equipos electrónicos. Con el tiempo estas baterías se generalizaron para aparatos como ordenadores portátiles, cámaras fotográficas o teléfonos móviles, posteriormente la tecnología de ion-litio comenzó a ser usada para baterías de vehículos eléctricos y sistemas de almacenamiento de energía eléctrica.

Hay distintos tipos de baterías de ion-litio que divergen fundamentalmente en el material del que se compone el cátodo. El ánodo suele ser de grafito con átomos de litio intercalado (LiC_6), mientras el cátodo puede ser de varios compuestos entre los que destacan: el óxido de cobalto (CoO_2), óxido de manganeso (MnO_2), oxido de níquel manganeso y cobalto ($NiMnCoO_2$) y el fosfato de hierro ($FePO_4$), con un electrolito de sales de litio en disolvente orgánico. Las reacciones de la descarga en una batería con cátodo de óxido de cobalto serían las siguientes:

Ánodo: $LiC_6 \leftrightarrow C_6 + Li^+ + e^-$
Cátodo: $CoO_2 + Li^+ + e^- \leftrightarrow LiCoO_2$

Obviamente la reacción se invierte durante la carga de la batería y es similar para cualquiera de los compuestos del cátodo.

En función del tipo de cátodo que tenga la batería de ion-litio, esta tiene unas características determinadas. Por ejemplo, la batería de $LiCoO_2$ tiene una alta capacidad energética pero una vida útil no demasiado larga (500-1000 ciclos completos de carga-descarga) y, sobre todo, tiene una baja estabilidad térmica y es cara a causa del cobalto, por lo que se usa en electrónica de pequeño tamaño. En cambio, la batería de $LiNiMnCoO_2$ tiene mayor vida útil (1000-2000 ciclos completos) y una capacidad algo más alta, por lo que se suele usar en vehículos eléctricos.

Entre las ventajas de las baterías de ion-litio respecto a las baterías que la precedieron, podemos destacar:

- Mayor densidad energética. Una batería de ion-litio puede almacenar alrededor de tres veces más energía por unidad

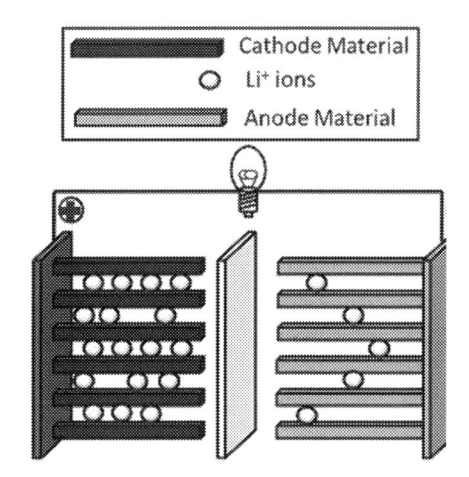

Esquema de una batería de ion-litio

de peso que una batería de plomo-ácido. La razón básica de esto es que el litio es el elemento sólido más ligero que existe.
- Mayor voltaje. Las baterías de ion-litio tienen mayor voltaje que el resto, casi el doble que las de plomo-ácido y casi el triple que las de níquel-cadmio o níquel-hidruro metálico.
- No tienen efecto memoria. El efecto memoria consiste en la pérdida de capacidad de las baterías a causa de la creación de unos cristales dentro de las celdas de la misma que se producen cuando se realizan cargas incompletas de las baterías. Las baterías de ion-litio, igual que las de plomo-ácido, no se ven afectadas por este problema.
- Muy baja tasa de autodescarga. Las baterías suelen perder carga con el paso del tiempo si no se usan, algo que prácticamente no sucede con las baterías de ion-litio.
- Bajo peso. Estas baterías son las más ligeras que existen gracias al bajo peso del litio y su alta capacidad de almacenar energía. Esta característica las hace especialmente adecuadas para los vehículos eléctricos.
- Larga vida útil. La vida útil de las baterías de ion-litio depende del cátodo que tengan, pero por regla general tienen muchos más ciclos de carga que las baterías de níquel y las de plomo-ácido, aunque menos que baterías más modernas como las de flujo.

Sin embargo, también tienen problemas. Uno de los problemas que se le suele achacar a las baterías de ion-litio es que tienden a sobrecalentarse y puntualmente a explotar. Ha habido algún caso conocido con *smartphones* o con baterías de ordenadores portátiles de hace algunos años, lo que ha generado cierta alarma en algunos medios. La posibilidad de explosión de las baterías de ion-litio es inherente a la alta densidad energética que poseen en comparación con las baterías tradicionales, aunque los casos de explosión son residuales al instalar los fabricantes sistemas de control para que este sobrecalentamiento no se produzca. Un sistema de control de la batería (BMS en inglés) monitorea la carga e impide que la batería opere fuera de los rangos de temperatura o voltaje que son seguros, evitando también que la batería se descargue o sobrecargue más allá de unos límites que podrían perjudicar la vida útil de la misma.

El segundo problema que tradicionalmente ha tenido este tipo de baterías es el precio. La necesidad de tener un sistema de control y el precio del litio, que es relativamente alto, ha hecho que estas baterías hayan sido bastante costosas. A pesar de eso, el precio de las baterías de litio aplicadas a ciertos sectores, como el de los automóviles eléctricos, ha experimentado un brusco descenso desde 2010 incluso a pesar de que el precio del litio: a finales de 2017 el precio del carbonato de litio estaba en unos 14 000 dólares por tonelada, cuando en 2010 estaba en alrededor de 4000.

Las baterías de ion-litio están plenamente implantadas a nivel de tecnología portátil y sus dos grandes aplicaciones de futuro son el almacenamiento de energía a nivel residencial e industrial, y el vehículo eléctrico. En 2015 la compañía Tesla presentó una serie de baterías de ion-litio para el almacenamiento de energía a nivel residencial (*powerwall*) o industrial (*powerpack*), energía que podía venir de las propias instalaciones de autoconsumo o de la red eléctrica, para almacenar la energía en las horas más baratas. Este es el caso más mediático, pero Tesla no es la única compañía que vende este tipo de baterías, empresas como LG, la china BYD o la propia Mercedes-Benz también comercializan baterías de ion-litio para almacenamiento de energía.

Sin embargo, el terreno que parece más propicio para las baterías de ion-litio es el coche eléctrico, ya que su bajo peso en comparación con otro tipo de baterías las hace perfectas para este uso. Hoy en día casi todos los coches eléctricos usan baterías de ion-litio y por ahora no parece que vaya a haber alternativa comercial a corto plazo, aunque sí a medio plazo, ya que se están desarrollando baterías que competirán con las baterías de ion-litio en unos cuantos años.

70

¿Hay alternativas a las baterías de litio?

Quizá debido al gran potencial mediático que tiene la compañía Tesla se suele pensar que las únicas baterías que se usan para el almacenamiento de electricidad son las baterías de ion-litio, cuando no directamente las de marca Tesla. Realmente las baterías de ion-litio son unas de las tecnologías más sólidas y establecidas actualmente, pero no son las únicas existentes ni las más razonables muchas veces para el almacenamiento de electricidad.

Una de estas baterías recargables es la de plomo-ácido, que es la más antigua de todas, ya que existe desde hace siglo y medio. Es un sistema muy usado en automoción y también a nivel industrial, aunque en el almacenamiento de energía no se ha usado demasiado hasta la fecha. Una batería simple de plomo-ácido consiste en dos electrolitos, uno de plomo (Pb) y otro de dióxido de plomo (PbO_2), sumergidos en ácido sulfúrico (H_2SO_4). En el ciclo de descarga, ambos compuestos de plomo se convierten en sulfato de plomo ($PbSO_4$), mientras que en el ciclo de carga se produce la reacción inversa:

$$PbO_2 + Pb + H_2SO_4 \text{ [Batería cargada]} \leftrightarrow PbSO_4 + PbSO_4 + H_2O \text{ [Batería descargada]}$$

Estas baterías tienen una vida útil de alrededor de 2000 ciclos de carga-descarga en el mejor de los casos, aunque la capacidad máxima de energía almacenada se va reduciendo conforme avanzan las cargas. Otros problemas que tienen es la reducción de rendimiento a bajas temperaturas, la necesidad de mantenimiento, la baja densidad energética (generan poca energía por unidad de volumen) y los problemas de contaminación derivados del uso de plomo. Su elevado peso, además, las hace inadecuadas para su uso como fuente de energía principal en coches eléctricos, ya que aumentaría el peso del vehículo y eso llevaría a que consumiese más energía de la necesaria. Eso sí, son bastante más baratas que las baterías de ion-litio, por lo que pueden ser una buena idea en algunas circunstancias y, de hecho, se están utilizando en algunas instalaciones aisladas alimentadas por placas solares.

Otro tipo de baterías son las de sodio-azufre. Son baterías de sales fundidas donde el sodio fundido (Na) hace de ánodo y el azufre fundido (Na$_2$S) de cátodo, siendo el electrodo un material cerámico en estado sólido. Para generar electricidad el sodio pierde electrones que pasan al cátodo donde son absorbidos por el azufre, para generar ion sulfuro, mientras los iones de sodio cargados positivamente pasan a través del material cerámico también con destino al cátodo, equilibrando las cargas. La reacción es la inversa en los momentos de carga de la batería.

$$Na_2S + 2Na \text{ [Batería cargada]} \leftrightarrow 4Na^+ + S^{2-} \text{ [Batería descargada]}$$

Estas baterías necesitan estar a temperatura superior a 300 °C (para mantener las sales fundidas) y su vida útil es de alrededor de 4500 ciclos de carga-descarga. Tienen además una densidad energética muy alta que fácilmente triplica la de las baterías de plomo-ácido. Estas baterías son bastante baratas pero el hecho de tener que estar a esas elevadas temperaturas es su mayor problema, ya que implica un gasto de energía adicional que reduce su eficiencia.

Otra batería es la batería de níquel-hidruro metálico, compuesta por electrodos de oxihidróxido de níquel (NiOOH) y un hidruro metálico en disolución alcalina. Son una evolución de las baterías de níquel-cadmio, con la ventaja de que se evita usar el cadmio que es muy tóxico y muy caro. Además tienen mayor capacidad de carga y menor efecto memoria. A pesar de eso, su vida útil es de alrededor de 500 ciclos de carga-descarga, bastante poco comparado con el resto de baterías. Se usaban hace unos años en las primeras generaciones de coches eléctricos aunque actualmente se usa fundamentalmente en vehículos híbridos.

Una tecnología algo distinta son las conocidas como baterías de flujo. En este tipo de baterías los electrolitos están contenidos en tanques externos y para la reacción estos fluyen a una celda electroquímica donde se produce la reacción. La capacidad de almacenamiento de energía de este tipo de baterías depende del tamaño de los tanques, mientras que la potencia eléctrica depende del tamaño de la celda electroquímica, por lo que son dos parámetros independientes que se pueden ajustar muy bien a las necesidades energéticas concretas que se quieran solventar.

Uno de los tipos más interesantes de baterías de flujo son las de vanadio. Ambos electrolitos son compuestos de vanadio disueltos en ácido sulfúrico pero con diferentes estados de oxidación, usándose en el electrodo negativo el par V^{2+}/V^{3+} y en el positivo el V^{5+}/V^{4+}. Estas baterías tienen varias ventajas además de su escalabilidad, sobre todo el enorme número de ciclos de carga y descarga que

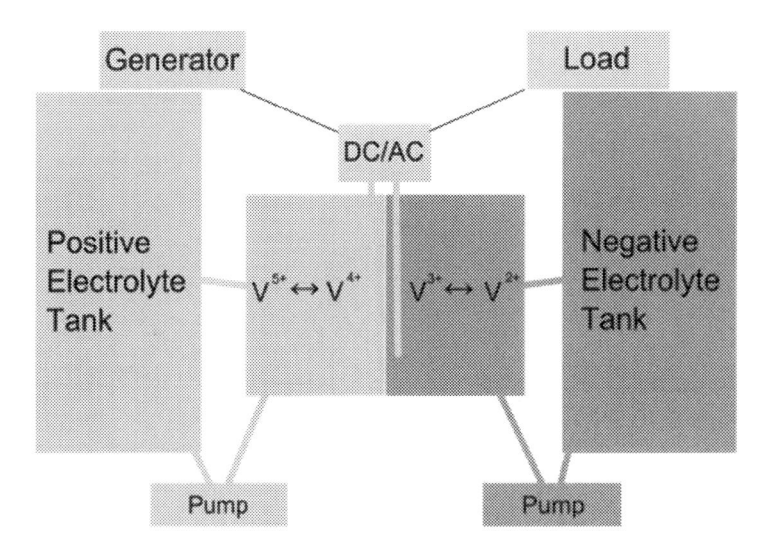

Esquema de una batería de flujo de vanadio. Como se puede observar los electrolitos están en tanques externos, lo que permite escalar estas baterías al tamaño necesario para la función que se les quiera dar.

pueden soportar (alrededor de 20 000) y una larga vida útil (más de 20 años). Se consideran uno de los tipos de baterías más prometedores para almacenar la energía producida por parques eólicos y fotovoltaicos, aunque no para coches eléctricos por su excesivo peso. En la India ya se están utilizando para sistemas eléctricos aislados que solo funcionan con paneles solares fotovoltaicos.

Otro tipo de baterías de flujo menos desarrolladas son las de zinc-bromo, en las que el zinc se oxida y el bromo se reduce, generándose bromuro de zinc. Durante la carga, el zinc vuelve a ser metálico y se deposita al lado del electrodo, mientras que el bromo forma un compuesto viscoso con otros productos y precipita en el fondo del tanque externo. Pueden soportar alrededor de 12 000 ciclos de carga-descarga y su mayor ventaja es una densidad energética mayor que las baterías de flujo de vanadio.

En resumen, existen varios tipos de baterías para el almacenamiento de energía que no son de litio y que tienen mucho futuro en el almacenamiento de energía eléctrica asociado a las energías renovables, como las baterías de flujo de vanadio, que ya se están instalando en países como Japón, China o los Estados Unidos.

71

¿Hay países que generan toda su electricidad mediante fuentes renovables?

Tener un mix de generación eléctrica basado totalmente en energías renovables no es una utopía, existen países en el mundo que ya generan toda su electricidad a partir de fuentes renovables o con un mínimo aporte puntual de tecnologías fósiles de respaldo. La República Oriental del Uruguay es el caso paradigmático de un país que genera prácticamente el 100% de su electricidad de fuentes renovables. Es más, si se tiene en cuenta la exportación que realiza a los países vecinos, se podría decir que genera más electricidad renovable de la que consume. En el año 2016 el 97% de la energía que consumió Uruguay provino de fuentes renovables, de las cuales el 54% era de origen hidráulico, el 22% de energía eólica, el 18% de biomasa y un 1% de energía solar fotovoltaica. Este mix es parecido al de los años anteriores, ya que en 2015 el porcentaje de electricidad renovable fue del 95% y en 2014, más del 90%. Se puede apreciar un aumento del porcentaje de energía eólica, un aumento menor de energía solar y un descenso de la aportación de la energía hidráulica.

En Uruguay se puede observar la excelente combinación que producen las energías renovables de generación intermitente, como la eólica y la solar, con la energía hidroeléctrica. En los momentos de mucho viento se usa preferentemente la energía eólica, lo que permite acumular agua en los embalses para cuando no se disponga de ese recurso intermitente, de esta manera se complementan ambas tecnologías y se aumenta la reserva de agua. Desde que Uruguay tiene altos porcentajes de generación eólica, el país ha reducido su vulnerabilidad a la sequía, lo que evita los perjuicios sociales y económicos que causa la escasez de agua.

Otro caso muy importante es Islandia que genera toda su electricidad de dos fuentes: la energía hidroeléctrica, que genera entre el 70 y el 75% de la electricidad del país, y la energía geotérmica, que genera el 25-30% restante. Esta situación no es nueva en Islandia, se da desde hace muchos años gracias a los enormes recursos naturales que tiene el país y le ha servido para generar una electricidad muy barata que ha atraído factorías de fundición de aluminio, muy intensivas en el uso de la energía. Tales son los

Central geotérmica de Nesjavellir, la segunda central geotérmica más importante de Islandia, que genera electricidad y agua caliente al área metropolitana de Reikiavik. Gracias a la energía geotérmica y la hidráulica Islandia es uno de los países con un mix eléctrico 100% renovable.

recursos naturales de Islandia que se está planteando la posibilidad de construir un cable submarino que una Islandia con Escocia, aunque aún no es más que un proyecto.

Un país cercano a Islandia, Noruega, tiene una situación parecida aunque con una dependencia casi total de la energía hidráulica. El 98% de su electricidad se produce gracias a fuentes renovables, casi toda ella hidroeléctrica (aproximadamente el 95%) con un pequeño aporte de la energía eólica y la biomasa, alrededor de un 1% cada una. Esta gran cantidad de energía hidroeléctrica hace que la electricidad en Noruega sea bastante barata, de hecho, es de las más baratas de Europa, su precio es inferior en verano gracias al deshielo ártico. El gran potencial de generación hidroeléctrica y el precio relativamente bajo de la electricidad han contribuido al desarrollo del coche eléctrico en este país, que actualmente es el líder mundial en ese terreno.

Hay muchos países en el mundo que generan casi toda su electricidad gracias a centrales hidroeléctricas. Es así en el pequeño país asiático de Bután que no solo genera el 100% de su electricidad gracias a sus centrales hidroeléctricas, sino que genera cuatro veces más electricidad de la que consume y exporta el resto a la India. Los recursos hídricos que aporta el Himalaya son enormes y generan electricidad de sobra la mayoría del año, aunque el país se ve obligado algunos inviernos a importar electricidad de la India a causa del menor flujo de los ríos en esa estación. Muy parecido es el caso de Nepal, país vecino de Bután, que también genera casi toda su electricidad en centrales hidroeléctricas (más del 95%), con la misma problemática en cuanto a generación y exportación. Algo distinto es el caso de Tayikistán, aunque sus recursos hídricos también provienen de una cordillera, en este caso la de Pamir.

En África hay varios países en la misma situación: Zambia, República Democrática del Congo, Mozambique, Etiopía, Burundi y Namibia. Todos ellos están en el centro y sur de África, zonas donde hay grandes ríos y bajas tasas de electrificación, combinación que permite que toda su electricidad se genere gracias esa fuente. En Europa tenemos también el caso de Albania que con tres centrales hidroeléctricas genera toda la electricidad del país. Esta estructura tan dependiente del agua en el caso de Albania es problemática. Los Balcanes se enfrentan a puntuales sequías que han llegado a provocar cortes de suministro en zonas de Albania en tiempos recientes, aunque afortunadamente no se generalizan gracias a la importación de electricidad de los países vecinos.

En América Latina hay dos casos más aparte de Uruguay: el de Paraguay y el de Costa Rica. Paraguay es otro de los países que genera su electricidad completamente gracias a centrales hidroeléctricas, fundamentalmente a las dos enormes centrales que comparte con sus vecinos, la de Itaipú y la de Yacyretá, que además le otorgan ingresos adicionales. Sin embargo, Costa Rica es un caso más interesante porque, a pesar de que genera más del 70% de su electricidad con energía hidráulica, el resto proviene de otras fuentes renovables. En 2016 generó el 74% de su electricidad gracias a la hidroelectricidad, el 12,5% mediante energía geotérmica, el 10,5% con energía eólica y una cantidad residual con biomasa (0,7%) y energía solar (0,01%), de manera que el aporte de electricidad por energías fósiles fue menor al 2%. 276 de los 366 días del año 2016 no necesitó recurrir en ningún momento a las centrales térmicas, y no fue un año hídricamente excepcional, de hecho, 2016 fue relativamente seco en el país. Además, la central hidroeléctrica más grande del país y de toda Centroamérica, la de Reventazón, no comenzó a funcionar hasta septiembre de ese año.

En resumen, existen muchos países en el mundo que ya obtienen casi toda su electricidad de fuentes renovables y en todos ellos la energía hidráulica juega un papel fundamental gracias a su mayor desarrollo y a su capacidad para almacenar energía en forma de agua embalsada. El agua sigue jugando un papel fundamental para generalizar la generación renovable, aunque con el desarrollo de los sistemas de almacenamiento en el futuro podría no ser tan necesaria.

72
¿Podría América Latina desarrollar un mix eléctrico completamente renovable?

El potencial para el desarrollo de las energías renovables es muy amplio en todo el mundo, pero si hay una zona que destaca especialmente esta es América Latina. Hasta ahora, el desarrollo de las energías renovables ha sido bastante limitado en la región (a excepción de la energía hidráulica) y esto genera que tengan un enorme recorrido. La región es rica en recursos naturales, dispone de ríos caudalosos, de zonas con intensa radiación solar y mucho recurso eólico, zonas de costa con bastante plataforma continental, abundante biomasa y lugares con un importante potencial geotérmico.

La energía más desarrollada en la región es la hidráulica. Ya que es la fuente de energía fundamental en países como Brasil, Venezuela, Paraguay o Uruguay, pero sigue habiendo potencial para el desarrollo de esta tecnología al estimarse que tres cuartas partes del potencial hidroeléctrico no están aprovechadas. América Latina cuenta con cinco de los ríos más importantes del mundo: el Amazonas, el Paraná, el Orinoco, el río Negro y el río Madeira. Uno de los países que pretende desarrollar más proyectos hidroeléctricos es Bolivia, que tiene proyectados veinticinco para los próximos años con el objetivo de implantar 16000 MW de capacidad instalada. El más grande de ellos es el proyecto Bala-Chepete que consiste en la construcción de dos represas en el trayecto del río Beni que sumarán casi 3700 MW de potencia entre ambas, aunque es un proyecto medioambientalmente polémico al realizarse en una zona de alto valor ecológico y que obligará a desplazar a varios miles de indígenas de esas tierras. Otro proyecto muy importante es la futura construcción de un proyecto hidroeléctrico de 3500 MW en el río Madeira, en un proyecto binacional con Brasil. Brasil es otro de los grandes desarrolladores de energía hidroeléctrica de la región, el principal en volumen, aunque uno de sus grandes proyectos fue cancelado a finales de 2016. También Ecuador está inmerso en el desarrollo de varios proyectos hidroeléctricos, algunos de los cuales entraron en funcionamiento entre 2015 y 2017.

Pero las posibilidades van mucho más allá de la energía hidráulica. El potencial de la región en energía solar es enorme, con dos países que parece que van a llevar la delantera: Chile y México. Chile cuenta con la zona con mayor radiación solar de la tierra, el desierto de Atacama y en general todo el norte del país. En él se están desarrollando multitud de proyectos solares, tanto fotovoltaicos como de energía termosolar de concentración. A mediados de 2017 ya generaba el 7% de la electricidad del país con esta tecnología y sus previsiones son duplicar fácilmente esta cifra en los próximos años, todo después del desarrollo de la interconexión que une el sistema eléctrico del norte del país con el del sur.

México tiene también unas condiciones excelentes. La mayoría del país tiene una radiación solar superior a 2000 KWh/m^2 anual y se considera que el 85% de la superficie del país tiene unas condiciones excelentes para el desarrollo de la energía solar. En los años 2016 y 2017 se produjeron tres subastas de energías renovables en México gracias a las que se instalarán más de 3600 MW de capacidad fotovoltaica, cantidad que multiplica por diez la potencia instalada a finales de 2016. Chile y México, junto con Arabia Saudí, consiguieron los precios más bajos del mundo en energía solar fotovoltaica hasta el año 2017. Chile consiguió licitar una planta fotovoltaica a un precio de 21,48 $/MWh y México, tan solo un par de meses después, a 19,70 $/MWh.

También hay un enorme potencial para la energía solar en otros países de la región, como Argentina, Bolivia y Perú (sobre todo en sus zonas limítrofes con el desierto de Atacama) y también amplias zonas de Brasil, Colombia y Venezuela, donde se superan los 2000 kWh/m^2 anual. Argentina recientemente ha aprobado una ley para permitir la energía solar distribuida y ha comenzado a construir importantes plantas fotovoltaicas en sus regiones del noroeste, de hecho, una de ellas es el proyecto fotovoltaico más grande de América Latina. Brasil también ha comenzado la instalación masiva de energía solar fotovoltaica y solo en 2017 superó en varias veces la capacidad previa instalada.

Mapa de Argentina que muestra el potencial eólico del país en base a la velocidad media del viento a 80 metros de altura. Como se puede observar, la mitad sur del país tiene un alto potencial eólico que, sin embargo, está por ahora desaprovechado. (Imagen cortesía de la Cámara Argentina de Energías Renovables).

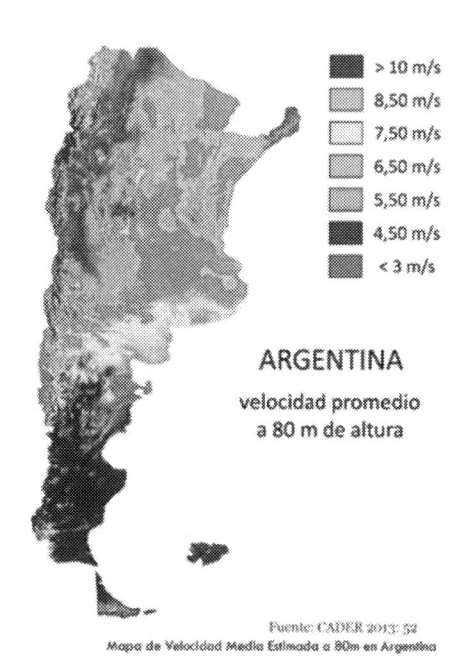

ARGENTINA
velocidad promedio
a 80 m de altura

Fuente: CADER 2013: 52
Mapa de Velocidad Media Estimada a 80m en Argentina

El potencial eólico de la región también es importante. Brasil es el país que más desarrollada tiene esta energía, que cubre el 6% de su generación de electricidad, aunque Uruguay y Costa Rica tienen porcentajes eólicos mayores en su mix eléctrico, de más del 20% y el 10% respectivamente. Probablemente es Argentina el país que tiene mayor potencial para la energía eólica, pues la mitad sur está entre las mejores regiones del mundo en cuanto a calidad del recurso eólico, al igual que la costa sur de la provincia de Buenos Aires. Argentina, además, tiene varias empresas que fabrican aerogeneradores, con lo que tiene todos los ingredientes para ser en el futuro el país con mayor desarrollo eólico de América Latina. Sin embargo, su desarrollo ha sido muy escaso hasta finales de 2016, cuando solo tenía instalados 279 MW de capacidad, aunque en 2017 ha habido varias rondas de subastas de energía renovable en los que se han comprometido más de 1000 MW eólicos de futura construcción. Chile también tiene un potencial eólico importante en todo el sur del país, pero además tiene un gran potencial para desarrollar la energía marina cuando esta tecnología comience a ser competitiva.

América Latina también posee alrededor del 15% del potencial geotérmico mundial, que está concentrado fundamentalmente en México y en los países de América Central, situados sobre la zona de unión de tres placas tectónicas. También Chile tiene un potencial geotérmico importante cuya explotación se ha comenzado a planificar en tiempos recientes y en el mismo caso están Perú y Ecuador, todos situados sobre el límite entre la placa Sudamericana y la de Nazca. Finalmente, el potencial para el desarrollo de la biomasa y otras formas de bioenergía es elevado en todo el continente, como se puede comprobar con el desarrollo del bioetanol en Brasil.

América Latina tiene unas condiciones naturales perfectas para poder aspirar a un mix eléctrico 100% renovable. Para ello probablemente deberá integrar sus distintos sistemas eléctricos mediante interconexiones y desarrollar su potencial eólico y solar. Su gran potencial hidroeléctrico puede funcionar como reserva de energía, reduciendo las complicaciones técnicas del almacenamiento, y gracias a él se podría reproducir a escala continental lo que ya hace un país como Uruguay. Si los gobiernos de la región se comprometen con el desarrollo de estas energías, América Latina podría ser la referencia mundial en energías renovables en muy poco tiempo.

73
¿Existe una revolución energética en marcha en China e India?

Desde finales del siglo xx el centro de gravedad del mundo está moviéndose desde Occidente hacia Asia. El potencial demográfico de China e India, con 2700 millones de habitantes entre ambos a finales de 2016, convierte a Asia en un actor mundial esencial para cualquier política que se quiera llevar a cabo internacionalmente o para cualquier análisis de las tendencias mundiales.

Durante mucho tiempo el caso de China, con un crecimiento energético basado en el carbón, fue usado como excusa en el resto del mundo para no profundizar en determinadas políticas energéticas y medioambientales. Si China no tenía ningún reparo en contaminar, ¿qué sentido tenía preocuparse desde los pequeños países de Occidente? El entorno competitivo de la globalización imponía, además, una lógica de competitividad mal entendida de intentar anular las ventajas competitivas de China en base a hacer lo mismo que ellos. Este tipo de lógica se puede observar en algunas tendencias políticas en los Estados Unidos y en otros países que consideran cualquier regulación como un problema para la competencia con China u otros países emergentes.

Sin embargo, tanto China como la India se han comprometido con el tratado de París y han comenzado un cambio de paradigma energético que podríamos calificar como revolución, ya que su evolución posterior al tratado hace pensar que superarán los objetivos que ellos mismos se han marcado. Concretamente, China está superando sus objetivos marcados en cuanto a la instalación de renovables. A finales de 2017 cumplió su objetivo de instalación de energía solar fotovoltaica para 2020 (105 000 MW), por lo que marcó un objetivo nuevo que duplicaba el objetivo anterior (213 000 MW). Respecto a la energía eólica, China tiene más de la tercera parte de la capacidad instalada mundial, casi toda ella instalada en la última década. Además de todo esto, a principios de 2017 la Administración Nacional de Energía de China anunció un paquete de gasto de 361 000 millones de dólares en inversión en energías renovables hasta 2020.

Más espectacular todavía que la instalación de renovables es el cambio de estrategia respecto al uso de carbón. Desde el inicio de la década de 2010 ha habido muchas medidas de reducción del uso del carbón, concentradas en el área de Pekín para evitar la enorme contaminación que azota a la ciudad, sobre todo destinadas al cambio de las calderas de carbón por otras eléctricas o de gas natural. El plan ha sido bastante exitoso y a principios de 2018 las autoridades chinas anunciaron que el objetivo de reducción de las partículas en suspensión de menos de 2,5 micras (las más peligrosas para la salud) se había cumplido, aunque sus valores siguen por encima de las recomendaciones de la OMS. Esta política de reducción del carbón se ha extendido por todo el país en los últimos años, reduciéndose su uso desde 2014 y a una velocidad creciente (2,9 % de reducción en 2014, 3,7 % en 2015 y 4,7 % en 2016).

A finales de 2016, China detuvo la construcción de 30 centrales de carbón y en enero de 2017 anunció la paralización de 104 más, muchas de ellas con las obras ya iniciadas. Después de una primera etapa de paralización de proyectos, el gobierno chino quiere comenzar a cerrar plantas de carbón a partir de 2020 conforme pueda ir sustituyéndolas por otro tipo de fuentes de energía.

Todas las centrales de carbón del área de Pekín han sido cerradas y hay planes para extender los sistemas de calefacción eléctrica, de gas o basada en energías renovables en todo el norte del país que proyectan completarse a finales de 2021. Hay que tener en cuenta que la industria del carbón tiene millones de empleados en China y que estos planes provocarán el despido de millones de personas que tendrán que cambiar de trabajo, lo que convierte esta transformación en algo socialmente muy sensible. Pero a pesar de eso y de las dificultades que ha habido en el invierno de 2017 a 2018 por la escasez de gas natural, el gobierno chino sigue firme en sus planes.

La última gran decisión del gobierno chino ha sido anunciar la prohibición futura de venta de los coches diésel y gasolina, aunque todavía sin fecha concreta. China es actualmente el mercado líder en venta de vehículos eléctricos, con más de 400 modelos distintos para comprar y subvenciones y beneficios para los compradores. En 2017 la cantidad de vehículos eléctricos vendidos en China duplicó sobradamente los vendidos en la UE y triplicó los vendidos en Estados Unidos, con un incremento de las ventas por encima del 100 %. Este país posee la mitad de vehículos eléctricos que circulan por el mundo, algo que puede no parecer tan espectacular por su tamaño pero que sí lo es si se tiene en cuenta que se trata de una tecnología de vanguardia y que estas suelen ser aplicadas inicialmente en los países más ricos y desarrollados y no en países con un grado de desarrollo menor como es el caso de China.

La India también está llevando a cabo su particular revolución energética. India es el tercer mayor consumidor de energía del mundo (si no contamos la Unión Europea como una unidad), sin embargo, está muy lejos del consumo de China o Estados Unidos y tiene un consumo per cápita muy bajo. Hay muchas zonas de la India que no tienen electricidad y donde el consumo energético es escaso.

Pero la India ha convertido esta situación en su fuerza motriz para la instalación de energías renovables. Una instalación fotovoltaica o de energía eólica puede solucionar el problema de falta de electrificación de zonas aisladas más fácilmente y a menor coste que la creación de una gran infraestructura estatal basada en grandes plantas generadoras, así que la India está desarrollando las energías renovables de manera descentralizada. El poco desarrollo de la red eléctrica ayuda a que la instalación de renovables a nivel local sea la preferencia, aunque también se están desarrollando grandes plantas. India tiene probablemente el objetivo más ambicioso del

China Photovoltaics Cumulative Capacity

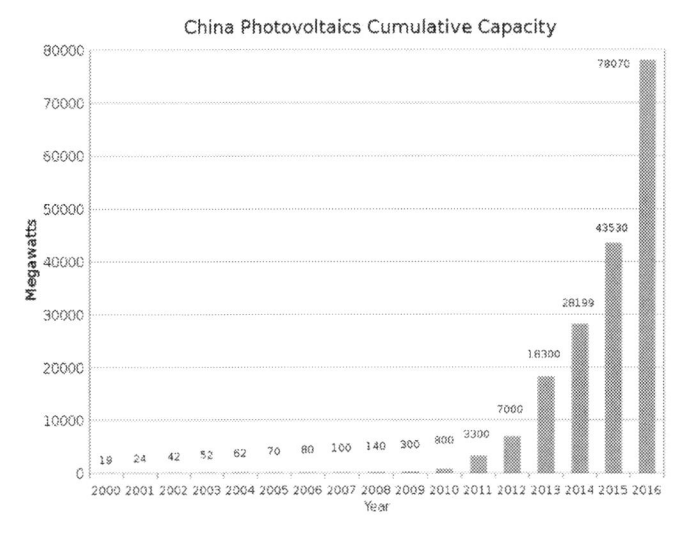

Year	MW
2000	19
2001	24
2002	42
2003	52
2004	62
2005	70
2006	80
2007	100
2008	140
2009	300
2010	800
2011	3300
2012	7000
2013	18300
2014	28199
2015	43530
2016	78070

Evolución de la capacidad fotovoltaica instalada en China hasta el año 2016. En 2017 la nueva capacidad instalada fue de 53 000 MW, lo que dejaría la capacidad fotovoltaica instalada a 31 de diciembre de 2017 en más de 131 000 MW. Si China instalase en los tres próximos años la misma capacidad que en 2017 conseguiría sobradamente el objetivo duplicado que se marcó en 2017.

mundo en cuanto a energías renovables, 160 000 MW de capacidad instalada para 2022 entre eólica y solar, tan solo superada en capacidad por los nuevos objetivos chinos. El Banco Mundial está financiando muchos proyectos en la India tanto para la instalación de paneles solares en todos los edificios como para crear plantas fotovoltaicas con almacenamiento.

Al igual que China, la India está paralizando proyectos de centrales de carbón, reduciéndose mucho las previsiones de instalación de este tipo de centrales en el país. De los 300 000 MW de nueva capacidad de carbón que estaba prevista para 2030, se estima que la mayoría podría no llevarse a cabo debido a los planes de instalación de energías renovables. Además, se está trabajando activamente en eficiencia energética, como se puede observar en los programas de reparto masivo de luminarias eficientes en los hogares indios. Sin embargo, el proyecto más impactante de todos es la pretensión de que a partir de 2030 solo se puedan vender vehículos eléctricos en el país, objetivo que parece muy difícil de cumplir en tan pocos años viendo la cantidad de vehículos eléctricos que se fabrican en el mundo y el grado de electrificación del país.

La India es uno de los países más sensibles al cambio climático debido a su escasez de agua, su agricultura dependiente de la época de los monzones y a la amenaza del aumento del nivel del mar, por eso se está tomando muy en serio el Acuerdo de París y la transición energética, al igual que China que se quiere colocar como líder mundial contra el cambio climático y hacer de ello parte de su imagen de país. Lo que hagan estos dos países va a ser fundamental para la transición energética a nivel mundial y el cumplimiento de los compromisos para paliar el cambio climático, de hecho, las pocas buenas noticias en este aspecto han venido precisamente por la mejora de estos dos países respecto a sus objetivos iniciales.

74
¿En qué consiste el autoconsumo de electricidad?

El autoconsumo de electricidad consiste esencialmente en el consumo de la electricidad generada mediante fuentes de energía que son propiedad del consumidor y que están situadas en las mismas instalaciones de consumo, ya sean una casa particular, una empresa o algún tipo de explotación colectiva. Un autoconsumidor produce, al menos en parte, su propia energía mediante fuentes generalmente renovables, fundamentalmente paneles solares fotovoltaicos, aunque también podría ser mediante pequeños aerogeneradores. En su modalidad más sencilla están aisladas de la red eléctrica pero lo habitual es que el sistema de autoconsumo complemente a la energía que se obtiene de la red.

En una instalación de autoconsumo aislada de la red, el consumo de energía debe coincidir con los momentos de generación o bien disponer de un sistema de baterías que permita almacenar la electricidad para su uso en momentos donde no haya generación. Este tipo de instalaciones se suelen usar en ubicaciones alejadas de la red eléctrica o en aquellas situaciones donde económicamente no compense un enganche a la red eléctrica, como por ejemplo algunos pozos de riego que anteriormente funcionaban con generadores eléctricos de gasóleo. Sin embargo, las instalaciones conectadas a la red son las más habituales, ya que las instalaciones aisladas todavía tienen limitaciones o no salen rentables económicamente en zonas con infraestructuras eléctricas desarrolladas. Un autoconsumidor realizará parte de su consumo gracias a sus propias fuentes y otra parte gracias a la red eléctrica, aunque por la propia variabilidad de las renovables es probable que haya momentos en que la generación de electricidad supere en consumo en sus instalaciones. En función de que suceda con ese excedente pueden darse varias posibilidades:

- Autoconsumo sin excedentes: Si una instalación de autoconsumo está dimensionada de tal manera que siempre genere menos energía que el momento mínimo de demanda, esa instalación no tendrá excedentes.
- Autoconsumo con baterías: Si se dispone de baterías para almacenar energía, se aprovecharán los momentos en que se genere más energía de la que se consume para almacenarla y poder usarla en otros momentos de menor o nula generación del autoconsumo, minimizando la dependencia de la red eléctrica.
- Autoconsumo con venta de excedentes: Los excedentes pueden ser vertidos a la red eléctrica para que sean aprovechados por otros consumidores y gracias a ello conseguir un ingreso por venta de energía. En función de la regulación del país esta venta de energía se cobrará a precio de mercado, a algún tipo de precio regulado o incluso es posible que no se cobre nada, estando obligado el autoconsumidor a regalarla.
- Autoconsumo con balance neto: Una alternativa a la venta de excedentes es el balance neto (o medición neta), un sistema que se permite en varios países del mundo y que consiste en que los excedentes vendidos generan una especie de saldo eléctrico a favor que luego se compensa con la energía que se consume de la red. Es decir, si una instalación de autoconsumo vierte 1000 kWh a la red, tendrá otros 1000 kWh que podrá consumir gratuitamente. En los casos en que se genera un saldo permanente a favor del autoconsumidor este crédito caduca a los pocos meses.

Las legislaciones nacionales sobre el autoconsumo son muy distintas entre países, ya que puede permitirse o no contemplarse el balance neto, tener ingresos distintos por la venta de excedentes

U.S. Net Metering Customers

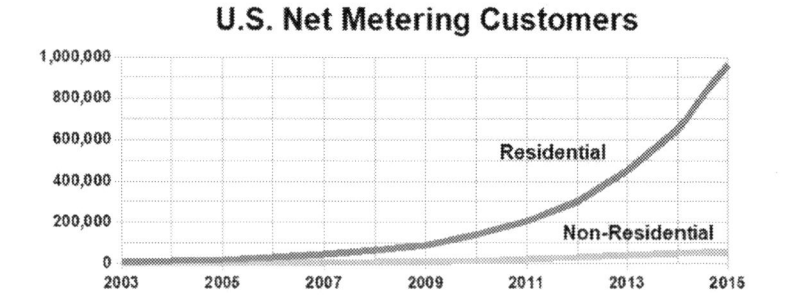

Evolución del número de consumidores que tienen un sistema de autoconsumo con balance neto en los Estados Unidos, donde la mayoría de los estados lo permiten. El balance neto ha crecido sobre todo en el sector residencial.

o tener el consumidor algún cargo adicional. Este último caso es el caso de España, donde los autoconsumidores con instalaciones de potencia instalada superior a 10 KW tienen que pagar un «peaje de respaldo», que se conoce por sus críticos como «impuesto al sol».

La justificación de este peaje de respaldo es que los autoconsumidores conectados a la red, en tanto en cuanto hacen uso de la red eléctrica del país, deben colaborar con los costes fijos del sistema eléctrico. En España los costes fijos del sistema se pagan tanto por capacidad de potencia como de forma variable por la energía consumida, así que si se deja de consumir energía de la red la contribución a estos costes se ve mermada. Los críticos dicen que es un impuesto injustificable que solo pretende poner trabas a la puesta en macha de instalaciones de autoconsumo, que no tiene sentido estar pagando un peaje por algo que no se usa y que es algo que no existe en el resto de países. La realidad es que la existencia de recargos o tasas al autoconsumo no es algo único de España, en algunos otros países también existen cargos a los autoconsumidores (en Arizona se pagan tasas mensuales por potencia instalada de autoconsumo, por ejemplo), pero generalmente la cantidad de exenciones son mayores que en España, los costes menores y estos se han aplicado después de una gran expansión del autoconsumo, no preventivamente.

Objetivamente, resulta bastante injustificable defender que se pague un peaje de respaldo por la cantidad de energía que se deja de consumir en base a cómo afecta esto a los costes del sistema.

La instalación de electrodomésticos eficientes o bombillas LED también provoca que un consumidor consuma menos energía y que, por tanto, pague menos al sistema para su mantenimiento, pero en ese caso no solo no se cobra un cargo adicional a quien los instala sino que además este tipo de sustituciones están promovidas por las propias leyes de los países. La eficiencia energética es un valor que se promociona legalmente y una instalación de autoconsumo provoca exactamente esa misma reducción de la demanda de energía de la red eléctrica, así que por lógica debería ser promocionada en vez de limitada. En cualquier caso, el Parlamento Europeo aprobó en enero de 2018, y por amplísima mayoría, una enmienda que pretende eliminar los gravámenes e impuestos al autoconsumo en los países miembros, lo que probablemente acabará con el peaje de respaldo, al menos tal y como se planteó originalmente.

El autoconsumo enlaza con otro concepto muy similar que se conoce como generación distribuida. La generación distribuida es aquella generación compuesta por multitud de pequeños generadores dispersos que generan la energía cerca de los puntos de consumo, a diferencia de lo que sería la generación centralizada basada en grandes centrales generadoras alejadas de los consumidores. La generación distribuida representa un cambio de paradigma en el sistema de generación y distribución de electricidad, que convierte a los usuarios en *prosumidores* (productores y consumidores) y en parte activa del sistema.

La generación distribuida supone ventajas pero también retos. En la vertiente positiva representa una democratización de la generación de energía y una forma de expandir la generación mediante energías renovables. Además, el consumo en instalaciones cercanas a la generación reduce las pérdidas del sistema eléctrico al minimizarse el transporte y puede ayudar a no tener que construir o ampliar líneas de transmisión e infraestructuras eléctricas. También puede mejorar la fiabilidad de la red eléctrica, ya que el fallo de una de las fuentes no supondría un problema para el suministro eléctrico. Sin embargo, en la parte de los retos tenemos una mayor complejidad a la hora de ajustar la oferta y la demanda, lo que implica la necesidad de contadores inteligentes y una gestión de datos más compleja. Si no se gestiona bien, se podría sobrecargar la red y provocar un aumento de pérdidas por exceso de generación. También supone un reto a la hora de elegir cómo se reparten los costes por mantenimiento de la red eléctrica.

La generación distribuida abre un mundo de posibilidades. Con redes inteligentes y las estructuras adecuadas podríamos ir a una situación donde los *prosumidores* puedan vender activamente su energía en función de sus intereses, donde las baterías particulares puedan ser usadas por la red eléctrica para atender picos de demanda (a cambio de una remuneración) o ser usadas por los consumidores para gestionar su demanda. La extensión de los vehículos eléctricos añadirá una nueva variable a estas nuevas redes, añadiendo capacidad de almacenamiento y potenciando la demanda selectiva de electricidad.

En definitiva, estamos en el inicio de una nueva forma de gestionar la electricidad muy relacionada con la interconexión, la información instantánea y la *customización* del consumo de electricidad.

75

¿Qué mecanismos existen para desarrollar las energías renovables?

El desarrollo de la mayoría de energías renovables tiene una naturaleza algo distinta a las energías fósiles. El hecho de que el coste fundamental de las energías renovables sea la inversión inicial, que difícilmente se puedan introducir mejoras en la planta durante su vida útil (sin cambiar enteras las unidades generadoras) y que su coste marginal de generación sea casi cero, implica que a la hora de invertir en una planta renovable sea muy importante tener claro los retornos que se van a obtener y en qué régimen operará la planta. Tener asegurado que toda la energía generada va a ser comprada y conocer de antemano cuanto se va a ingresar por ella en la medida de lo posible, son factores clave para poder conseguir inversiones en estas energías.

Para ello los países han desarrollado diferentes instrumentos para atraer la inversión en energías renovables. Uno de ellos es lo que se conoce como *feed-in tariff* (FIT) o tarifas de alimentación que son unos precios específicos y superiores a los del mercado que se ofrecen a la generación con energías renovables para poder hacer rentable su instalación. Las FIT pretenden garantizar un horizonte de rentabilidad mínimo para el inversor, por lo que fijan una tarifa determinada durante un número suficiente de años hasta alcanzar la amortización o, alternativamente, establecen un precio mínimo o una prima sobre el precio de mercado. Además de la cuestión económica debe existir un compromiso por el que el sistema eléctrico comprará toda la electricidad generada por esa planta, esencial para poder garantizar su viabilidad. Estas FIT normalmente se establecen hasta alcanzar ciertos objetivos de instalación de una energía determinada y, en el momento en que se superan, las FIT se reducen o se eliminan.

Las FIT fueron muy habituales durante la época donde las energías renovables no eran competitivas frente a la generación tradicional. El sobrecoste respecto al mercado acababa repercutiendo en la tarifa eléctrica del país mediante algún sobrecargo, o bien era asumido por los presupuestos del gobierno, por lo que en determinados círculos tienen mala fama. Sin embargo, es un mecanismo muy útil cuando se busca el desarrollo de una energía que todavía no es competitiva en el mercado, sobre todo a pequeña escala. Un caso de promoción de renovables mediante FIT es el de Alemania que ha potenciado la instalación de energía eólica y solar fotovoltaica gracias a este instrumento, siendo las FIT mayores en el caso de la energía más cara (en el caso de Alemania es la fotovoltaica) y cuyo cobro se extiende por 20 años. Sus costes se pagan como una tasa específica en la factura eléctrica de los consumidores alemanes.

Otro instrumento que cada vez se hace más habitual son las subastas de energías renovables, que se consideran actualmente el método más eficiente para atraer inversiones en este tipo de energías. En una subasta de energías renovables el sistema eléctrico plantea un precio determinado o un diferencial sobre el precio de mercado, y sobre ese precio licita una cantidad de energía determinada. Las empresas que deseen entrar en la licitación deberán ofertar a la baja, por lo que la presión competitiva hace bajar los costes finales de estas energías.

Hay básicamente dos formas de calcular la remuneración de las empresas que resultan ganadoras y que se establece en las bases previamente. Una es el mecanismo *pay as bid*, por el que cada una de las ofertas que han entrado en la licitación cobrará el montante que ha ofertado. La otra es la casación marginalista, por la que la última de las ofertas que es aceptada (que es la de precio más alto entre todas las ganadoras) marca el precio que cobran todas las demás. Este segundo mecanismo puede parecer que genera precios más caros, pero en teoría también debería generar ofertas más baratas al tener las empresas el incentivo a ofertar precios mínimos para poder ser elegidos, ya que en cualquier caso cobrarán el precio de la casación, siendo en el fondo la misma lógica que opera en los mercados mayoristas de electricidad. De todas formas, uno de los problemas de las casaciones marginalistas es que acaba habiendo ofertas especulativas que, si queda la casación demasiado baja, pueden acabar por no desarrollar el proyecto, algo que no suele pasar bajo el otro procedimiento.

Las subastas de renovables se pueden hacer por tecnología específica o mezclándolas todas y eligiendo la más barata entre ellas. También se pueden elegir los proyectos en base al menor coste de potencia instalada o al de la energía generada. Cada subasta tiene su propia naturaleza, pero todas concuerdan en el mecanismo competitivo para conseguir precios más bajos y el compromiso de cobro durante muchos años (alrededor de 20) necesario para asegurar la rentabilidad de la inversión.

Gracias al mecanismo de subastas se han conseguido los precios más bajos que hemos visto tanto para la energía eólica como la solar fotovoltaica, ambos por debajo de 20 \$/MWh a finales de 2017. No obstante, es importante observar que los precios mínimos obtenidos dependen mucho de cuestiones como el precio del suelo (si lo tiene), la existencia de una infraestructura eléctrica previa, los impuestos del país y, obviamente, de intensidad del recurso natural, que nos dará precios muy distintos en función de las distintas licitaciones y países. En sentido contrario, el problema básico de las subastas es que suelen dejar fuera los proyectos a pequeña escala, ya que son los grandes proyectos los que tienen precios más competitivos y suelen triunfar en las mismas.

El tercer mecanismo para poder desarrollar las energías renovables son los conocidos como Power Purchase Agreement (PPA), contratos de compra-venta de energía a largo plazo. Son muy habituales en algunos países como los Estados Unidos y su naturaleza es de un contrato privado a largo plazo entre un generador y un cliente final que puede ser una empresa suministradora de energía o bien un gran cliente privado. Pueden ser contratos físicos en los que hay una estructura eléctrica que une directamente al productor y al consumidor, pero en el caso de clientes privados el PPA suele ser financiero sin conexión física directa, equiparable a cualquier contrato comercial.

Los PPA son contratos a largo plazo, normalmente sobre 20 o 25 años, aunque hay PPA más cortos, en los que se pacta un precio estable fijo o indexado a algún valor de mercado que esté alineado con los intereses del generador y el comprador. Gracias a este contrato de largo plazo a precio asegurado los generadores pueden hacer inversiones mientras los compradores obtienen energía a un precio estable y generalmente más barato que el del mercado. El PPA se puede hacer también con generadores que ya estén en funcionamiento, como mecanismo para la diversificación de riesgos por parte del generador, teniendo su contraparte las mismas ventajas en cuanto a seguridad y previsibilidad de costes.

Los PPA se están comenzando a generalizar como forma de contratación de energía para los clientes privados. Empresas como Google, Bloomberg o Apple en Estados Unidos, la empresa de ferrocarriles holandesa o Calidad Pascual en España han firmado PPA a largo plazo con energía procedente de parques eólicos o fotovoltaicos. En 2017 se superó la cifra de 5400 MW comprados mediante PPA en todo el mundo, cifra récord que supera la de los años anteriores y que multiplica por más de 50 la negociada por este procedimiento en el año 2008.

76
¿Cuánta electricidad consume internet?

Una de las tendencias claras del futuro es la electrificación cada vez mayor de sectores como la movilidad o la climatización, lo que supondrá un reto tanto para la infraestructura eléctrica como para la generación de electricidad. Si los 1200 millones de vehículos que actualmente circulan en el mundo fuesen eléctricos y si usamos los consumos de electricidad que tienen los actuales modelos y un uso medio por vehículo de unos 15 000 km anuales, esto implicaría la necesidad de generación de 2700 TWh anuales adicionales, que representa aumentar la generación eléctrica alrededor de un 12-13% más a nivel mundial. Es posible que en el futuro se aumente el parque automovilístico mundial, pero también es posible que se consigan consumos inferiores en los vehículos eléctricos u otros cambios, así que mejor no estirar demasiado la cifra.

Los expertos afirman que, con una buena gestión de la carga de los coches eléctricos y aprovechando los momentos de menos demanda para cargar estos vehículos, las redes eléctricas de los países más desarrollados podrían aguantar esta demanda adicional de electricidad. En otros países, que actualmente ya tienen problemas para integrar las energías renovables en sus redes eléctricas como China, las redes deberán ser modernizadas, aunque actualmente ya se está trabajando en ese sentido. El problema, pues, sería de coordinación de la carga y de implementación de potencia instalada adicional, algo que también parece asumible cuando hablamos de una situación que tardará al menos de 20 a 30 años y cuando este incremento de energía es menor del que se estima por las previsiones de crecimiento económico. No hay que olvidar, no obstante, que la generación distribuida puede tener un papel relevante en la carga y mantenimiento de los vehículos eléctricos, reduciendo el impacto sobre la red eléctrica.

Sin embargo, hay un reto todavía más importante para la demanda de electricidad futura y es la extensión de internet. Internet cada vez consume más electricidad y en el futuro este consumo se incrementará, tanto por la extensión de su uso como por el crecimiento de los centros de datos y la generalización del internet de las cosas. Se estima que en 2017 entre el 6 y el 10% de la electricidad mundial consumida estaba relacionada con las tecnologías de la información y este porcentaje podría aumentar exponencialmente en los próximos años hasta cifras cercanas al 20% en el año 2025 y de más del 40% en 2030 si no se toman medidas de eficiencia energética en lo referente a estas tecnologías. Afortunadamente en los últimos años el aumento del consumo energético de los centros de datos se ha moderado mucho, sobre todo gracias al aumento de la eficiencia de los servidores y la mayor eficiencia de los sistemas de refrigeración. Por otro lado, el internet de las cosas (sic) ofrecerá oportunidades de ahorro energético neto en los equipos en los que esté conectado, así que se espera que su consumo eléctrico sea menor a los ahorros generados.

Dentro del elevado consumo eléctrico que origina internet merecen especial mención las criptomonedas, fundamentalmente la más conocida de ellas, el bitcoin. La cantidad de energía que consume todo el sistema que hay detrás del bitcoin no es fácil de calcular, pero según algunos estudios una transacción económica hecha con bitcoins consumía, en octubre de 2017, 20 000 veces más electricidad que una transacción con tarjeta de crédito.

El gran consumo energético del bitcoin está relacionado con lo que se conoce como «minería» del bitcoin, que consiste en tener el ordenador conectado al sistema realizando complejas operaciones

Bitcoin Energy Consumption Index Chart

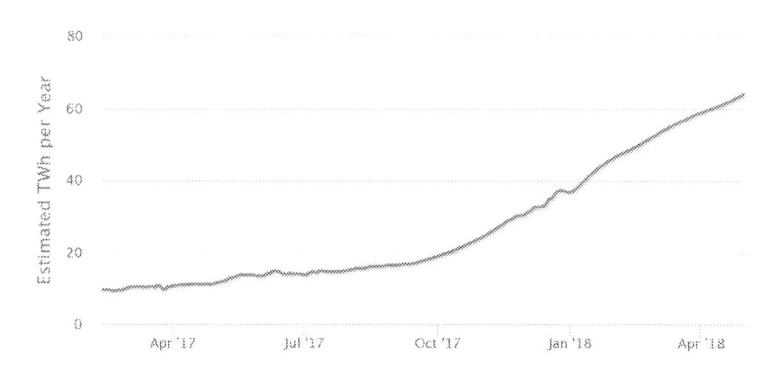

Estimación de la energía eléctrica que consumen las actividades relacionadas con el bitcoin anualmente. A principios de 2017 la energía eléctrica consumida por este sistema se estimaba cercana a 10 TWh, mientras que en mayo de 2018 se situaba en más de 60 TWh anuales.
Imagen cortesía de Digiconomist.

matemáticas que permiten verificar las transacciones con esta criptomoneda. Los «mineros» ponen sus ordenadores (y su consumo energético) al servicio del sistema a cambio de recibir un bitcoin si su ordenador es quien consigue resolver el problema matemático, por lo que podemos decir que los ordenadores compiten entre sí. Con el aumento del precio del bitcoin la actividad de la minería se ha hecho popular, pero a su vez el propio sistema del bitcoin ha ido reduciendo la recompensa por las operaciones resueltas, lo que ha llevado a que la minería del bitcoin se haya concentrado en países con un precio de la electricidad muy bajo. Se estima que en China se concentra el 70% de la minería del bitcoin gracias a sus bajos precios de electricidad, algo que preocupa al gobierno chino y le ha llevado a impulsar medidas para detener esta práctica en su territorio.

Según las estimaciones, el sistema que envuelve al bitcoin consumió más de 20 TWh de electricidad en el año 2017, con el agravante de que el crecimiento de este consumo eléctrico es exponencial. Si a principios de 2017 se calculaba que el consumo eléctrico anual del bitcoin, con ese ritmo de minería, estaría en poco más de 9 TWh, a principios de 2018 el consumo anual se estimaba en más de 40 TWh, bastante superior al de países como Ecuador, Irlanda o Dinamarca. De continuar este incremento, la minería del bitcoin acabaría consumiendo más electricidad que todos los países de la tierra juntos en 2020. Obviamente eso es algo insostenible que no va a suceder, por lo que acabará con una reforma del sistema en el que se basa el bitcoin o con su colapso, pero muestra bien cómo el consumo energético está muchas veces en las actividades más insospechadas y en las cosas a las que prestamos menos atención.

LA MOVILIDAD SOSTENIBLE

77
¿CÓMO FUNCIONA UN MOTOR DE COMBUSTIÓN?

A pesar de que se suele pensar que el automóvil es un invento de finales del siglo XIX, realmente el primer automóvil de la historia fue fabricado por el inventor francés Nicolas-Joseph Cugnot en 1769. Era una especie de coche de tres ruedas cuya rueda delantera se movía gracias a estar conectada a un motor de dos cilindros verticales y cuya fuente de energía era una caldera de vapor situada también en la parte delantera del coche. El funcionamiento era esencialmente igual al de una máquina de vapor que mueve una rueda de tejer pero en este caso moviendo la rueda tractora de un vehículo.

Además del coche de Cugnot, hubo varios tipos de automóviles que se desarrollaron durante finales del XVIII y casi todo el siglo XIX con motores que funcionaban a vapor, hasta que en 1885 el ingeniero alemán Karl Benz fabricó el primer vehículo con motor de combustión interna de la historia, que tenía tres ruedas y funcionaba con gasolina. Paralelamente a Benz, otro ingeniero alemán, Gotteb Daimler, construyó un poco después otro automóvil también con motor de combustión interna pero con cuatro ruedas. En 1893 el también alemán Rudolf Diesel inventó el motor diésel, una variable del motor de combustión interna que funcionaba con combustibles más densos y menos volátiles que se probó en un automóvil en 1898.

El motor de combustión interna es todavía el mecanismo por el que se mueven la inmensa mayoría de vehículos del mundo en la actualidad. Este motor convierte la energía química que contiene un combustible en energía mecánica que genera movimiento, gracias a la reacción de combustión que se produce en el interior del propio motor.

Un motor de combustión está compuesto por varios cilindros donde se realiza la combustión. Estos cilindros tienen en su parte superior dos válvulas, una de admisión (por donde entra el aire y la gasolina) y otra de escape (por donde salen los gases), y también una bujía. En el interior del cilindro hay un pistón que se desplaza de arriba a abajo y que está conectado en su parte inferior con una biela y un cigüeñal que convierten el movimiento de subida y bajada del pistón en un movimiento rotatorio que se transmite a la rueda y que provoca el movimiento del vehículo.

El proceso por el que un motor de combustión interna genera movimiento se produce en cuatro pasos:

- Admisión: la válvula de admisión se abre y deja entrar una mezcla de aire y gasolina (en el caso de un vehículo a gasolina) al interior del cilindro, mientras que este baja.
- Compresión: La válvula de admisión se cierra y el pistón sube comprimiendo la mezcla de aire y gasolina, haciéndola casi diez veces más pequeña y provocando la subida de la presión y la temperatura de la misma.
- Expansión: En el momento de máxima compresión, una bujía produce una chispa que incendia la mezcla de aire y gasolina, lo que produce una explosión que hace aumentar la temperatura y obliga al pistón a bajar hasta el fondo, empujando un sistema mecánico que será el que producirá el movimiento de la rueda.
- Escape: La válvula de escape se abre y el pistón sube de nuevo, expulsando de la cámara del cilindro los gases generados por la combustión.

En el caso de un motor diésel el funcionamiento es similar, pero por la naturaleza del combustible utilizado, que es el gasóleo, hay diferencias a la hora de la inyección de combustible y expansión. En un motor diésel en la primera etapa solo se introducirá aire

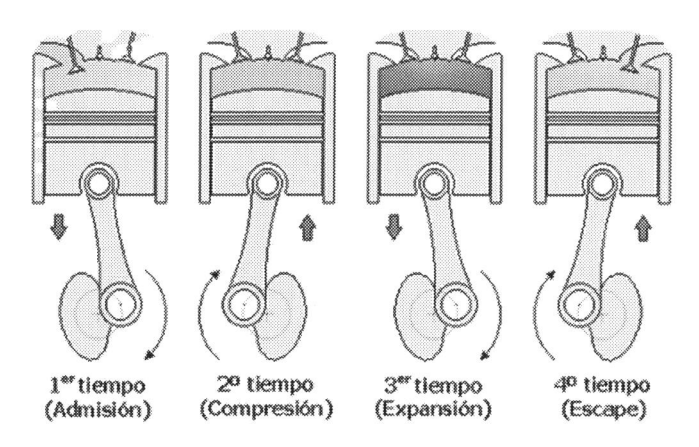

1ᵉʳ tiempo (Admisión) **2º tiempo (Compresión)** **3ᵉʳ tiempo (Expansión)** **4º tiempo (Escape)**

Esquema de funcionamiento de un motor de cuatro tiempos donde se observan las etapas de admisión, compresión, expansión y escape. Imagen: Willy, Wikimedia Commons.

que será calentado por la etapa de compresión. En ese momento es cuando se inyecta el gasóleo que pasa a estado gaseoso y entra en autoignición sin necesidad de chispa, gracias a que la compresión en un motor diésel es bastante mayor que en un gasolina (más del doble), lo que genera mucha más temperatura en el aire comprimido. Una vez se produce la autoignición del gasóleo el resto del ciclo es igual que en el motor de gasolina.

Los vehículos diésel consumen menos que los vehículos de gasolina ya que sus motores son más eficientes, sin embargo, tuvieron muchos problemas para competir con los coches de gasolina debido a que eran ruidosos, hacían mucho humo, pesaban más (el motor diésel debe ser más robusto que el gasolina), tenían problemas para arrancar en frío y su potencia era inferior a un coche gasolina. Todas estas dificultades fueron superadas con mejoras tecnológicas e incluso los coches diésel llegaron a copar la mayoría del mercado de algunos países debido a su menor consumo.

Los combustibles usados en los motores de combustión, la gasolina y el gasóleo, son derivados del petróleo que se obtienen por la destilación del mismo en las columnas de fraccionamiento. La gasolina, mezcla de muchos hidrocarburos diferentes con moléculas de cinco a once átomos de carbono y que es más volátil, evapora en un rango alrededor de los 150 °C. Esta gasolina de destilación no es aún adecuada para los motores, pues hay que quitarle el azufre y después aumentar su octanaje o número de octano, valor que representa la capacidad de la gasolina para evitar la autoignición, que de producirse, reduciría el rendimiento del motor. El aumento del octanaje se produce mediante varios procesos, uno de ellos es el reformado catalítico, con el que se convierten ciertos hidrocarburos en otros de mayor número de octano, pero también hay otros como la alquilación de moléculas de cuatro carbonos o la isomerización de hidrocarburos de cadena recta, todos con el objetivo de mejorar el octanaje de la mezcla final. También se generan compuestos de la gasolina gracias a la partición de moléculas más grandes que se obtienen en otros procesos del refinado de petróleo.

Antiguamente, para mejorar los octanajes, las gasolinas llevaban plomo o manganeso, metales peligrosos para el medio ambiente y tóxicos para el ser humano que producen varios problemas en los órganos y en el sistema nervioso, entre ellos problemas mentales. A partir de los años 70 se comenzaron a imponer impuestos a las gasolinas con plomo en algunos países para intentar desincentivar su uso y fabricación y más adelante se prohibieron en la mayoría de países. Hay estudios que indican que la prohibición de la gasolina sin plomo en Estados Unidos produjo un descenso importante del número de crímenes violentos.

El gasóleo se obtiene por destilación del petróleo a alrededor de 300 °C y está compuesto por hidrocarburos de diez a quince átomos de carbono. Es más denso que la gasolina y por eso tiene un poder calorífico por litro mayor (que no por kilo). En teoría es más barato que la gasolina, ya que es más fácil de refinar, aunque su precio depende, en parte, de la demanda y, a nivel de usuario final, de los impuestos del país.

78

¿Qué vehículo contamina más, un diésel o un gasolina?

El transporte es el responsable del 27 % del consumo energético final en el mundo y más del 75 % de ese consumo se produce debido al consumo gasolina y gasóleo en vehículos, camiones y barcos. En el transporte particular es la gasolina el combustible más utilizado en el mundo, pues los coches que funcionan con gasolina son mayoritarios en la mayoría de países. Tan solo en Europa el coche diésel tiene una presencia mayoritaria, siendo algo más del 50% de todo el parque móvil, debido a las regulaciones de emisiones que han favorecido a los diésel y a unos impuestos menores al gasóleo respecto a los que paga la gasolina, excepto en el Reino Unido. En países como Estados Unidos el diésel solo representa el 3% del mercado de los vehículos particulares, en Argentina no llega al 4% y en Japón el porcentaje es todavía menor, siendo esta la situación mayoritaria en el mundo.

En cambio, el gasóleo es el combustible mayoritario para el transporte de mercancías debido a la enorme cantidad de kilómetros que realizan estos vehículos, que priorizan el menor consumo de los motores diésel y del menor precio de este combustible en muchos países. En el transporte marítimo el gasóleo también se usa mucho más que la gasolina. En global, la gasolina y el gasóleo tienen un consumo similar a nivel mundial, aunque es algo mayor el de gasolina (el 40% del consumo de energía del sector transporte) que el de gasóleo (37%). Los otros derivados del petróleo usados en el transporte son el combustible de aviación (12%), que se usa en aviones, y el fueloil residual (9%), muy usado en transporte marítimo.

A pesar de que tanto la gasolina como el gasóleo son derivados del petróleo, el tipo de contaminación que generan en su combustión es sustancialmente distinta. Por regla general, un vehículo de gasolina emite más CO_2 que un diésel (al ser menos eficiente) y también más monóxido de carbono (CO), mientras los vehículos diésel emiten más óxidos de nitrógeno (NOx) y partículas en suspensión.

He utilizado la expresión «por regla general», porque la tecnología de los coches ha cambiado mucho en los últimos años, fundamentalmente forzada por las legislaciones medioambientales que obligaba a los fabricantes de vehículos a reducir sus emisiones cada cierto tiempo. Grandes bloques como los Estados Unidos o la UE han ido endureciendo los estándares medioambientales cada cierto tiempo, obligando a que los vehículos que se ponían a la venta no excediesen las emisiones de contaminantes que marcaban en cada revisión legal. En Europa, por ejemplo, está vigente la normativa europea sobre emisiones que cada cierto tiempo marca unos nuevos límites máximos de emisiones por contaminante, siendo los contaminantes limitados el CO, los NOx, las partículas en suspensión (PM) y los hidrocarburos no quemados (HC). El CO_2 no está

Límite de emisiones para turismos con motores gasolina (g/km)						
Tipo	Año	CO	HC + NOx	HC	NOx	PM
Euro I	1992	2,72	0,97	-	-	-
Euro II	1996	2,20	0,50	-	-	-
Euro III	2000	2,30	-	0,20	0,15	-
Euro IV	2005	1,00	-	0,10	0,08	-
Euro V	2009	1,00	-	0,10	0,06	0,005
Euro VI	2014	1,00	-	0,10	0,06	0,005

Límite de emisiones para turismos con motores diésel (g/km)						
Tipo	Año	CO	HC + NOx	HC	NOx	PM
Euro I	1992	2,72	0,97	-	-	0,140
Euro II	1996	1,00	0,70	-	-	0,080
Euro III	2000	0,64	0,56	-	0,50	0,050
Euro IV	2005	0,50	0,30	-	0,25	0,025
Euro V	2009	0,50	0,23	-	0,18	0,005
Euro VI	2014	0,50	0,17	-	0,08	0,005

Límite de emisiones de los distintos contaminantes por normativa Euro y tipo de vehículo. Elaboración propia.

limitado de la misma manera al ser inocuo para el ser humano, aunque sí existen otras legislaciones que generan gravámenes de superarse ciertos límites de CO_2.

La primera serie de limitaciones para turismos se implantó en 1992 y se conocía como Euro 1, actualizándose en 1996, 2000, 2005, 2009 y 2014 (Euro 6), con unos límites distintos para los vehículos diésel y los gasolina. Cada una de estas nuevas limitaciones reducía o igualaba la limitación anterior para cada uno de los contaminantes. Por ejemplo, según la norma Euro 1 un vehículo diésel fabricado en 1992 podía emitir hasta 0,14 g/km de partículas en suspensión, cantidad que en el Euro 6 fue reducida a 0,005 g/ km. Esto implica que la cantidad de contaminantes que emite un coche no depende solo de qué tipo de motor tenga, sino sobre todo de en qué año se ha puesto en el mercado. Un coche gasolina emite menos NOx que uno diésel, pero un coche gasolina fabricado en los años 90 probablemente emita más NOx que un diésel posterior a 2014, ya que este está sometido a la normativa Euro 6.

Sin embargo, la eficacia de estas limitaciones de emisiones sufrió un duro golpe en el año 2015 debido al escándalo de la falsificación de emisiones de NOx por parte del fabricante Volkswagen en sus vehículos diésel. Al parecer la compañía instaló en los vehículos un software que detectaba cuando se estaba haciendo una prueba de emisiones y entonces cambiaba los controles del motor para cumplir con los límites que imponía la Agencia de Protección Ambiental de los EE.UU. (con sus siglas en inglés, EPA). Finalmente, se descubrió que estos vehículos estaban emitiendo en realidad hasta 40 veces más NOx de lo que marcaban los límites legales y Volkswagen acabó pactando el pago de más de 20 000 millones de dólares en EE.UU. entre la multa y las compensaciones a concesionarios y usuarios.

En los años 70 y 80 el principal problema de contaminación atmosférica en las ciudades era el CO, que es tóxico, y el plomo, sin embargo, en la actualidad los problemas fundamentales vienen por las emisiones de NOx y de partículas, las menores a 10 micras (PM10) pero sobre todo las menores a 2,5 micras (PM2,5). Los NOx, además de contribuir a la lluvia ácida, provocan problemas respiratorios e inmunológicos, mientras que las partículas también generan problemas respiratorios como el asma, problemas cardiovasculares y desarrollo de alergias, siendo las partículas más pequeñas especialmente nocivas al instalarse en los alvéolos pulmonares y llegando al torrente sanguíneo.

Los coches diésel son los principales responsables de la presencia de partículas y NOx, a pesar de que los estándares actuales deberían teóricamente reducir esta contaminación. Por ello, muchas ciudades del mundo están limitando la circulación de los coches diésel. Ciudades como París o Ciudad de México prohibirán la circulación de todos los vehículos diésel en 2024 y 2025 respectivamente. En Londres o Bruselas las limitaciones se han hecho sobre los diésel más antiguos y se ampliarán progresivamente, así Londres cobra una tasa de 10 libras diarias a los vehículos diésel anteriores a 2005 que quieren circular por el centro de la ciudad (que se suma a otra tasa para todos los coches) y Bruselas prohíbe la circulación de los diésel matriculados antes de 1992. Madrid y Barcelona prohibirán a los diésel antiguos circular a partir de 2025 y 2018 respectivamente y Atenas prohibirá los diésel en el centro de la ciudad en 2025.

Algunos expertos afirman que las futuras reglamentaciones para los vehículos diésel serán tan estrictas que los costes de fabricación necesarios para cumplirlas harán que estos coches no sean rentables frente a los vehículos de gasolina. Fuera de Europa muchos fabricantes van a dejar de fabricar vehículos diésel e incluso en Europa los motores diésel se están dejando de instalar en los modelos más pequeños.

79
¿QUÉ VENTAJAS TIENEN LOS VEHÍCULOS QUE FUNCIONAN CON GAS?

Los vehículos que funcionan con gas son el tipo más habitual de vehículos con combustibles alternativos, que son aquellos que usan combustibles que no son derivados líquidos del petróleo. Hay dos tipos básicos de vehículos a gas: aquellos que usan como combustible Gases Licuados de Petróleo (GLP) y aquellos que usan Gas Natural Comprimido (GNC), también llamado Gas Natural Vehicular (GNV) en algunos países.

Los coches que funcionan con GLP existen desde los años 30 y de hecho es un combustible muy popular en algunos países como Polonia, Italia o Turquía. El GLP se obtiene en su mayoría en el proceso de extracción del petróleo y el gas natural, aunque una parte importante del mismo (casi el 40%) se obtiene del refinado de petróleo, por lo que es químicamente una mezcla de propano y butano. Su combustión es más limpia que la de los combustibles líquidos derivados del petróleo, ya que produce menos NOx y casi no produce partículas, aunque a nivel de CO_2 emite más o menos como un vehículo diésel (pero menos que un gasolina).

Los coches que funcionan con GLP suelen ser bifuel, es decir, tienen un depósito de GLP pero también otro de gasolina y el conductor puede elegir qué combustible usar en cada momento. Un motor de gasolina puede funcionar también con GLP, así que los cambios que hay que realizar son mínimos para poder tener un coche que funcione con estos dos combustibles. Muchas marcas ofrecen de fábrica la posibilidad de que el vehículo sea bifuel gasolina/GLP por un precio relativamente económico, a veces más económico que el mismo modelo en versión diésel, aunque también existe la posibilidad de comprar el vehículo con motorización de gasolina y realizar la conversión posteriormente en un taller. El único problema de estos vehículos bifuel es que, al tener que contener dos depósitos, estos suelen tener menor capacidad individual que los vehículos de un solo depósito o bien que el depósito de gas acaba ocupando espacio del maletero.

También existen los vehículos que funcionan con GLP y gasóleo, pero en este caso se llaman dual-fuel y son algo distintos. Un motor diésel estándar no puede funcionar con GLP de la manera que lo hace un motor de gasolina (al no ser de ignición por chispa), así que en estos vehículos lo que se hace es mezclar el gasóleo y el GLP y provocar la ignición por compresión de la mezcla. El vehículo no puede funcionar solo con GLP, de hecho, la mezcla que sufre la combustión seguirá estando compuesta mayoritariamente de gasóleo, pero la adición del gas permitirá una combustión más perfecta del gasóleo y una emisión menor de contaminantes, fundamentalmente de partículas y NOx.

Una alternativa distinta son los coches que funcionan con GNC, habituales en América Latina. A diferencia de los vehículos que funcionan con GLP, en los que el combustible se almacena en estado líquido a alrededor de 10 bar de presión, el GNC se almacena en estado gaseoso a pesar de estar a mayor presión, alrededor de 200 bar. Esto implica que los depósitos de GNC son más grandes y más pesados, lo que disminuye su tendencia a ser bifuel (aunque también existen) y reduce su autonomía respecto a un vehículo de GLP.

Sin embargo, el GNC es algo menos contaminante que el GLP y bastante menos que la gasolina o el gasóleo, es probablemente el más limpio de los combustibles fósiles. Si utilizamos valores medios, un vehículo a GNC emite un 25% menos de CO_2 que un gasolina y un 15% menos que un diésel. En cuanto a partículas, emite un 35% menos que un gasolina y un 99 % menos que un diésel. Si hablamos de hidrocarburos no quemados, libera un 75% menos que un gasolina y un 36% menos que un diésel y además emite un 53% menos de NOx que un gasolina y un 95% menos que un diésel. En todos los parámetros es más limpio que los coches diésel o gasolina y en los dos parámetros actualmente más importantes para la calidad del aire en las ciudades, las partículas y los NOx, sus emisiones son residuales comparadas con las de un vehículo diésel.

Una de las ventajas potenciales que pueden tener los vehículos a GNC es la posibilidad de repostaje en el propio domicilio, ya que la mayoría de hogares tienen la posibilidad de instalar un acceso a la red de gas natural. Este es un desarrollo aún muy incipiente y tan solo unas pocas empresas en el mundo están intentando comercializarlo, pero supondría un cambio de paradigma similar al que supone el vehículo eléctrico, con carga en el propio hogar. Lo que sí está muy desarrollado son las empresas que tienen puestos de recarga propios para sus flotas de vehículos.

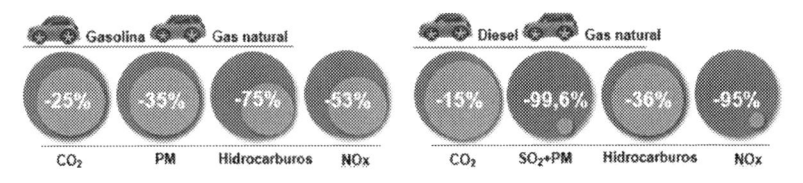

Comparativa del nivel de emisiones de los vehículos que funcionan con GNC respecto a los vehículos gasolina y diésel. Imagen cedida por EDP.

Además del GNC también se utiliza como combustible el Gas Natural Licuado (GNL) que se usa fundamentalmente en camiones que realizan grandes distancias en países como China o Estados Unidos La licuefacción del gas permite disminuir bastante su volumen y por tanto estos vehículos tienen una autonomía muy superior a los de GNC (aproximadamente el doble). Sin embargo, el GNL debe estar a –161 °C por lo que se requieren depósitos especiales y unas estaciones de repostaje también especiales.

En cualquier caso, el GNL tiene sus mayores aplicaciones como combustible para buques mercantes. El Convenio Internacional para prevenir la contaminación de los Buques (convenio MARPOL) está obligando a los buques mercantes a cumplir ciertas limitaciones de emisiones de óxidos de azufre (SOx) y NOx si quieren entrar en determinadas zonas marcadas como libres de emisiones a partir de 2020, zonas tan importantes como las costas norteamericana y canadiense, el canal de la Mancha o el mar del Norte. La limitación no es caprichosa, pues se estima que el transporte marítimo es responsable del 15% de las emisiones de SOx y del 25% de las de NOx del mundo.

El GNL permite reducir las emisiones de NOx por debajo del umbral exigido y prácticamente hace desaparecer las de SOx, además de reducir las emisiones de CO_2 en alrededor de un 25% respecto al fueloil, por lo que es la solución más directa para cumplir estas exigencias. El problema es que el GNL, al tener que transportarse a – 161 °C, obliga a realizar estructuras especiales que pueden incrementar el coste del barco hasta un 25%, por lo que en muchos casos se está optando por adaptar los buques existentes con sistemas como lavadores de gases que permiten cumplir la normativa impuesta por el convenio MARPOL. Aun así, se estima que el GNL será el combustible del futuro en el sector marítimo y así lo parece confirmar el aumento exponencial de pedidos de nuevos barcos que funcionan con este combustible.

80

¿Cómo pueden los coches híbridos producir electricidad al frenar?

Un vehículo híbrido es aquel que combina un motor eléctrico con un motor de combustión tradicional, generalmente de gasolina, ya que a pesar de haber híbridos diésel estos son muy minoritarios. Fundamentalmente hay dos tipos de vehículos híbridos: los enchufables y los no enchufables. Los híbridos enchufables son vehículos, principalmente eléctricos, que tienen un motor de combustión como motor secundario al que solo se recurre si el motor eléctrico se queda sin electricidad. Como su propio nombre indica, la batería eléctrica se carga preferentemente enchufando el automóvil a la red eléctrica y mientras tenga suficiente carga funciona básicamente como un vehículo eléctrico. En caso de que la batería se quede sin carga se inicia el motor de combustión, pero si no se da esa circunstancia el híbrido enchufable funciona igual que un vehículo eléctrico.

Por otro lado tenemos los vehículos híbridos no enchufables (o regulares) que son los más habituales en el mercado y se asemejan más a un coche de combustión que a uno eléctrico. En función de cómo trabajan los dos motores podemos distinguir entre tres modalidades:

- Vehículos híbridos en paralelo: En estos vehículos el motor de combustión y el eléctrico trabajan a la vez para transmitir potencia a las ruedas. Tradicionalmente han sido los más habituales.
- Vehículos híbridos en serie: En este caso el motor de combustión no transmite potencia a las ruedas, sino que se usa para generar electricidad y recargar así las baterías, es el motor eléctrico el que transmite el movimiento a las ruedas. Es un sistema poco eficiente debido a las pérdidas que se derivan de la conversión de energía mecánica en eléctrica, por lo que no se suelen usar en modelos no enchufables. Tan solo se usa cuando el motor de combustión es secundario y está pensado para usarse de forma esporádica, que es el caso de los híbridos enchufables.
- Vehículos híbridos combinados: Estos vehículos pueden usar para la tracción de las ruedas cualquiera de los dos

motores o ambos a la vez. Habitualmente suelen usar el motor eléctrico a velocidades bajas (no mucho más de 30 km/h) siempre que la batería esté cargada, mientras que a velocidades altas ambos motores funcionan a la vez. Esta estructura es más eficiente porque se usan los excesos de energía generados por el motor de combustión para cargar la batería y además ofrece una ventaja medioambiental: en ciudad este tipo de coches funcionarán en modo eléctrico la mayoría del tiempo, lo que evita emisiones.

Los vehículos híbridos consiguen funcionar con un motor eléctrico gracias a que aprovechan la energía del frenado o la desaceleración del coche. En un coche de combustión tradicional, cuando se frena (bien con el freno, bien con una reducción de marcha) se disipa energía en forma de calor, energía que se pierde. Los coches híbridos, en cambio, poseen un sistema de freno regenerativo que básicamente consiste en usar el propio motor eléctrico como freno, haciéndolo funcionar como un generador eléctrico en esos momentos del frenado. En vez de consumir electricidad para generar movimiento, el frenado regenerativo invierte el funcionamiento del motor y usa el movimiento residual del coche como fuente de energía cinética para generar electricidad, frenándose el coche en el proceso. No obstante, no todo el proceso de frenado se hace con el motor, el frenado se realiza también en parte con un freno clásico por cuestiones de seguridad, por lo que solo parte de esa energía cinética que se reduce al frenar se recupera. Gracias a este sistema de freno regenerativo, un vehículo híbrido no enchufable puede consumir entre un 15 y un 25% menos de combustible que un coche de combustión.

Este ahorro de combustible es una de las razones por las que los vehículos híbridos no suelen tener motorizaciones diésel. Un vehículo diésel es más caro que uno gasolina, pero como contraparte consume menos, por lo que en algunas ocasiones resulta rentable. Esta diferencia de consumo se ve minimizada si parte de la energía que necesita el coche proviene de un motor eléctrico, así que resulta más difícil que un vehículo híbrido diésel resulte rentable. Además, un coche híbrido ya es más caro de por sí, si además es diésel el precio todavía sube más.

Otra razón es que existe cierta complementariedad entre los motores. Un motor gasolina no es muy bueno a bajo régimen y mejora a régimen más alto, mientras que un motor eléctrico

Fotografía de un Toyota Prius, el primer híbrido no enchufable producido en serie. Desde el lanzamiento de su primera generación en 1997 y hasta 2017 se vendieron alrededor de cuatro millones de Prius en el mundo.

funciona al revés, es mejor a bajo régimen que a alto, por lo que hay cierta complementariedad. Un motor diésel es más parecido a un motor eléctrico, y esa falta de complementariedad implica ciertas dificultades adicionales. Otra razón es que tanto el motor eléctrico como la batería eléctrica pesan bastante y si a eso le añades un motor como el diésel que es más pesado que el gasolina, aumentas demasiado el peso del vehículo. Pero quizá más importante que todo eso sea que los vehículos híbridos han sido desarrollados sobre todo por empresas japonesas y, en menor medida, norteamericanas, que son países donde el diésel es residual para vehículos ligeros.

No solo existen híbridos con motores gasolina o diésel, un vehículo híbrido puede existir con cualquier otra motorización además de la eléctrica. Por ejemplo, la coreana Hyundai comercializa en Corea del Sur vehículos híbridos con motor de gas licuado de petróleo (GLP). Igual que existe este modelo se podrían hacer coches híbridos con gas natural comprimido o incluso con hidrógeno.

Los vehículos híbridos están disponibles en el mercado desde 1997 y hasta 2017 se habían vendido doce millones de híbridos en el mundo, la mayoría en Japón (cinco millones) y Estados Unidos (cuatro millones). Aunque esta cantidad parece muy pequeña, las ventas de los vehículos híbridos ha crecido exponencialmente con el paso de los años y en 2016 se vendieron más de millón y medio de estos vehículos. Los grandes fabricantes de automóviles están comercializando cada vez más modelos de vehículos híbridos, sobre todo los fabricantes asiáticos, por lo que las cifras de vehículos híbridos no enchufables aumentarán en los próximos años junto con los híbridos enchufables y los eléctricos, sobre todo en entornos urbanos donde estos vehículos, por ahora, parecen libres de las limitaciones impuestas a otros vehículos equipados con motores de combustión.

81
¿Por qué no se desarrolló antes el vehículo eléctrico?

A pesar de que el vehículo eléctrico parece algo de invención reciente, la realidad es que los vehículos eléctricos se inventaron antes que el motor de combustión interna. Durante la década de 1830 se fabricó el primer vehículo que funcionaba con un motor eléctrico y que dependía de una pila no recargable, aunque no pasó de ser un prototipo. Tuvo que pasar medio siglo para poder ver vehículos eléctricos realmente funcionales por las calles, sobre todo en el Reino Unido, Francia y los Estados Unidos

A finales del siglo xix y principios del xx los coches eléctricos parecían ser mejores que los vehículos de combustión interna, ya que no hacían ruido y eran fáciles de manejar. Los vehículos de combustión interna de aquella época eran vehículos muy ruidosos y que emitían gran cantidad de humo, además de que eran difíciles de conducir. Pero todo cambió con la llegada del Ford T a principios del siglo xx, un coche de gasolina que mejoraba todos los anteriores, era muy económico y tenía mucha más autonomía que un vehículo eléctrico, que además coincidió con una época donde la gasolina era barata. Los vehículos eléctricos de la época no podían recorrer más de 50 kilómetros, su velocidad máxima era de 30 km/h y ya en la década de 1910 costaban alrededor de tres veces más que un vehículo de gasolina, así que fueron rápidamente desplazados por los nuevos vehículos de combustión como el Ford T.

Durante muchas décadas no se hicieron vehículos eléctricos más allá de ciertos vehículos pequeños y de aplicaciones muy específicas (como carros de golf). Fue a partir de la década del 2000, donde se comenzaron a desarrollar microcoches eléctricos y posteriormente vehículos eléctricos como tal, aunque generalmente de

Fotografía de 1913 donde se muestra un vehículo eléctrico de la época. El hombre que está en frente del coche es Thomas Edison, quien había desarrollado unas baterías recargables para vehículos eléctricos.

pequeño tamaño. Su desarrollo se ha visto limitado por un precio superior a los vehículos de combustión, una menor autonomía y la falta de infraestructuras para la recarga.

Se consideran vehículos eléctricos tanto los vehículos estrictamente eléctricos como los híbridos enchufables, ya que estos pueden funcionar solo con la batería eléctrica. Estos vehículos tienen tres partes fundamentales: el motor eléctrico, la batería y el sistema regulador eléctrico.

Un motor eléctrico funciona de forma inversa a un generador eléctrico, transforma energía eléctrica en energía mecánica. El paso de corriente eléctrica genera un campo magnético variable en el estátor que interacciona con el campo magnético fijo que genera el rotor y provoca que este se mueva. Este movimiento del rotor es el que se transmite a las ruedas y el que permite el funcionamiento del coche. Al igual que pasa en los coches híbridos, el motor eléctrico puede invertir su funcionamiento y usar la energía mecánica de los momentos de frenado para generar electricidad y recargar la batería, lo que se conoce como frenado regenerativo. Los motores eléctricos tienen alta eficiencia, alrededor de un 75%, muy superior a la de los motores gasolina y diésel (que están entre el 30 y el 40%), y además tienen una gran diferencia respecto a los motores de combustión: no requieren de cambio de marchas. Los motores de combustión necesitan cambio de marchas para poder desarrollar un amplio rango de velocidades ya que el motor no tiene un rango de velocidades de giro suficientemente amplias, sin embargo, el motor eléctrico sí puede desarrollar suficiente rango de velocidades de giro para poder abarcar todas las velocidades que le pedimos a un coche.

El sistema regulador eléctrico es aquel que gestiona los flujos eléctricos entre la batería y el motor, adaptándolos a las necesidades. Este sistema está compuesto de varios elementos: el inversor, que convierte la corriente continua de la batería en corriente alterna para el motor; el rectificador, que hace la función contraria al inversor y que transforma la corriente alterna en continua cuando el motor está generando energía: el transformador, que ajusta los voltajes del motor y la batería; y el controlador, el sistema electrónico que recibe las órdenes del conductor y coordina el resto de elementos. El sistema regulador posee también un ventilador, ya que en estos procesos de transformación se pierde energía en forma de calor y es necesario evitar que el sistema se sobrecaliente.

Pero quizá la pieza clave del coche eléctrico es la batería, que es la fuente de electricidad del motor eléctrico y que se recarga mediante conexión a la red eléctrica. La práctica totalidad de las baterías de los coches eléctricos modernos son de ion-litio, que se han impuesto por su bajo peso y por su alto número de ciclos de carga. La capacidad de una batería se mide en los kWh que puede almacenar y que permitirá una determinada autonomía al vehículo en función de su consumo, que se mide en kWh/100 km.

La carga de un vehículo eléctrico no es algo tan estandarizado como el repostaje de combustible, ya que existen tres variables a tener en cuenta: los tipos de conectores, los tipos de carga y los modos de carga. Hay varios tipos de conectores en el mercado y cada fabricante suele poner los suyos, existen además estándares en función del país. El tipo de conector condiciona también el tipo de carga que se vaya a realizar, desde cargas lentas (de unas ocho horas) hasta cargas super-rápidas (unos 20 minutos), ya que algunos conectores admiten distintos tipos de cargas y otros no. Se supone que con el tiempo los conectores se unificarán como ha pasado en otros campos como los cargadores de los teléfonos móviles, pero hoy en día sigue existiendo distintos tipos y eso crea ciertas dificultades a los usuarios de estos coches.

Los modos de carga hacen referencia a la comunicación que existe entre el vehículo y la red eléctrica. Hay cuatro modos: el modo 1, que corresponde al de un enchufe normal sin comunicación alguna entre la red y el vehículo; el modo 2, en el que el cable tiene un piloto de control de la carga y un sistema de protección; el modo 3, que tiene una alta comunicación con sistemas de control y monitorización de la carga; y el modo 4, que es como el modo 3 pero con un transformador de corriente en la salida de red que permite la carga de la batería en corriente continua.

Uno de los problemas a los que se ha enfrentado el vehículo eléctrico es a su falta de autonomía. Hasta prácticamente mediados de la década del 2010 los vehículos eléctricos difícilmente tenían una autonomía superior a los 100 kilómetros. La inmensa mayoría de la población no hace prácticamente nunca más de 100 kilómetros diarios, sin embargo, esa limitación ha hecho que mucha gente ni siquiera se plantee comprar un vehículo eléctrico. La otra gran limitación del vehículo eléctrico es la necesidad de tener un punto de recarga en la vivienda, algo que mucha gente no tiene, ya que no hay una red de recargas rápidas lo suficientemente desarrollada que permita prescindir de la recarga doméstica. Esta escasez de infraestructuras de recarga ha sido el tercer gran hándicap del coche eléctrico, pues unido a su escasa autonomía lo encasilló como un vehículo solo apto para el uso urbano o, como mucho, para cortas distancias.

82

¿Puede ser un vehículo eléctrico una fuente de ingresos?

A finales del año 2017 había en el mundo más de 3 millones de vehículos eléctricos, de los cuales más de un millón se habían vendido ese año 2017. Esta cifra es minúscula comparada con la cantidad de automóviles que circulan en el mundo (1200 millones) por lo que el vehículo eléctrico no llega a representar el 0,25% del parque automovilístico mundial. Sin embargo, hay que contextualizar la cifra teniendo en cuenta que a principios de década prácticamente no había vehículos eléctricos circulando, ya que había menos de 17 000 en todo el mundo. Como con cualquier novedad tecnológica, el crecimiento de las ventas de vehículos eléctricos está siendo exponencial y, según Bloomberg New Energy Finance, se espera que para 2040 la tercera parte de los vehículos del mundo sean eléctricos y que estos representen el 54% de las ventas en ese año.

El principal mercado para el vehículo eléctrico es China donde se venden la mitad de los vehículos eléctricos del mundo y donde hay potentes fabricantes locales como BYD, BAIC o Geely Automobile. Sin embargo, la cuota de mercado del vehículo eléctrico es todavía de un 2%, cifra parecida a la de Francia o el

VE vendidos en el mundo

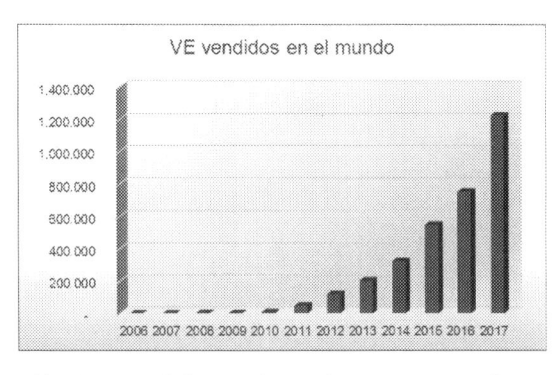

Vehículos eléctricos vendidos en el mundo por año entre los años 2006 y 2017. Se considera como vehículo eléctrico tanto a los vehículos eléctricos puros como a los híbridos enchufables. En el año 2017 se vendieron 1 223 600 unidades frente a los 320 vehículos que se vendieron en 2006.
Imagen: Elaboración propia con datos de Global EV Outlook 2017 y Evvolumes.com.

Reino Unido. Pero si hablamos de cuota de mercado y a nivel de parque automovilístico, el país líder en el vehículo eléctrico es sin ninguna duda Noruega, donde la cuota de mercado del vehículo eléctrico se acerca al 40%. Esta altísima cuota se explica gracias a los incentivos que se otorgan en aquel país a la compra de coches eléctricos, el más importante, la exención del pago del IVA en la compra de estos vehículos (que es el 25% en Noruega), pero también la posibilidad de circular por el carril bus, peajes gratuitos, aparcamiento gratuito en estacionamientos municipales, transporte gratis en Ferry, etcétera.

Uno de los factores que ha impedido la proliferación del coche eléctrico es el precio del vehículo, bastante superior a los modelos de combustión interna. En los vehículos eléctricos el precio de la batería es un factor que encarece mucho el coste ya que puede significar alrededor del 25% del precio final. Este ha sido el gran problema del coche eléctrico durante mucho tiempo, pero la mejora de la tecnología y la expansión de estos vehículos están haciendo caer fuertemente el coste de las baterías. De 2010 a 2016 los precios de las baterías de los vehículos eléctricos cayeron un 80%, aunque según la fuente difiere la cantidad. Algunas estimaciones hablan de que el coste en 2010 era de 750 $/kWh y en 2016 bajó a 150 $/kWh, mientras que otras consideran un coste de 1000 $/kWh en 2010 y de 200 $/kWh en 2016. En cualquier caso, se estima que el precio de las baterías podría caer alrededor de un 30% adicional para 2020 alcanzando los 100-125 $/kWh, cifra en la que se considera que los vehículos eléctricos serían económicamente competitivos frente a los de combustión interna.

A pesar de ser más caro en su coste inicial, la gran ventaja del vehículo eléctrico es su bajo coste variable por kilómetro. El consumo medio de un coche eléctrico puede estar alrededor de 15 kWh/100 km, que sería equivalente a cinco litros de gasóleo o seis litros de gasolina en un coche de combustión tradicional. Utilizando los costes de estas energías en España a finales de 2017, obtenemos que el vehículo eléctrico gasta poco más de 1 € a los 100 km, si solo contamos el coste de la energía, o alrededor de 2 €/100 km si tenemos en cuenta también los costes fijos del contrato eléctrico. Frente a eso, un diésel gasta alrededor de 5,5 €/100 km y un gasolina unos 7 €/100 km. Este coste sería en el caso de una carga nocturna en el hogar y estando acogidos a la mejor tarifa para este fin. Si se cargase el coche eléctrico en la red de cargadores de carga rápida, el coste de la electricidad sería bastante mayor pero aún así sería más barato que el gasóleo o la gasolina.

La cifra del coste por kilómetro es espectacularmente baja pero conviene hacer algunos matices. Como es lógico, y ante un coste tan bajo por kilómetro, un coche eléctrico será tanto más rentable conforme más kilómetros hagamos con él. Sin embargo, un coche eléctrico, a diferencia de lo que pasa con los coches de combustión, consume menos en ciudad que en carretera y si el uso que se hace del coche es solo en ciudad, es muy difícil hacer muchos kilómetros al año. Por otro lado, la tradicional limitación de autonomía de los coches eléctricos también ha impedido realizar una cantidad de kilómetros muy elevada. Estas dos razones han llevado a que, a pesar de su bajo coste por kilómetro, la mayoría de usuarios no haya visto el coche eléctrico como algo rentable.

Hasta mediados de década de 2010 era difícil que un coche eléctrico hiciese mucho más de 100 kilómetros reales de autonomía (con carga, climatizador encendido, etc.), pero esto está superado en los nuevos modelos. Muchos de los modelos que se vendían en 2017 tenían fácilmente entre 200 y 300 kilómetros reales de autonomía, y los modelos que se esperan para final de década aseguran sobrepasar los 400 kilómetros. Con estas autonomías el problema de la limitación de kilómetros recorridos desaparece y estos coches pueden servir para prácticamente cualquier uso que se le da a los coches de combustión, en esa situación su bajo coste por kilómetro se convierte en una ventaja muy relevante. Sin embargo, no hay que olvidar que para poder acogerse a este coste tan bajo por kilómetro hay que tener un punto de recarga eléctrica en el hogar y eso cuesta dinero además de requerir de una plaza de aparcamiento en propiedad.

Más allá de su uso como mecanismo de movilidad, el vehículo eléctrico puede tener en el futuro otra función: ser parte del sistema eléctrico del país. Existe un proyecto de desarrollo reciente que se llama *vehicle-to-grid* (V2G), que se basa en el uso de los vehículos como suministradores de electricidad a la red eléctrica. Esta idea enlaza con las previsiones de altos porcentajes de generación eléctrica renovable en un futuro cercano y la necesidad de almacenar los picos de generación eléctrica para poder responder en los momentos de baja generación renovable.

La idea es que un vehículo conectado a la red eléctrica de forma «inteligente» (mediante los modos de carga 3 y 4) ceda a la red eléctrica parte de su carga si la red lo necesita, a cambio por supuesto de una compensación económica superior al coste habitual de la electricidad, por lo que el V2G se convertiría en un incentivo adicional para comprar un coche eléctrico. Ya hay proyectos piloto de V2G en varios países del mundo, el más importante en Dinamarca donde una empresa ha comprado una flota de diez furgonetas eléctricas Nissan que proveen electricidad a la red eléctrica cuando están estacionadas y esta lo requiere. Según los datos que se han dado a conocer, los ingresos que ha obtenido esta empresa por ceder electricidad a la red son de 1300 €/año por vehículo, dato que hay que tomar con mucha cautela al ser un programa piloto.

El sistema V2G podría dar el espaldarazo definitivo al vehículo eléctrico y a la vez solucionar el problema de la integración masiva de renovables. Si se desarrolla un sistema avanzado, los propietarios podrían decidir a partir de qué precio estarían dispuestos a vender la electricidad almacenada en sus vehículos y en qué cantidad. Las baterías del vehículo podrían servir también para almacenar la energía generada por las propias instalaciones de autoconsumo del propietario, pudiendo ser posteriormente vendida a la red eléctrica o utilizada en la propia vivienda.

Todo esto está aún en una fase preliminar y no existe regulación alguna al respecto ni se espera que un sistema así pueda funcionar de forma integrada en menos de una década, pero es una tendencia clara que probablemente acabará imponiéndose en no demasiado tiempo.

83

¿HAY SUFICIENTE LITIO EN EL MUNDO PARA QUE TODOS LOS COCHES SEAN ELÉCTRICOS?

Cuando se analiza la expansión futura del coche eléctrico y se estima que este tipo de vehículo desplazará a los vehículos de combustión en un futuro cercano, aparece un problema en el horizonte: la necesidad de disponer de enormes cantidades de litio, muy superiores a la producción actual de este material. Durante mucho tiempo se ha especulado que no habría litio suficiente en el mundo para poder construir los centenares de millones de vehículos eléctricos que se necesitarían para cambiar el parque móvil mundial ¿Son fundados estos temores?

El litio es un elemento no especialmente abundante en la corteza terrestre, pero tampoco es un elemento escaso. Ocupa el número 35 en abundancia en la corteza terrestre, sin embargo, es un elemento muy reactivo que no se encuentra de forma aislada. Existe gran cantidad de litio disuelto en la propia agua del océano y en muchos minerales, pero actualmente su extracción es tan solo viable de dos fuentes: un mineral conocido como espodumena (que tiene un porcentaje de alrededor del 8% de óxido de litio) y, sobre todo, determinadas salmueras naturales ricas en carbonato de litio, de las que se obtiene la mayoría del litio que se extrae actualmente en el mundo.

En el año 2015 se extrajeron alrededor de 34 000 toneladas de litio. Los principales productores de litio fueron Australia (13 400 toneladas) y Chile (11 700), muy lejos de Argentina (3 800) y China (2 200). A pesar de que Australia es actualmente el mayor productor de litio, no tiene las mayores reservas de este elemento que se concentran en lo que se denomina el «triángulo del litio», situado en una región llena de salares entre Chile, Bolivia y Argentina, donde se ubican la mayoría de las reservas conocidas de litio del mundo. Después de los países suramericanos el siguiente país con más reservas es China.

El 62% del litio extraído en 2015 se destinó a actividades industriales, en sectores como el vidrio, la cerámica, la fabricación de lubricantes, etc., mientras que el 27 % se usó para la fabricación de baterías de equipos electrónicos y tan solo un 11% a baterías de vehículos eléctricos, siendo despreciable la cantidad que se destinó

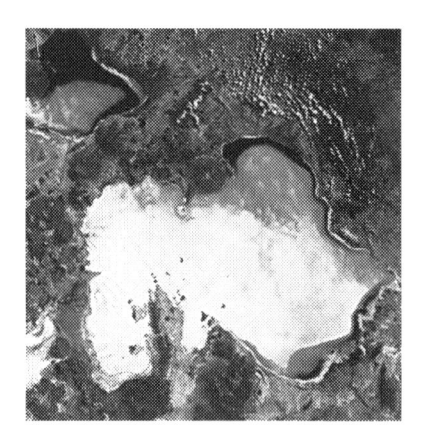

Imagen de satélite del salar de Uyuni, en Bolivia, un desierto salino que forma uno de los vértices del triángulo del litio, junto con el salar de Atacama (Chile) y el salar del Hombre Muerto (Argentina). La mayoría de las reservas conocidas de litio se encuentran en esta región.

a baterías para almacenamiento de energía. Otras aplicaciones del litio, como su uso en medicina para tratar el trastorno bipolar, son numéricamente despreciables.

El servicio geológico de Estados Unidos estima que en el mundo hay unos catorce millones de toneladas de litio identificadas y actualmente explotables, mientras que los recursos mundiales de litio se estiman en unos cuarenta millones de toneladas potencialmente explotables. Una batería de litio contiene en realidad una cantidad mínima de litio, alrededor de 200 gramos por kWh de capacidad. Teniendo en cuenta que un coche eléctrico medio actual puede tener baterías de 40-50 kWh de capacidad, estamos hablando de unos 9 kilogramos de litio por batería de coche eléctrico. Si dividimos los 40 millones de toneladas por los 9 kilogramos por batería obtenemos que hay litio suficiente para fabricar casi 4500 millones de coches de esa tipología, que es casi cuatro veces más que los coches que circulan actualmente en el mundo (1200 millones). Incluso si estimamos baterías con el doble de capacidad (para hacer coches con autonomía de alrededor de 500-600 kilómetros, como el Tesla Model S), hablaríamos de más de 2000 millones de coches.

Obviamente este ejercicio es muy burdo y un tanto gratuito, pues proyectar hacia un futuro donde todos los coches son eléctricos nos sitúa varias décadas en el futuro y no sabemos cómo habrá evolucionado la tecnología ni cómo serán las baterías entonces ni si se habrán descubierto mayores reservas de litio. Sin embargo, los temores a quedarse sin litio por la expansión generalizada del vehículo eléctrico parecen casi descartados. Las previsiones de ventas de vehículos eléctricos en 2030 están alrededor de veinticinco millones anuales, incluso aunque se duplicara esta estimación, el riesgo no está en la falta de litio.

No obstante una cosa es que haya reservas de litio y otra es que se pueda extraer al ritmo necesario y el precio que tendría este material. En este proceso de crecimiento exponencial del coche eléctrico pueden producirse cuellos de botella en el proceso de suministro del litio, es decir, momentos donde haya más demanda que oferta y no se pueda satisfacer esta en un tiempo prudencial. Otra cosa que podría pasar en esas circunstancias es un aumento muy importante del precio, que ya se ha cuadruplicado entre 2010 y 2017, aunque el precio del litio no afecta especialmente al precio de la batería, al necesitar esta muy pocos kilos de litio (deberíamos hablar de incrementos de varias decenas de veces para que el precio de la batería se viese afectado de forma importante).

En cualquier caso no conviene asustarse. Más allá de posibles situaciones de carestía temporal, que pueden darse, a medio plazo no parece que el suministro de litio vaya a suponer un freno para el desarrollo del coche eléctrico. Incluso es muy probable que en unos cuantos años tengamos otros tipos de baterías que compitan con las baterías de ion-litio y todavía ni de lejos podamos plantearnos escenarios con mil millones de vehículos eléctricos.

Los problemas del vehículo eléctrico son más bien otros: la necesidad de generar ingentes cantidades de electricidad para poder sustituir toda la energía que se consume hoy en el mundo en base a derivados del petróleo y la generación de la infraestructura eléctrica necesaria para gestionar esta demanda. Este es el verdadero reto técnico del vehículo eléctrico, no tanto la cuestión de las reservas de litio que parecen abundantes y que muy probablemente no serán tan imprescindibles ante los desarrollos de nuevos tipos de baterías.

84

¿TIENEN FUTURO LOS VEHÍCULOS QUE FUNCIONAN CON HIDRÓGENO?

Además de los vehículos que funcionan a gas y vehículos eléctricos, hay un último tipo de vehículos alternativos que son menos conocidos pero que a medio plazo podrían tener un lugar relevante en la movilidad del futuro: los vehículos con pila de combustible de hidrógeno.

Un vehículo con pila de combustible de hidrógeno es un coche que funciona con un motor eléctrico pero que, sin embargo, no es enchufable. Su fuente de energía es una pila de combustible, un dispositivo electroquímico similar a una batería que genera electricidad gracias a la reacción electroquímica de un combustible y un oxidante, pero que no se recarga conectándose a la red eléctrica sino mediante la reposición de los reactivos que se consumen en la reacción.

En una pila de combustible que funciona con hidrógeno, este ejerce como ánodo de la batería mientras que el oxígeno del aire hace de cátodo, estando ambos separados por una membrana que permite el intercambio de protones. Al observar la reacción global, parece una reacción de combustión del hidrógeno, sin embargo, lo que produce realmente es una reacción de oxidación-reducción que genera el mismo producto: vapor de agua.

Ánodo: $2 H_2 \rightarrow 4 H^+ + 4 e^-$
Cátodo: $O_2 + 4 H^+ + 4e^- \rightarrow 2 H_2O$
Reacción global: $2 H_2 + O_2 \rightarrow 2 H_2O$

Esta reacción es totalmente limpia, es decir, no genera más que vapor de agua, por lo que ni genera contaminantes atmosféricos ni CO_2 en su funcionamiento.

Este tipo de coches, además de la pila de combustible y el motor eléctrico, llevan uno o varios tanques de hidrógeno a muy alta presión, alrededor de 700 bar. Estas altas presiones son necesarias para poder contener una cantidad suficiente de hidrógeno que ofrezca una autonomía similar a los vehículos que funcionan con combustibles líquidos. Los tanques suelen ser relativamente grandes, tanto por la gran cantidad de volumen que deben contener (más de 150 litros) como por el grosor de las paredes, que es considerable al tener que soportar tan altas presiones.

A pesar de que estos coches no emiten contaminantes de forma directa, actualmente no son tan ecológicos como podría parecer. El hidrógeno no es una fuente de energía, ya que no se encuentra en la naturaleza como recurso, así que se tiene que crear y en ese proceso se gasta energía. El hidrógeno puede ser un combustible limpio si su generación se hace con fuentes renovables, pero la realidad es que prácticamente todo el hidrógeno que se genera actualmente se obtiene de los combustibles fósiles. El procedimiento

Esquema de funcionamiento de una pila de combustible de hidrógeno, en la que los reactivos son el oxígeno del aire y el propio hidrógeno. El único producto de la reacción es vapor de agua, por lo que los vehículos de hidrógenos están libres de emisiones de contaminantes.

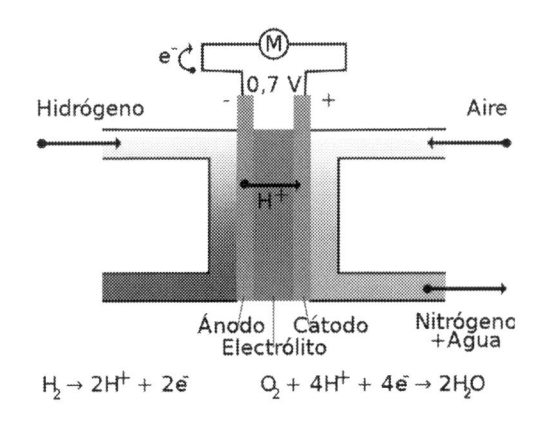

$H_2 \rightarrow 2H^+ + 2e^-$ $O_2 + 4H^+ + 4e^- \rightarrow 2H_2O$

más habitual para generar hidrógeno es el reformado con vapor del gas natural, un proceso que consiste en mezclar el gas natural con vapor de agua a alta temperatura y bastante presión, reacción de la que se obtiene fundamentalmente hidrógeno y CO_2, aunque también se obtiene en menor cantidad monóxido de carbono (CO) y metano (CH_4).

$$CH_4 + 2 H_2O \rightarrow 4 H_2 + CO_2$$

Este proceso genera emisiones de CO_2, CH_4 y CO, por lo que la producción de hidrógeno produce gases de efecto invernadero y es generado de una fuente no renovable. Si se produjese hidrógeno por electrólisis del agua y la electricidad se produjese con fuentes renovables, el impacto medioambiental de este tipo de coches sería prácticamente nulo; pero tal y como se hace hoy día debemos considerar el hidrógeno como un derivado más de combustibles fósiles.

La pila de combustible de hidrógeno ofrece un rendimiento de alrededor del 60%, es decir, el 60% de la energía contenida en el hidrógeno se convierte en electricidad y si a esto le añadimos que la eficiencia de un motor eléctrico es superior al 90% tenemos una eficiencia bastante alta en el propio vehículo, alrededor del 55%, superior a los vehículos de gasolina o diésel. Sin embargo, la obtención del hidrógeno a partir del gas natural también supone un gasto energético considerable, al que hay que añadir el consumo para presurizar del hidrógeno. Al final tenemos que, para obtener un kilo de hidrógeno, hay que gastar alrededor del doble de la energía que contiene ese kilo de hidrógeno, del que además solo

285

podremos obtener poco más de la mitad por el rendimiento de la pila y el motor. Como se puede observar hay una gran pérdida de energía en todo el proceso.

Además de los vehículos con pila de hidrógeno, también existen los vehículos de combustión de hidrógeno que básicamente serían similares a los vehículos que funcionan con GLP o GNC. En este caso la mecánica es más simple, pero la eficiencia es todavía menor (ya que la eficiencia del motor térmico es muy inferior al del motor eléctrico, alrededor del 25%), lo que provoca a su vez que la autonomía de este tipo de vehículos sea muy limitada, difícilmente más de doscientos kilómetros. Estos coches son más baratos que los coches de pila de hidrógeno al tener una mecánica más simple, aunque mientras el hidrógeno provenga del reformado del gas natural no parece tener mucho sentido hacer coches de combustión de hidrógeno, pues no tienen ninguna ventaja medioambiental y, si se quieren evitar las emisiones de contaminantes en los centros urbanos, sería menor usar un coche de GNC directamente.

En el mundo hay todavía muy pocos vehículos que funcionen con hidrógeno, tan solo había alrededor de 7000 a finales de 2016, por lo que se puede decir que su presencia es testimonial, a pesar de que en 2016 la venta de este tipo de vehículos aumentó un 225% respecto a 2015 (2300 vehículos se vendieron en 2016 frente a poco más de 1000 en 2015). Los vehículos de pila de combustible de hidrógeno son muy caros, alrededor de 60 000 € los modelos económicos, y el precio del hidrógeno no más barato que la gasolina o el gasóleo. Además, para su carga es necesario ir a estaciones de servicio que sirvan hidrógeno, que son muy escasas en el mundo: en Europa prácticamente no hay (excepto en Dinamarca), en todos los Estados Unidos no superan las 50 y en Japón, país donde se fabrican la mayoría de estos vehículos, no llegan a 100. Y a diferencia del coche eléctrico no es posible plantear una recarga en el hogar. Para colmo de males y debido al actual origen fósil del hidrógeno, no aporta especiales ventajas medioambientales.

Aun así, los vehículos de hidrógeno, fundamentalmente los de pila de combustible, se mantienen como una apuesta de futuro a la espera de que el hidrógeno se convierta en el gran mecanismo de almacenamiento de energía renovable del futuro.

IX

LA EFICIENCIA ENERGÉTICA

85
¿POR QUÉ ES TAN IMPORTANTE LA EFICIENCIA ENERGÉTICA?

El término eficiencia energética hace referencia a la optimización de procesos que requieren consumo de energía con el objetivo de poder realizar los mismos con el menor gasto energético. En el fondo representa la relación entre resultados obtenidos y recursos consumidos, aplicados concretamente a los recursos energéticos. La eficiencia energética no es lo mismo que el ahorro de energía, ya que el ahorro puede ser producto de dejar de realizar determinados procesos que son innecesarios o prescindibles, mientras que en el caso de la eficiencia no se dejan de realizar esos procesos sino que se realizan con menor consumo energético, aunque de forma práctica se suelen mezclar ambos conceptos.

La eficiencia energética está muy relacionada con el desarrollo tecnológico que es el catalizador básico que la empuja, pero también con la mejora de procesos productivos o de uso de la energía. Absolutamente todos los procesos que se realizan son ineficientes, ya que ninguno convierte el 100% de la energía en trabajo útil. Siempre se pierde energía en forma de calor debido a las transformaciones energéticas y prácticamente siempre existe gasto de energía inútil en el trabajo generado. Las estrategias para mejorar la eficiencia energética, por tanto, consistirán en una mayor eficiencia en la transformación, en la reducción de las pérdidas por calor, en el uso de este calor generado para otros usos y en las mejoras de eficiencia de los procesos productivos.

Las posibilidades para mejorar la eficiencia energética son enormes, lo que sucede es que no son siempre rentables económicamente. Muchas veces el coste de aplicar determinada medida de eficiencia supera al beneficio económico resultante del ahorro de energía, así que esa medida sencillamente no se lleva a cabo. El coste de la energía, por tanto, incide de forma esencial en el desarrollo de la eficiencia energética, ya que cuanto más cara sea la energía, mayores incentivos tendrán consumidores y empresas para aplicar medidas de eficiencia. Esto es importante a la hora de estructurar políticas públicas que afecten a los precios de la energía, ya que estas pueden tener efectos no deseados.

La otra manera de aplicar medidas de eficiencia energética es la imposición legal. Los poderes públicos pueden exigir a los fabricantes determinados estándares de consumo energético o prohibir determinados productos en el mercado o, de forma menos contundente, crear sistemas de incentivos que faciliten el consumo o la fabricación de productos más eficientes energéticamente. La imposición legal es muy habitual en todas las legislaciones de los países avanzados y afectan a la mayoría de equipos eléctricos o térmicos que compramos, desde electrodomésticos hasta vehículos.

Un concepto relacionado con la eficiencia energética es la intensidad energética que se define como el cociente entre el consumo de energía de una economía y su producto interior bruto (PIB), que disminuye conforme menos energía necesita una economía para generar riqueza. La intensidad energética está mejorando (o sea, reduciéndose) en la mayoría de países del mundo de forma continuada gracias a las medidas de eficiencia energética y a la mejora tecnológica, aunque hay excepciones, fundamentalmente con aquellos países que han optado por un modelo de desarrollo muy intensivo en uso de energía. Por ejemplo, la intensidad energética de Islandia está aumentando al instalarse más fundiciones de aluminio en el país (que consumen mucha energía), o también está aumentando la de los países de Oriente Medio, que gastan mucha energía debido a que el precio de su petróleo es baratísimo. Un país como China también aumentó su intensidad energética

Intensidad energética por país a nivel global, medida en kilos equivalentes de petróleo por dólar PPA a precios de 2005. Los países que tienen un color más oscuro son aquellos que tienen una menor intensidad energética y, por tanto, son capaces de generar riqueza consumiendo menos energía. Datos de Enerdata.

durante la primera parte de la década del 2000, aunque en los últimos años está reduciéndose.

Estos casos nos ayudan a entender la principal limitación del criterio de intensidad energética como medida de la eficiencia energética de un país. En una economía global las cadenas de valor están internacionalizadas, existiendo diferentes actividades en distintos países, algunas más demandantes de energía que otras. Fabricar un aparato electrónico, por ejemplo, consume mucha más energía que diseñarlo, pero es posible que el país en donde se diseña, se contabilice tanto crecimiento o más que en el país donde se fabrica, desnaturalizando el indicador. En estos años las economías occidentales han mejorado mucho en intensidad energética, pero en parte lo han hecho porque las actividades más demandantes de energía se han deslocalizado hacia países con menores costes de producción, donde es posible que esta intensidad energética haya aumentado. En cualquier caso, a nivel global, donde estas reorganizaciones industriales quedan compensadas, la intensidad energética está progresivamente disminuyendo, lo que sí nos indica una mayor eficiencia energética de los procesos productivos.

Además de la intensidad energética, existe también la intensidad de carbono que representa la cantidad de CO_2 emitido dividido entre el PIB. Un concepto similar al anterior pero que se centra en los efectos sobre el cambio climático más que en la cantidad de energía utilizada simplemente. En este parámetro un país como Islandia, que ha avanzado en el uso de las fuentes de energía renovables, sí disminuye su intensidad de carbono a pesar de aumentar la intensidad energética.

La eficiencia energética es parte esencial de las políticas de lucha contra el cambio climático. Muchos de los países en vías de desarrollo han basado sus objetivos en reducir su intensidad energética a pesar de prever aumentar sus emisiones y los países desarrollados tienen en la eficiencia energética una herramienta para disminuir las emisiones de CO_2. La Unión Europea, por ejemplo, tiene como objetivo reducir en un 20% el consumo de energía proyectado para 2020. En Estados Unidos, más de 30 estados tienen objetivos de eficiencia energética y la mayoría de ellos han adoptado estándares de recursos de eficiencia energética que aplican a las empresas. Adicionalmente a los objetivos estatales, el Senado de Estados Unidos dictó una ley de eficiencia energética en 2015 que tiene como objetivo reducir el consumo de electricidad en un 20% y el de gas natural en un 13% para 2030.

La eficiencia energética es la mejor estrategia contra el cambio climático ya que no tiene vertiente negativa. Un kWh que no se consume representa menos emisiones, menor coste económico y menor necesidad de cualquier transición energética, es una estrategia en la que todo son ventajas. Mientras no dispongamos de abundante energía de origen renovable, la eficiencia energética deberá ser un pilar central de cualquier estrategia medioambiental o económica relacionada con el uso de la energía.

86

¿POR QUÉ CONSUME TAN POCA ELECTRICIDAD UNA BOMBILLA LED?

Alrededor del 15% de la electricidad que se consume en el mundo se usa para iluminación, una cifra nada despreciable que implica un elevado consumo de energía a nivel mundial. Tradicionalmente, la iluminación se ha obtenido con lámparas incandescentes, aquellas inventadas por Thomas Edison en 1879 y que son un tipo de luminarias extremadamente ineficientes. En una lámpara incandescente la luz se produce al hacer pasar la electricidad por un filamento metálico, hace que este aumente su temperatura hasta la incandescencia para que así emita luz. Casi toda la energía consumida por estas lámparas acaba transformándose en calor, que no es lo que se busca, y es tan solo un 5% de toda la electricidad gastada la que se convierte efectivamente en luz. Este porcentaje ha mejorado con el paso de los años gracias a las mejoras en estas luminarias, pero la cantidad de electricidad que se convierte en luz no supera el 10-15% en el mejor de los casos.

Además de las bombillas tradicionales existen más tipos de luminarias. Por un lado, tenemos lámparas de bajo consumo y fluorescentes que contienen en su interior un gas inerte y vapor de mercurio. Al conectarse a la corriente eléctrica, el gas se ioniza y excita a los átomos de mercurio, que al desexcitarse emiten luz ultravioleta. Esta luz ultravioleta es absorbida por una sustancia fluorescente que se encuentra en las paredes internas de la luminaria que posteriormente emite luz pero esta vez el espectro visible. Este tipo de lámparas son más eficientes que las incandescentes, pero tienen inconvenientes como que contienen mercurio (que es muy contaminante) o que su encendido suele ser lento. Por otro lado, están las lámparas halógenas que es otro tipo de bombilla incandescente cuyo filamento se encuentra dentro de un gas inerte con una pequeña cantidad de gas halógeno, lo que mejora su eficiencia y su vida útil.

Sin embargo, en los últimos años ha aparecido un nuevo tipo de luminaria que ha revolucionado el mundo de la iluminación, las luminarias LED (*light-emitting diode* en inglés). Este tipo de luminaria no funciona por incandescencia sino por electroluminiscencia, fenómeno por el cual algunos materiales emiten luz cuando son atravesados por una corriente eléctrica.

Un LED es básicamente un diodo semiconductor, un material compuesto de dos zonas diferenciadas, una zona tipo P y otra tipo N, que tiene en su zona de unión una barrera de potencial que impide que los electrones se muevan de la zona N a la P en condiciones normales. Cuando se aplica corriente eléctrica a este diodo se provoca que electrones de la zona N ganen energía y puedan atravesar la barrera de potencial y llegar a la zona P, y por lo tanto ocupan los huecos existentes en esa zona. Al ocupar un hueco los electrones pierden la energía adquirida que les permitió pasar la barrera de potencial y la emiten en forma de luz, siendo residual la energía que pierden en forma de calor. En función del material con el que esté fabricado el diodo (y el elemento con el que se dope), esta energía que se emite al ocupar el hueco tendrá una longitud de onda distinta y, por tanto, generará luz de diferentes colores. Por ejemplo, los diodos de arsenuro de galio-aluminio (AlGaAs) emiten luz de color rojo, que es menos energética, mientras que los de nitruro de galio-indio (InGaN) emiten luz azul, más energética.

Si analizamos cómo funciona un LED podemos observar que, en el fondo, este funciona de manera inversa a una placa fotovoltaica. En la placa fotovoltaica es la luz visible la que provoca la excitación de los electrones y crea la corriente eléctrica, mientras en el LED es la corriente eléctrica la que facilita el movimiento de los electrones y la emisión de luz visible. La electroluminiscencia es, en cierto modo, el proceso contrario al efecto fotovoltaico.

Los LED no son una tecnología nueva, de hecho, el primer LED lo fabricó un científico soviético en 1927, aunque comercialmente fueron desarrollados por el científico estadounidense de origen ucraniano Nick Holonyak en 1962. Los primeros LED fabricados emitían luz de color rojo y en los años siguientes se consiguieron LED amarillos, naranjas y verdes, pero no blancos, por lo que no servían para su uso en iluminación y solo se utilizaban en pilotos de luz o para mostrar números rojos en pantallas de equipos electrónicos.

El primer LED azul de alto brillo se desarrolló en 1994 por un equipo de científicos japoneses que acabarían consiguiendo el premio Nobel de física por este descubrimiento. Gracias a este LED azul se pudo generar luz blanca mediante uno de estos dos procedimientos: mezclando la luz azul con la roja y la verde (el ojo humano detecta la mezcla como luz blanca) o usando una capa de fósforo que, al ser iluminada con luz azul, reemite la luz de color blanco. Este segundo mecanismo es el que suele usarse hoy en día para hacer luz blanca, ya que es mucho más barato y en función del tipo de fósforo (amarillo o naranja) se consigue crear diferentes tipos de luz blanca, más o menos cálida. Una vez se consiguió finalmente generar luz blanca, los LED comenzaron a usarse de forma masiva para la iluminación.

Los primeros LED para iluminación eran muy caros y no podían competir con las luminarias tradicionales, que a pesar de consumir más electricidad eran mucho más baratas de fabricar. Sin embargo, con la tecnología LED pasó algo muy parecido a lo que

Ejemplo de bombilla LED y sus distintos componentes. En la parte superior derecha se muestra el semiconductor recubierto de fósforo que se encuentra en el interior del bulbo de la bombilla. Justo debajo, tenemos el circuito electrónico que rectifica y reduce la tensión de la red. Imagen cedida por Ignacio Martil.

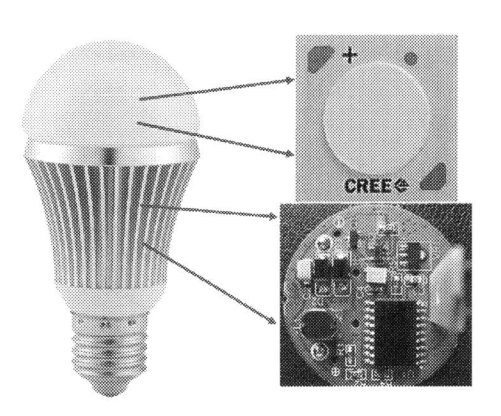

ha pasado con las placas solares, las baterías y otras tecnologías que eran muy caras en su origen: conforme pasaron los años el precio de las luminarias LED fue descendiendo de forma importante y, paralelamente, la mejora de las luminarias hizo que la cantidad de luz que emitían por vatio de potencia aumentase mucho. Si en el año 2000 el coste para iluminar con 1000 lúmenes (el lumen es la unidad con la que se mide la cantidad de luz emitida) mediante tecnología LED era de alrededor de 350 $, en 2015 ese coste no llegaba a los 10 $.

La tecnología LED no ha dejado de abaratarse desde que se comercializó. Entre 2010 y 2016 los precios de las luminarias LED han caído de media alrededor de un 70% y la tendencia todavía no ha parado gracias a las economías de escala y a la enorme cantidad de fabricantes que existen actualmente, aunque su ritmo de caída forzosamente se suavizará. Actualmente no tiene sentido instalar una luminaria que no sea LED a no ser que su uso vaya a ser esporádico o que el precio de la energía sea extraordinariamente barato. Lo habitual es que sea rentable cambiar las luminarias antiguas por LED aunque las primeras funcionen, ya que el coste de la luminaria se amortiza rápidamente por el menor consumo eléctrico de las luminarias LED.

Un LED consume alrededor del 10% de energía que una lámpara incandescente, el 15% de un halógeno y más o menos la mitad que una bombilla de bajo consumo. Además, al no emitir casi calor tienen una vida útil mucho mayor, ya que una luminaria LED puede funcionar por más de 50 000 horas, mucho más que una bombilla incandescente (1000 horas), un halógeno

293

(2000 horas) o una bombilla de bajo consumo (10 000 horas). Estos dos factores lo hacen el tipo de luminaria más eficiente que existe y por eso está sustituyendo a las luminarias tradicionales en todo el mundo.

87

¿En qué situaciones merece la pena cambiar la iluminación a LED?

Los proyectos de mejora de la iluminación que implican sustitución de luminarias tradicionales por LED son uno de los proyectos de eficiencia energética más estandarizados y rentables que existen. Prácticamente cualquier instalación tiene iluminación, así que este tipo de acciones se pueden realizar en cualquier entorno ya sea un hogar, una empresa, un lugar de pública concurrencia o toda una ciudad.

Los proyectos de sustitución de luminarias serán más interesantes cuantas más horas de funcionamiento anual tengan estas luminarias. Para luces que no se encienden más que esporádicamente cambiar a LED puede no tener sentido económico, pero en situaciones donde las luminarias permanecen encendidas prácticamente todo el día, el cambio de las mismas genera ahorros muy considerables. No hay una regla de horas de funcionamiento que podamos utilizar, dependerá de variables como el precio de las luminarias, el precio de la electricidad o la naturaleza de la instalación y, por tanto, hay que calcularla en cada caso, pero por regla general cualquier punto de luz que funcione unas cuantas horas al día es muy probable que sea rentable cambiarlo a LED. Con los precios de la electricidad y de las lámparas LED en España en 2017, el cambio de una luminaria que estuviera encendida 24 horas al día se podría amortizar en alrededor de un año (los ahorros generados en ese tiempo serían iguales a los costes de la luminaria), mientras que si hablásemos de instalaciones que funcionasen 8 horas al día el plazo de amortización se podían ir a los tres o cuatro años, que seguiría siendo rentable al ser la vida útil de la luminaria mucho mayor a ese tiempo de amortización, aunque obviamente es menos rentable que en el caso anterior.

Los ahorros que se consiguen con el cambio de iluminación a LED se consiguen por tres vías. Una es el menor consumo energético, que repercute en el ahorro en el apartado de energía consumida en la factura eléctrica. Por otro lado, al tener los LED menos demanda de potencia que las luminarias tradicionales es probable que, al cambiar toda la iluminación de una instalación, se pueda reducir la potencia contratada, lo que genera un ahorro también en el apartado de potencia de la factura eléctrica. Finalmente, existe un ahorro por mayor vida útil de los equipos que evita gastos recurrentes en cambios de luminarias estropeadas.

A pesar de que los proyectos de iluminación eficiente se pueden hacer en prácticamente cualquier lugar, hay ciertas actividades en las que es especialmente interesante realizar estos cambios como pueden ser hoteles, centros comerciales cerrados, aparcamientos subterráneos, naves industriales que trabajan la mayoría de horas al día, edificios de oficinas, etc. En algunas de estas instalaciones, como en aparcamientos u hoteles, se pueden conseguir ahorros adicionales instalando detectores de presencia que encienden las luces cuando detectan movimiento y las mantienen apagadas cuando no lo hay, lo que evita muchas horas anuales de consumo innecesario de electricidad.

Mención aparte merecen los grandes proyectos de transformación de la iluminación urbana de pueblos y ciudades. Muchas de las grandes ciudades del mundo (Madrid, Buenos Aires, Los Ángeles, París, Nueva York, Londres, etc.) han cambiado o están cambiando la mayoría de sus luminarias urbanas a la tecnología LED, con el objetivo de ahorrar dinero en los presupuestos municipales pero también como parte de los compromisos de los gobiernos locales y nacionales en la lucha contra el cambio climático. La iluminación urbana está encendida prácticamente la mitad del día (11 horas diarias de media), suficientes para que el cambio a tecnología LED sea muy rentable.

El caso de la iluminación urbana tiene ciertas características especiales respecto a los cambios en instalaciones privadas, ya que hay más factores a tener en cuenta, como la contaminación lumínica. Una de las características de la iluminación urbana tradicional es que muchos tipos de farolas suelen emitir luz en todas las direcciones y por tanto también hacia arriba con el consiguiente despilfarro energético y, además, provocando molestias a los vecinos que viven en los pisos más bajos de los bloques de edificios, que les entra demasiada luz por la ventana durante toda la noche. Una de las características de los LED es que suelen ser muy focales, es decir, suelen tener ángulos de iluminación más estrechos que las lámparas tradicionales (aunque hay de todo tipo, depende del ángulo de apertura de la lámpara). Esto, que era un problema hace años con las lámparas LED, se convierte en una ventaja en la iluminación urbana, ya que se busca una luz muy direccional hacia el suelo, que evite su proyección hacia arriba y por tanto que no moleste a los vecinos.

Otra cuestión a tener en cuenta es el color de la iluminación. La luminaria tradicional más usada en iluminación urbana es la lámpara de vapor de sodio de alta presión, que se generalizó en los años 80 al ser relativamente eficiente energéticamente y por su larga vida útil, a pesar de tener el problema de que tarda varios minutos en encenderse totalmente. Estas lámparas emiten una luz amarilla muy específica que ofrece ese típico tono ámbar que muestra cierta iluminación urbana por la noche. La lámparas LED pueden ofrecer distinta gama de colores, pero generalmente se están instalando LED blancos para la iluminación urbana tanto porque son algo más eficientes que los de color amarillo como porque la luz blanca permite ver los colores reales mucho mejor.

Este cambio de color genera un cambio estético bastante evidente en las calles, aunque hay discrepancia de opiniones respecto al cambio. Hay gente a la que le gusta mucho más la luz blanca por cuestión estética, por dar más sensación de seguridad y por definir mucho mejor los colores; y a otras personas no les gusta el cambio y prefieren la tradicional luz ámbar, lo que a nivel local ha llegado a generar bastante polémica en algunos casos.

No obstante, hay estudios que indican que cambiar la iluminación urbana a tonos blancos no ha sido una buena idea, ya que este tipo de luz se ve a mayor distancia y, a pesar de la direccionalidad de la luz, puede acabar aumentando la contaminación lumínica. Además de esos estudios, hay imágenes de satélite que demuestran que las ciudades del mundo en 2016 estaban más iluminadas que en 2012, lo que podría deberse a la instalación de LED blancos aunque también a que se hayan aumentado los puntos de luz. Se aduce que este cambio a luz blanca puede afectar a los ecosistemas y tener efecto sobre la salud de las personas. En cualquier caso, este efecto, si se confirmase, no sería

Imagen de una calle de Buenos Aires, antes del cambio a LED (izquierda) y después (derecha). El cambio a LED ha mejorado la iluminación y cambiado la estética por los tonos más blancos del mismo, además de reducir el consumo eléctrico. Fuente: Web de la ciudad autónoma de Buenos Aires

a causa de la tecnología LED sino por el color de la luz instalada, pues puede perfectamente instalarse LED de tonalidades amarillas o cálidas en la iluminación urbana como recomiendan algunos expertos.

Las tendencias más recientes en iluminación urbana se engloban en la idea de *smart lighting* o iluminación inteligente, un concepto relacionado con el de *smart city*. Esta iluminación inteligente consiste en aplicar las tecnologías de la información y la telegestión a la iluminación urbana. La idea es hacer que las propias luminarias se enciendan, se regulen y se apaguen en función de la luz natural que haya en ese punto concreto (no de forma centralizada y programada como se hace normalmente), instalar sensores de movimiento para modular la luz en determinadas situaciones, que las zonas no concurridas reduzcan su luminosidad y las más concurridas la aumenten, recolectar datos de cada luminaria para tomar decisiones eficientes sobre su uso, etc. Ciudades como Buenos Aires y Los Ángeles ya están aplicando algunas de las ideas de la iluminación inteligente, como la regulación de la intensidad de la iluminación en función de las necesidades de la ciudad, y pronto esta tecnología se instalará en la mayoría ciudades del mundo, mejorando la eficiencia energética y el confort de los vecinos.

88

¿Cuál es sistema de climatización que menos energía consume?

El consumo energético en el hogar representa alrededor de la cuarta parte del consumo energético mundial, el tercer sector en importancia por detrás del transporte y de la industria. La eficiencia energética en los hogares es, por tanto, clave para reducir el consumo energético mundial y es, además, el terreno donde las personas pueden influir más directamente con sus decisiones individuales.

Los consumos energéticos de un hogar se concentran básicamente en cuatro ámbitos: la climatización, el gasto energético de los electrodomésticos, el agua caliente sanitaria y la iluminación. El porcentaje de cada uno dependerá mucho del grado de desarrollo del país en que se encuentre ese hogar y del clima del mismo, pero si tomamos como ejemplo un hogar de un país desarrollado con un clima templado, podemos decir que el gasto en climatización será el más importante, seguido por el agua caliente sanitaria y los electrodomésticos, representando la iluminación el menor consumo de los cuatro.

La mejora de la eficiencia en la climatización de una casa, una vez está ya construida, se puede conseguir por dos vías: por el aislamiento de la vivienda y por el sistema de climatización elegido. Una vivienda bien aislada térmicamente puede ahorrar más de la mitad de la energía que se destina a la climatización. Básicamente, hay tres lugares por los que se producen pérdidas de frío o de calor en una vivienda: el tejado (en caso de casas unifamiliares o áticos de edificios), las ventanas y los muros. El tejado es el lugar por el que tienen lugar más pérdidas térmicas, alrededor del 30%, por lo que se suele sellar con algún material aislante como poliestireno extruído o lana de roca, solución similar a la que se usa para aislar los muros de la vivienda, que suponen alrededor de la cuarta parte de las pérdidas térmicas. En el caso de los muros se añade una capa de aislante junto a aquellos que están en contacto con el exterior y luego se tapa con nueva superficie que será la que haga de nueva pared interior de la casa. Finalmente, en el caso de los tejados se puede hacer de la misma manera o bien se puede aislar por el exterior.

Pero quizá el cambio más sencillo que produce un adecuado aislamiento de una vivienda es el cambio de ventanas. Por las ventanas se pierde prácticamente el mismo calor que por todos los muros exteriores de la casa, a pesar de que su superficie es mucho menor, esto es debido a que el vidrio es mucho mejor transmisor del calor que los muros y a que muchas veces los marcos no están bien sellados y sus cierres no son herméticos, dejando entrar el aire del exterior. Con ventanas abatibles de doble cristal, cuya cámara de aire hace de aislante térmico y, quizá, con vidrios de control solar (que no se calientan cuando reciben la luz del sol) en los lugares con veranos cálidos, el confort térmico de una vivienda aumenta mucho y el ahorro energético en climatización es importante. No obstante, para evitar el calor del verano, muchas veces soluciones tan sencillas como un toldo ofrecen resultados casi tan buenos como el aislamiento, así que en casos donde el problema sea claramente un exceso de irradiación solar esa sería la primera solución a instalar.

Respecto a la climatización, la solución más eficiente es la bomba de calor, que además permite calentar y enfriar una casa. En los sistemas de climatización hay un parámetro que se llama Coeficiente de Rendimiento (COP por sus siglas en inglés) que mide la potencia calorífica de un dispositivo en función de la potencia energética consumida, por lo que un sistema es más eficiente cuanto más alto es su COP. Si analizamos los sistemas de climatización, la calefacción por caldera de gas tiene un COP de 0,9, la calefacción eléctrica de 1 y los sistemas de bomba de calor están alrededor de 4 o 5 dependiendo del clima. A pesar de que la calefacción eléctrica es térmicamente más eficiente que la de gas, la realidad es que un kWh de gas es bastante más barato que uno de sustituir coma por punto y coma lo que la calefacción de gas es más económica y puede tener un impacto medioambiental menor si parte importante de la electricidad se genera con combustibles fósiles, como es el caso en la mayoría de países.

Paradójicamente, una bomba de calor parece generar más energía calorífica que energía consume. Esto es así porque estos sistemas extraen el calor del aire del exterior y lo introducen en el flujo de aire que entra a la vivienda, por lo que realmente no están generando calor por efecto Joule y por tanto no tienen un COP máximo de 1. Una bomba de calor será más eficiente conforme mayor sea la temperatura exterior, haciéndose mucho menos eficientes cuando la temperatura exterior es inferior a 0 °C.

Para climas más fríos lo que se suele usar es una bomba de calor geotérmica, que en vez de sacar el calor del aire exterior lo obtiene de debajo de la tierra donde la temperatura es mucho más alta en invierno, evitando así los problemas de rendimiento.

Los sistemas de bomba de calor también permiten funcionar como aire acondicionado en verano, por lo que sirven como sistema de climatización único. No obstante a mucha gente no le gustan estos sistemas porque generalmente se han instalado con salidas y retornos de aire en el techo, lo que produce que el aire caliente se acumule en la parte superior de la estancia, dejando esta muy caliente y la parte inferior relativamente fría. La instalación en el techo probablemente se deba a que se haya pensado la instalación para aire acondicionado, donde este problema no existe ya que el aire frío desciende a nivel del suelo. En cualquier caso, la solución es tan sencilla como instalar los retornos del aire a ras de suelo o incluso hacer lo mismo con las salidas de aire, lo que creará una temperatura mucho más homogénea en la estancia.

Más allá del tipo de sistema de climatización, es muy importante no excederse con la temperatura a la que se fijan los termostatos de las viviendas. Una temperatura óptima energéticamente son 21 °C en invierno y 26 °C en verano. Cada grado que aumentamos la temperatura en invierno sobre esos 21 °C o cada grado que la reducimos en verano sobre los 26 °C, genera un consumo energético adicional de casi el 10%.

Los electrodomésticos son, normalmente, la segunda fuente de consumo energético de una casa si tenemos en cuenta la energía que gastamos en cocinar. La eficiencia energética en este campo se mejora con electrodomésticos más eficientes y con mejores prácticas en su uso. Los electrodomésticos tienen un sistema de etiquetado energético que califican los mismos de la letra A a la G, siendo la A la tipología más eficiente y la G la menos eficiente, aunque con la mejora de la eficiencia de los electrodomésticos hoy tenemos categorías A+ (o AA), A++ (o AAA) y A+++, teniendo esta última etiqueta los electrodomésticos más eficientes que hay en el mercado. Conforme ha ido mejorando la eficiencia energética de los electrodomésticos, las últimas letras han ido desapareciendo y han sido sustituidas por las categorías superiores a la A, siendo la escala siempre de siete categorías. Cada letra representa una diferencia de consumo energético de entre el 10 y el 15% respecto a la letra anterior, el consumo medio sería el que está entre las letras D y E. Así pues, un electrodoméstico con etiqueta energética A++

ETIQUETA DE EFICIENCIA ENERGÉTICA

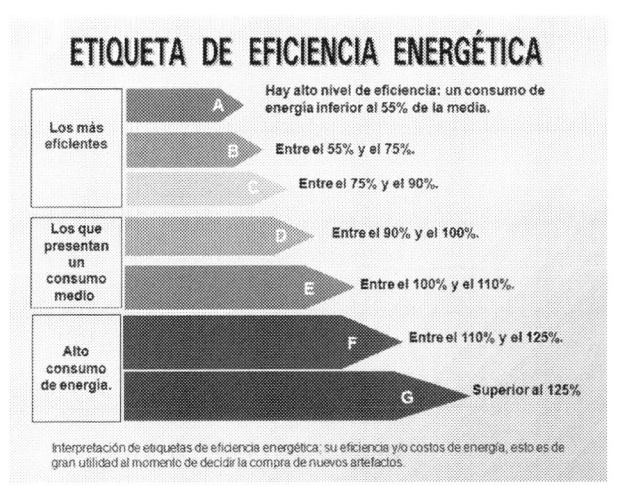

- Los más eficientes
  - A: Hay alto nivel de eficiencia: un consumo de energía inferior al 55% de la media.
  - B: Entre el 55% y el 75%.
  - C: Entre el 75% y el 90%.
- Los que presentan un consumo medio
  - D: Entre el 90% y el 100%.
  - E: Entre el 100% y el 110%.
- Alto consumo de energía.
  - F: Entre el 110% y el 125%.
  - G: Superior al 125%

Interpretación de etiquetas de eficiencia energética; su eficiencia y/o costos de energía, esto es de gran utilidad al momento de decidir la compra de nuevos artefactos.

Etiqueta de eficiencia energética con los porcentajes de variación respecto al consumo tipo. En la actualidad, las clasificaciones E, F y G están desapareciendo en muchos electrodomésticos en favor de A+, A++ y A+++, pero siempre tendremos siete calificaciones. Imagen: Guillermo Escobar, wiki EOI

consumiría el 30% de un electrodoméstico D-E, mientras un G consumiría el 125% respecto a ese consumo medio. No obstante, en las etiquetas energéticas suele venir el consumo en kWh/año que probablemente sea mejor información que la simple clasificación a la hora de comprar electrodomésticos.

Además de la eficiencia de cada aparato, unas buenas prácticas en el uso de los mismos son fundamentales para conseguir esos ahorros. Cosas tan intuitivas como no dejar un frigorífico abierto más tiempo del necesario, usar el lavavajillas o la lavadora a plena carga o no abrir al horno durante su uso para no perder calor pueden generar ahorros muy importantes independientemente de la eficiencia del electrodoméstico.

Una mayor eficiencia en el uso de agua caliente sanitaria se puede conseguir utilizando sistemas con acumulación de agua caliente, que son normalmente más eficientes que los sistemas de generación inmediata. El sistema más eficiente es la bomba de calor de agua caliente sanitaria, por las mismas razones que en el caso de la climatización. También se puede instalar un acumulador de calor solar para poder calentar parte del agua caliente sanitaria, lo que evitará gran parte del consumo energético. En cualquiera de los casos, una forma obtener ahorro energético es ajustando bien las temperaturas de salida del agua (alrededor de 40 °C en verano y 60 °C en invierno) y no malgastando el agua caliente de forma innecesaria.

Finalmente, en iluminación, responsable de alrededor del 10% del consumo energético del hogar, el cambio de las bombillas a LED puede generar ahorros de más del 80% si las bombillas anteriores eran del tipo incandescente, por lo que el ahorro puede ser muy importante a pesar de ser la parcela de menor consumo energético.

89

¿Se puede conseguir que una casa no necesite climatización?

Existe un tipo de arquitectura que diseña las casas y los edificios aprovechando los recursos naturales y teniendo en cuenta las condiciones climáticas del entorno. Este tipo de arquitectura se conoce como arquitectura bioclimática y su objetivo es construir viviendas que sean sostenibles energéticamente y que no requieran consumo de energía para mantener un confort térmico adecuado en su interior o, al menos, que este requerimiento de energía sea mínimo comparado con el de una vivienda tradicional.

La arquitectura bioclimática no es algo nuevo, de forma más rudimentaria e intuitiva es algo que lleva haciéndose desde los inicios de la construcción. En La Antigua Grecia ya se construían las casas en cuadrícula y orientando los espacios habitables hacia el sur para aprovechar el sol en invierno, mientras que en verano se protegían de él mediante un pórtico que tapaba el sol. En el Mediterráneo las casas tradicionales solían tener una pintura exterior blanca para evitar así la absorción de la radiación solar. Mientras que en climas fríos se usaba la madera y gruesos muros para aislar del exterior. En todo el mundo las construcciones tradicionales se han adaptado a las condiciones climáticas para maximizar el confort de sus habitantes. Sin embargo, con la extensión de los sistemas de climatización basados en el consumo de energía y el aumento de la población, que redujo el espacio disponible para hacer viviendas y concentró a los humanos alrededor de las grandes urbes, se fue dejando de lado la adaptación climática de la vivienda al entorno, priorizándose otras cuestiones como el abaratamiento de la construcción o la maximización de la ocupación del espacio. En el fondo la arquitectura bioclimática es una vuelta a los orígenes de la construcción, pero complementándola gracias a los nuevos conocimientos, técnicas y materiales.

Uno de los principios de la arquitectura bioclimática es la utilización de la energía solar para climatizar la casa, lo que se conoce como energía solar pasiva. Para la captación se hace uso del efecto invernadero con grandes cristaleras que eviten el escape de la radiación infrarroja y con materiales que tengan una alta inercia térmica, para que liberen de noche el calor acumulado durante el día. Una casa construida con este tipo de materiales será capaz de mantener la temperatura de la casa durante varios días respecto a los cambios del exterior.

Evidentemente en verano la captación solar pasiva será indeseable, así que se usan sistemas de protección para esa época del año y se diseña la vivienda para que la radiación solo incida en los meses de invierno. En verano el sol está más alto que en invierno, así que con sistemas como un tejadillo fijo que solo tape el sol alto del verano o un toldo removible se puede evitar gran parte de la radiación solar, aunque también se puede usar vegetación de hoja caduca para conseguir el mismo efecto. En el hemisferio norte se orientan las cristaleras hacia el sur, donde incide el sol el invierno, mientras que se protege la vivienda de la radiación solar por el este y el oeste, y se evitan en esas zonas las grandes ventanas, usando, por ejemplo, vegetación sobre esas paredes para que absorba la radiación solar.

De hecho, una de las estrategias bioclimáticas más llamativas es usar cubiertas verdes en los techos de las viviendas, porque absorben la radiación solar en verano e impiden el escape de calor en invierno. Hay actualmente muchos desarrollos de cubiertas verdes en ciudades, ya que su extensión no solo beneficia el aislamiento del edificio en cuestión sino que también mejoran el clima de la ciudad al amortiguar el efecto de isla de calor, reducir la variación térmica entre el día y la noche y absorber contaminación.

La ventilación es otro de los factores a tener en cuenta en la construcción bioclimática. Situar las ventanas en lados opuestos de la casa favorece la ventilación cruzada, muy útil en verano para disipar el calor, y para ello es importante identificar el tipo de viento predominante en la zona tanto para facilitar la ventilación como para evitar incomodidades en la vivienda si las corrientes de aire son demasiado fuertes. Además de la ventilación natural se

Ejemplo de cubierta verde en una casa noruega. Tanto la cubierta verde como el uso de la madera son estrategias bioclimáticas para un mejor mantenimiento del calor interno en climas fríos.

pueden instalar sistemas de ventilación forzada que aprovechan el movimiento de las masas de aire a distinta temperatura para forzar la ventilación. Uno de estos sistemas son las chimeneas solares que contienen aire que se calienta gracias a la radiación solar, lo que provoca que este suba y se expulse. Al salir el aire se genera un efecto succión que provocará movimiento de aire dentro de la casa. Este sistema se puede complementar al forzar la entrada de aire desde el subsuelo, más frío que el del exterior en los meses cálidos.

En algunas ocasiones se fabrican casas semienterradas para aprovechar la inercia térmica del suelo, aunque tiene como inconveniente que disminuye la iluminación natural y aumenta la humedad. Hay veces que, en construcciones en pendiente, se puede semienterrar una fachada de la casa si la orientación es la adecuada, para conseguir esa inercia térmica minimizando el resto de problemas. Existen muchas más estrategias en la arquitectura bioclimática, como la construcción de espacios tapón (espacios de baja utilización en la vivienda que se ubican entre el exterior y el resto de la vivienda) o el uso de sistemas de refrigeración por evaporación de agua (como un patio interior que contenga una fuente), que se utilizan en función del clima, las necesidades y las posibilidades de la vivienda que se quiere construir.

Todas estas estrategias se complementan con un buen aislamiento de la vivienda, es decir, buscar una alta inercia térmica y evitar las infiltraciones de aire que se producen en las juntas de la carpintería interior y de las distintas superficies, grietas u otros elementos. En determinadas situaciones y climas, una vivienda basada en la arquitectura bioclimática podrá conseguir un confort térmico suficiente sin necesidad de sistemas de climatización, aunque usualmente se instala algún sistema de climatización auxiliar, siendo los más eficientes la bomba de calor y la bomba de calor geotérmica.

90

¿Cuál es la cogeneración más famosa del mundo (y que ignoramos que lo es)?

Se conoce como cogeneración el proceso por el que se genera electricidad y energía térmica en un único proceso, pudiendo utilizarse esta energía térmica en forma de calor, vapor o agua caliente sanitaria. Además de la cogeneración existe la trigeneración en la que además de electricidad y calor se genera también frío a partir de la energía térmica generada, e incluso la tetrageneración donde también se genera energía mecánica.

Utilizar el calor residual producido por la generación eléctrica es probablemente la forma más intuitiva de eficiencia energética que podemos imaginar, sin embargo, en el sistema de generación eléctrica se pierden enormes cantidades de energía en forma de calor con la consecuencia de bajos rendimientos de conversión de energía primaria en electricidad. La eficiencia de una central térmica está alrededor del 30-35%, mientras que el de un ciclo combinado (que en el fondo se basa en un mejor aprovechamiento del calor generado) puede alcanzar el 55%, perdiéndose el resto de la energía en forma de calor.

Al cogenerar, el calor generado en la producción de electricidad se aprovecha para otros usos, lo que aumenta la eficiencia del proceso. Una planta de cogeneración puede alcanzar eficiencias superiores al 80%, mucho mayores que la generación eléctrica tradicional, ya que es un proceso mucho más eficiente que la obtención por separado de electricidad y calor.

Existen varios tipos de cogeneración. Una de ellas es la cogeneración distribuida, por la que algunas instalaciones generan electricidad y energía térmica para sus propios procesos productivos o para calefacción y vierten a la red eléctrica la electricidad sobrante (o, alternativamente, vendiendo toda la electricidad a la red eléctrica y por otro lado comprando la que necesiten, lo que suele suceder cuando la venta está incentivada). Este tipo de cogeneración tiene varias ventajas adicionales, como que disminuye las pérdidas de la red eléctrica o que garantiza la seguridad del suministro, ventajas típicas de la generación distribuida. Por ello, en algunos países este tipo de instalaciones han sido subvencionadas siempre que se superasen determinados parámetros

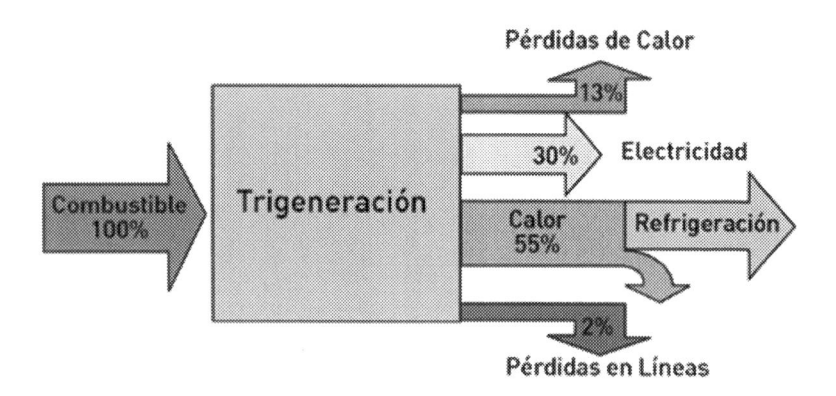

Esquema de la trigeneración por la que se genera electricidad, calor y frío, generándose este último gracias a la generación de calor y al proceso posterior de refrigeración por absorción. A pesar de que el rendimiento de estas plantas es muy superior al de las plantas convencionales, como se puede observar, los rendimientos nunca llegan al 100% y siempre se producen pérdidas de energía. Imagen: Guillermo Escobar, GNF, Wiki EOI.

de eficiencia. Estas cogeneraciones pueden estar presentes en un entorno industrial o bien en instalaciones destinadas a uso colectivo (centros comerciales, hospitales, etc.). Dos localizaciones muy conocidas que cuentan con un sistema de cogeneración son el Palacio de Buckingham en Londres o las oficinas centrales de la Comisión Europea en Bruselas.

Otro tipo de cogeneración, variante del tipo anterior, es la microgeneración, que se trata de sistemas de cogeneración más pequeños (potencias menores a 50 KW) generalmente instalados en viviendas o en pequeñas colectividades para generar agua caliente (para calefacción y agua caliente sanitaria) y electricidad. Los sistemas de microgeneración suelen sustituir a las antiguas calderas centralizadas y pueden usar distintos tipos de combustibles como gas natural o biomasa, además, existen también sistemas mixtos que se combinan con energía solar térmica.

Finalmente, también existen sistemas de cogeneración centralizados, que son aquellos que parten de la misma central eléctrica. En algunos países, sobre todo en climas fríos y cuando las centrales eléctricas se sitúan cerca de centros urbanos, el calor que se produce en la generación eléctrica de una central térmica se puede utilizar para alimentar un sistema centralizado de calefacción urbana. Si las centrales eléctricas están alejadas de los centros urbanos, el sistema es difícilmente viable tanto por costes de infraestructura como por pérdidas de calor durante el transporte del agua caliente.

En países como Finlandia, Dinamarca u Holanda, gran parte de las calefacciones urbanas funcionan gracias al calor generado en las centrales térmicas que producen electricidad con combustibles fósiles o con biomasa. En países del este de Europa y en Suiza, este sistema también funciona con el calor generado por las centrales nucleares y en Islandia son las centrales que funcionan con energía geotérmica las que generan tanto electricidad como calefacción urbana. Aunque existen innumerables casos, probablemente el sistema de cogeneración más famoso del mundo es el que alimenta el sistema de vapor de la ciudad de Nueva York, que funciona desde 1882. Las típicas imágenes de vapor saliendo por las alcantarillas de la ciudad de Nueva York no son más que escapes de ese sistema de calefacción urbana que funciona por cogeneración.

Las cogeneraciones no solo generan calor para calefacción, agua caliente sanitaria o para procesos industriales, hay un caso específico muy curioso que es el de los invernaderos. Con sistemas de cogeneración se consigue, además de generar electricidad, poder calentar el invernadero para el adecuado crecimiento de los vegetales. Pero además, el CO_2 generado por el sistema de cogeneración se puede usar para introducirlo en el invernadero y aumentar la concentración de CO_2 en el aire hasta cifras cercanas a las 1500 ppm, lo que se conoce como fertilización carbónica. Gracias a este sistema los cultivos son más productivos, siempre que no haya otros factores como la luz o el agua que actúen como limitantes del crecimiento de las plantas.

Otra aplicación interesante de la cogeneración es la desalinización de agua. El calor generado por la cogeneración se emplea para realizar procesos de desalinización térmica que usan el calor para hervir el agua y así eliminar la salinidad. Estos sistemas de desalinización son menos eficientes energéticamente que los sistemas de ósmosis inversa, pero en el caso de disponer de una cogeneración pueden convertirse en adecuados al aprovecharse el calor residual producido en la generación eléctrica.

91

¿QUÉ MEDIDAS DE EFICIENCIA ENERGÉTICA SE REALIZAN EN EL SECTOR INDUSTRIAL?

Según la Agencia Internacional de la Energía, el sector industrial consume más de la mitad de la energía final suministrada, se entiende por tal la electricidad consumida y la energía contenida en los combustibles fósiles que utiliza la industria. Las posibilidades de eficiencia energética a nivel industrial son muy numerosas, pues existen multitud de fuentes energéticas, maquinaria y flujos de energía sobre los que poder actuar.

Cada sector industrial e incluso cada instalación industrial es distinta, así que para poder aplicar medidas de eficiencia energética en una instalación industrial es habitual comenzar haciendo una auditoría energética. Estas auditorías son un análisis pormenorizado de las instalaciones, que intentan controlar todos los flujos energéticos y analizan muchos de ellos con los aparatos de medida adecuados. El objetivo final de estas auditorías es hacer un diagnóstico completo de las instalaciones para conocer en dónde el consumo energético no está siendo eficiente y cómo se puede mejorar. En algunos lugares estas auditorías son obligatorias para determinadas tipologías de empresas, como hace la Unión Europea con las grandes empresas.

Dentro de las múltiples posibilidades de eficiencia energética que se pueden dar en un entorno industrial, podríamos destacar algunas entre las más habituales:

- Proyectos de recuperación de calor. Multitud de procesos industriales generan calor que en muchas ocasiones se pierde sin más. Mediante recuperadores de calor es posible utilizar ese calor contenido en fluidos y gases de escape y transmitirlo a otro fluido que pueda, por ejemplo, calefactar las zonas de oficinas de las instalaciones, generar agua caliente sanitaria o ser utilizado en algún otro proceso industrial en la misma planta. También se puede utilizar esta energía térmica para la refrigeración.
- Instalación de motores eléctricos de alto rendimiento. Los motores eléctricos suelen ser los responsables de la mayor parte del consumo eléctrico de una instalación industrial. Existen distintos tipos de motores eléctricos que se pueden

clasificar por su eficiencia, desde los IE1 (eficiencia estándar) hasta los IE4 (eficiencia *superpremium*). El consumo de un motor de eficiencia estándar es de entre el 6 y el 7 % más de electricidad que un motor *premium*. Los motores de alto rendimiento, además, tienen una vida útil más larga (se calientan menos) y suelen requerir menos mantenimiento. La sustitución de motores estándar antiguos por motores de mayor eficiencia se puede amortizar en unos pocos años siempre que hablemos de equipos de alta utilización. Actualmente, en zonas como la Unión Europea o los EE.UU., todos los motores que se fabrican deben ser de eficiencia *premium* (al menos IE3).
- Instalación de variadores de frecuencia. Un variador de frecuencia es un sistema que permite el control de la velocidad de giro de un motor para así poder ajustarlo a las necesidades del proceso en cuestión y por tanto usar solo la energía imprescindible. Al reducir la frecuencia de giro de un motor este consume menos electricidad y por tanto se generan ahorros, de entre el 20 y el 50% en función del ajuste. Los variadores de frecuencia también permiten arranques y frenados suaves del motor, lo que aumenta su vida útil. Se utilizan mucho en cintas transportadoras, bombas de aire y agua, ascensores, compresores de aire y otro tipo de maquinaria.
- Optimización de los sistemas de aire comprimido. Los sistemas de aire comprimido se usan en muchos sectores industriales y suponen alrededor del 10% del consumo energético industrial. Estos sistemas están compuestos por multitud de equipos como compresores, secadores, refrigeradores, válvulas, filtros, etc. sobre los que se puede actuar. Los ahorros energéticos se pueden conseguir mediante dos vías: la sustitución de equipos por otros más eficientes y la mejora de la gestión de los compresores. Además, es posible recuperar calor de los compresores, al ser muy exotérmicos. Otro problema son las fugas de aire comprimido que se pueden producir en multitud de puntos del sistema de aire comprimido y que reducen la eficiencia del mismo. Una optimización del sistema de aire comprimido puede suponer más de un 20% de ahorro energético.
- Cambios de combustible. El cambio de las antiguas calderas de gasóleo por calderas más modernas y más eficientes de

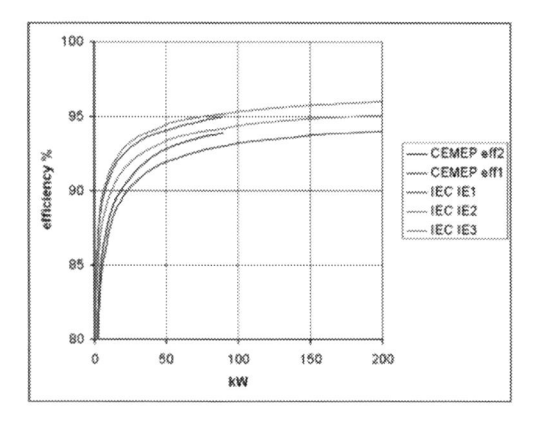

Mejora de la eficiencia de los motores en función de su clasificación. En la gráfica se puede observar la mejora de eficiencia de los motores IE2 y IE3 respecto al IE1. CEMEP eff1 y CEMEP eff2 son nomenclaturas antiguas de eficiencia de motores que se usaban en la Unión Europea. El eje de abcisas indica la potencia de salida del motor y muestra que los motores más grandes son más eficientes que los pequeños.

gas natural o por sistemas de cogeneración puede suponer un ahorro energético importante.
- Proyectos de iluminación eficiente. Los cambios a tecnología LED y el redimensionamiento de las necesidades de iluminación puede suponer un porcentaje de ahorro energético menor en una industria, sin embargo, el coste de estas soluciones es comparativamente bajo y el cambio de equipos se amortiza de forma muy rápida, sobre todo en industrias que trabajan a tres turnos y tienen necesidades de iluminación permanentes.

Además de estas medidas, se pueden realizar muchas más en el entorno industrial como mejoras en los sistemas de frío industrial, aislamientos térmicos, instalación de sistemas de energía renovable o de generación de electricidad y calor con residuos de la propia industria, sistemas de monitorización de consumos, modificación de la gestión de los transformadores, etcétera.

Existen empresas que se dedican a implantar estas medidas de eficiencia energética en otras empresas, que hacen las inversiones y asumen los riesgos, cobrando un porcentaje del ahorro generado. Son las empresas de servicios energéticos, un modelo de negocio que nació en los EE.UU. en los años 80 y que ha sido bastante exitoso a la hora de vender soluciones de eficiencia a clientes con escasa capacidad de inversión o con poca confianza en las soluciones técnicas propuestas. En cualquier caso, las empresas cada vez son más conscientes de la viabilidad económica de la eficiencia energética, por lo que pueden realizar los proyectos por ellas mismas o en colaboración de *partners*, sin entregar la gestión energética a terceros a cambio de anular riesgos casi inexistentes.

Con todo, la eficiencia energética es un sector dinámico que está continuamente en evolución, en el que aparecen constantemente equipos más eficientes y nuevas oportunidades de ahorro. Esto lleva a la necesidad de una gestión continuada de la eficiencia energética dentro de las industrias y una constante vigilancia tecnológica a la espera de nuevas oportunidades.

92
¿CONTRIBUYE EL RECICLAJE AL AHORRO ENERGÉTICO?

Cuando se habla del reciclaje de residuos casi siempre se enfoca desde el punto de vista del ahorro de materia prima y de la reducción de residuos en vertedero. Sabemos, por ejemplo, que reciclar papel y cartón evita la tala de árboles en una cantidad aproximada de diecisiete árboles por tonelada de papel o que reciclar una tonelada de plástico evita consumo de una tonelada de petróleo. Sin embargo, que reciclar los materiales reduce sustancialmente el consumo energético es algo más desconocido, de hecho, hay ciertos mitos que indican que el reciclaje de los materiales que usualmente generamos gasta más energía que la nueva fabricación, algo que es totalmente falso, al menos en la actualidad. El ahorro energético lleva asociado, además, un ahorro en emisiones de CO_2, por lo que el reciclaje es una de las estrategias de minimización de emisiones más importantes que existen. Por poner un ejemplo, el reciclaje de papel y cartón en los Estados Unidos en 2014 redujo las emisiones netas de CO_2 en la misma proporción que haber retirado de circulación veintinueve millones de coches durante ese año.

Para conocer el ahorro energético que se produce al reciclar un material hay que analizar el ciclo completo del mismo. En los casos de materiales nuevos hay que analizar el gasto energético para la obtención de la materia prima, como la extracción de la mina, tala de árboles u otros procesos, la transformación de esa materia prima en el material, el transporte, etc. En el caso del reciclaje se debe tener en cuenta el gasto energético de la recogida del residuo, la separación y el proceso de reciclaje en sí. Cada material es diferente, pues los procesos de extracción, fabricación y reciclado son distintos y el coste energético del transporte también varía, fundamentalmente, por la densidad del material, así que en cada caso hay que hacer un estudio específico sobre los procesos de obtención de cada material.

Entre los materiales cuyo reciclaje genera más ahorro energético tenemos los siguientes:

- Aluminio. La obtención del aluminio requiere de dos procesos, primero la extracción de alúmina de la bauxita y posteriormente la obtención del aluminio por electrólisis de la alúmina. A estos dos procesos hay que añadir el transporte de la bauxita (que se suele extraer en África, el Caribe, Australia o Brasil). Para obtener una tonelada de aluminio se requieren cuatro toneladas de bauxita y un consumo energético de casi 20 MWh. Pues bien, el reciclaje de una tonelada de aluminio requiere menos del 5% de la energía necesaria para su obtención desde el mineral de bauxita, siendo probablemente el material que ofrece mayor ahorro energético por unidad de peso en el proceso de reciclado. El reciclaje de una lata de aluminio ahorra suficiente energía para que un coche circule más de un kilómetro. El aluminio, como todos los metales, se puede reciclar todas las veces que se requiera.

- Plásticos. Alrededor del 4% del petróleo que se extrae anualmente en el mundo se destina a la fabricación de plásticos. Estos se obtienen mediante la polimerización de ciertos derivados del petróleo que se extraen en el proceso de refinado del mismo. Existen diferentes tipos de plásticos pero todos se reciclan de forma similar: primero se retiran las impurezas, después se lavan, se trituran y, finalmente, se funden y se les da una forma determinada. Uno de los problemas del reciclaje de plástico es la separación de los diferentes tipos de plásticos, ya que la presencia de impurezas en el plástico reduce mucho la calidad del mismo

y puede llegar a arruinar el material reciclado, y esto es especialmente relevante si se tiene en cuenta que los residuos plásticos generalmente se recogen todos juntos, lo que obliga a una separación más exhaustiva. En situaciones de petróleo caro, los residuos plásticos puros son bastante cotizados, ocurriendo lo contrario cuando el petróleo está muy barato. El reciclaje de plástico permite ahorrar alrededor del 80% de la energía que se destinaría a la fabricación de plástico nuevo, lo que lo convierte en uno de los materiales cuyo reciclaje conlleva más ahorro energético.
- Papel y cartón. El papel y el cartón se fabrican con las fibras de celulosa que hay en la madera. Esta madera proveniente de los árboles se tritura y se mezcla con agua para producir una pasta que será la precursora de las hojas de papel y por tanto también del cartón, que al fin y al cabo está formado por varias capas de papel superpuestas. El proceso de reciclaje del papel es bastante sencillo, pues consiste básicamente en disolver el papel para volver a generar la pasta. El inconveniente es que en cada proceso de reciclado se rompen parte de las fibras de celulosa, por lo que el papel tiene un ciclo limitado de reciclajes (se calcula en siete), aunque usualmente lo que se hace es mezclar la pasta de papel reciclado con un porcentaje de pasta virgen para mantener su calidad. El papel y el cartón son los materiales más reciclados del mundo, se recicla alrededor del 65% del mismo en los Estados Unidos y casi el 72% en Europa. El reciclaje del papel supone un ahorro energético de más del 40% respecto a la fabricación de papel desde madera virgen, porcentaje que algunas fuentes elevan al 60-65%. Además, su impacto medioambiental es mayor debido a que evita la tala de árboles y, por tanto, la eliminación de sumideros de CO_2, ya que por mucho que haya plantaciones específicas para la fabricación de papel hay que tener en cuenta que un árbol desarrollado fija más CO_2 que uno recién plantado.
- Vidrio. El vidrio se fabrica a partir de la sílice (arena) que se funde en un horno a aproximadamente 1500 °C junto a cantidades menores de sosa y cal, mezcla que produce una pasta a la que posteriormente se le da forma. El reciclaje de vidrio básicamente sigue el mismo procedimiento, pues los residuos de vidrio, una vez separados por color, lavados y eliminadas las impurezas, se funden para producir nuevo

vidrio, proceso que se puede repetir de forma indefinida. Los residuos de vidrio triturados, que se denominan calcín, se funden a una temperatura inferior a las materias primas originarias, siendo este uno de los motivos por el que el reciclaje del vidrio ahorra energía. Se estima que el reciclaje de vidrio ahorra alrededor de un 30% de energía respecto a la fabricación desde la sílice. A pesar de eso, este proceso es energéticamente mucho más costoso que la reutilización de la botella de vidrio, algo que se hacía tradicionalmente pero que en muchos países ha caído en desuso, cuando es ecológica y energéticamente la opción óptima.

Hay muchos más materiales que se reciclan, como otros muchos metales, productos textiles, madera, pilas y baterías, etc. El reciclaje de metales como el cobre o el acero permiten ahorros energéticos casi tan grandes como los del aluminio y residuos como los de madera tienen muchos posibles usos, desde la fabricación de muebles de aglomerado hasta la valorización energética como biomasa. En todos estos casos el reciclaje es un método de ahorro energético y de reducción de las emisiones netas de CO_2.

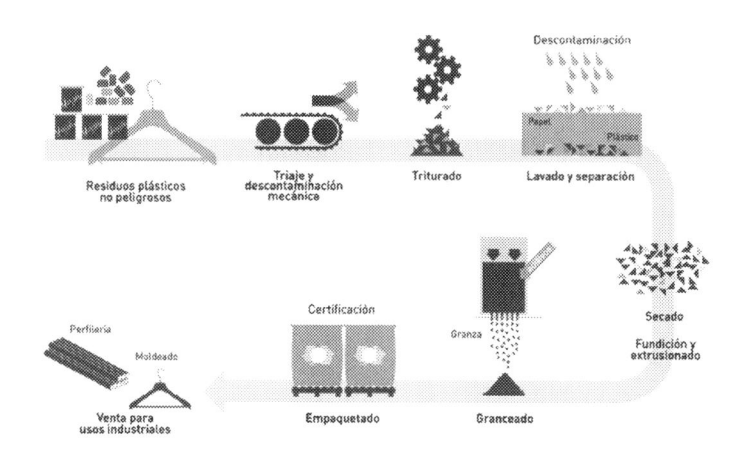

Esquema del proceso de reciclado del plástico a partir de los residuos de ese material. En este esquema se observa el proceso en la planta de reciclaje hasta la generación de la granza y su posterior venta. Imagen cedida por ACTECO productos y servicios S.L.

MÁS ALLÁ DEL FUTURO

93
¿POR QUÉ HAY TANTAS ESPERANZAS EN LA FUSIÓN NUCLEAR?

La fusión nuclear es el proceso inverso a la fisión nuclear, ya que en vez de dividir un átomo en otros dos átomos de menor masa atómica lo que se hace es fusionar dos átomos para generar uno de masa atómica mayor. También de forma inversa a la fisión, la fusión de dos elementos ligeros generará energía (al formar un elemento más estable), mientras que la fusión de dos elementos pesados requeriría adición de energía, estando esa frontera de separación en la generación de un átomo de mayor peso atómico que el hierro. En la fisión nuclear sucede lo contrario, la fisión de átomos pesados genera energía (por eso se usa uranio o plutonio), mientras que la fisión de átomos ligeros no sería energéticamente viable, ya que requeriría energía.

La fusión nuclear es el proceso por el que el sol genera su energía. En el sol, a causa de su alta temperatura de 15 millones de grados y a la intensa gravedad, los electrones se separan de los núcleos de los átomos generando un estado de la materia que se llama plasma y gracias a eso los núcleos de hidrógeno chocan entre sí y se fusionan. La reacción nuclear comienza con la fusión de dos núcleos de hidrógeno que produce un núcleo de deuterio que, a su vez, se fusionará con otro núcleo de hidrógeno para generar helio-3 y, finalmente, dos núcleos de helio-3 se fusionarán para generar helio-4 y dos núcleos de hidrógeno. La reacción global es que la fusión de cuatro núcleos de hidrógeno genera un núcleo de helio y una gran liberación de energía.

Esta reacción de fusión que se produce en el Sol es el ejemplo en el que nos fijamos en la Tierra para desarrollar los futuros reactores comerciales de fusión nuclear. La reacción entre el deuterio y el tritio (dos isótopos del hidrógeno) es la reacción que se pretende llevar a cabo, primero porque es la que más energía libera de entre todas las combinaciones posibles de isótopos del hidrógeno, con 17,6 mega-electronvoltios (MeV) y, por otro lado, porque es la reacción de fusión que requiere de menor temperatura para poder llevarse a cabo. A pesar de que la reacción de fusión de estos dos isótopos del hidrógeno genera menos energía que una reacción de fisión de un átomo de uranio (200 MeV), si hablamos en kilos de combustible veremos que un kilo de uranio produce 81,7 millones de MJ mientras que con un kilo de deuterio y tritio se obtienen 335 millones de MJ, alrededor de cuatro veces más energía.

Se espera que tanto el deuterio como el tritio se puedan obtener sin demasiados problemas. El deuterio es un isótopo estable que se encuentra en la naturaleza proporción de uno por cada 6500 átomos de hidrógeno, por lo que se puede extraer casi indefinidamente del agua del mar, de donde se pueden obtener 34 gramos de deuterio por metro cúbico de agua. El tritio es, en cambio, un isótopo inestable que es escaso en la naturaleza y que además es muy caro, pero se puede producir por captura neutrónica de isótopos de litio, que sí es abundante en la corteza terrestre, en el propio reactor de fusión, de manera que se genere tritio que sustituya al combustible gastado.

Además de la enorme disponibilidad del deuterio, muy superior a la del uranio, y de la mayor energía que es capaz de generar, la fusión nuclear tiene otras dos ventajas sobre la fisión. La primera de estas ventajas es que no existe el riesgo de reacción en cadena o fusión del núcleo que sí existe en los reactores de fisión nuclear. Si se produce cualquier perturbación, la temperatura de la fusión decae y la reacción de fusión se para, al igual que se para si se deja de suministrar combustible a la reacción de fusión. Por razones similares, se evita el riesgo de proliferación de

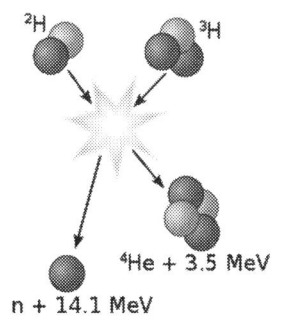

Reacción de fusión nuclear entre los dos isótopos del hidrógeno, el deuterio (^{2}H) y el tritio (^{3}H), generándose helio y la liberación de 17,6 MeV y un neutrón

armas nucleares, ya que ni el deuterio ni el tritio son materiales enriquecidos ni pueden desencadenar una reacción nuclear en una bomba.

La segunda gran ventaja es que la fusión nuclear no genera residuos radioactivos de alta actividad. El helio-4, el producto de la fusión del deuterio y el tritio, no es radioactivo, mientras que los neutrones emitidos serían absorbidos por el litio del reactor formando tritio, que tiene una vida media de 12 años. El mayor residuo radioactivo generado sería el propio reactor, ya que estaría sometido a la radiación neutrónica de las reacciones de fusión y permanecería radioactivo alrededor de 100 años, que son bastantes menos que muchos de los residuos de la fisión nuclear.

En principio la fusión nuclear es muchísimo más ventajosa que la fisión nuclear, el problema es que no es tan fácil de realizar. En el Sol estas reacciones se producen a quince millones de grados y a muy alta gravedad, condiciones que no son fáciles de reproducir en la Tierra y que consumirían enormes cantidades de energía. Además, un átomo de hidrógeno no se fusiona instantáneamente en el Sol por el mero hecho de estar en esas condiciones, sino que tarda de media cinco mil millones de años para poder fusionarse, lo que muestra que se trata de un proceso aleatorio y muy improbable.

Para poder inducir la fusión, la temperatura debe ser de bastante más de quince millones de grados y a esa temperatura la materia está en forma plasmática, por lo que se debe contener y comprimir con campos magnéticos o con láseres. Experimentalmente se ha conseguido realizar fusiones nucleares de unos pocos segundos, pero siempre generándose menos energía que la invertida para provocar esas reacciones. En 2014, investigadores del National Ignition Facility en los Estados Unidos aseguraron haber realizado la fusión nuclear con un exiguo margen de ganancia energética, aunque la mayoría de expertos cuestionaron ese resultado.

De hecho, la única fusión nuclear exitosa que ha realizado el ser humano es aquella que se da en la bomba de hidrógeno. La bomba de hidrógeno es un tipo de bomba en el que una reacción de fisión nuclear del uranio crea las condiciones necesarias para que se produzca seguidamente una reacción de fusión para acabar con otra reacción de fisión, siguiendo una secuencia de fisión-fusión-fisión. La primera fisión nuclear provoca un aumento enorme de la temperatura hasta alcanzar los 100 millones de grados gracias a un contenedor de espuma de poliestireno, que se convierte en plasma después de la explosión, y en esas condiciones se produce seguidamente la fusión nuclear. Este sistema es válido para generar una reacción descontrolada y destructiva, pero obviamente es inviable para producir energía útil.

Cómo conseguir una fusión nuclear útil para conseguir energía es algo en lo que se lleva trabajando desde los años 50, pero casi 70 años después sigue siendo inviable y parece que pasarán bastantes años antes de que pueda llegar a serlo, si es que lo es algún día.

94

¿Qué se está haciendo para conseguir la fusión nuclear?

Probablemente el proyecto tecnológico más ambicioso para conseguir una fusión nuclear comercialmente viable es el proyecto ITER, acrónimo de International Thermonuclear Experimental Reactor. Este proyecto, en el que están involucradas treinta y cinco naciones, entre ellas China, Rusia, Estados Unidos, la India y los países de la Unión Europea, persiguen la construcción y puesta en marcha de un reactor experimental de fusión nuclear situado en el sur de Francia con el que se espera conseguir una reacción de fusión sostenible en el tiempo y que genere energía neta.

El reactor, que se está construyendo actualmente, es un reactor tipo Tokamak, un modelo que se construyó por primera vez en la Unión Soviética y que es un tipo de lo que se denominan reactores de confinamiento magnético. El reactor consiste en una cámara de vacío que contiene los isótopos del hidrógeno para la fusión, material que se ioniza con potentes descargas eléctricas para aumentar su temperatura y conseguir llevarlo a estado plasmático. Este plasma, que fundiría cualquier material con el que estuviese en contacto, se mantiene confinado en una trampa magnética gracias a potentes electroimanes, de manera que se evita a su vez que pierda temperatura por contacto. En este tipo de reactores la mezcla puede llegar a alcanzar más de cien millones de grados, temperatura necesaria para que se produzca la fusión. El Tokamak no es el único tipo de reactor de confinamiento magnético, existe otro tipo de reactor de esta naturaleza llamado Stellarator, un reactor más complejo donde el campo magnético que contiene el plasma tiene una estructura tridimensional.

Hay otro tipo de reactores experimentales de fusión que se conocen como reactores de confinamiento inercial. En estos reactores la mezcla de isótopos del hidrógeno se calienta gracias a haces de rayos láser que provocan la compresión e implosión de la mezcla hasta que alcanza los cien millones de grados y se produce la fusión. La idea que hay detrás de esta técnica es intentar generar las condiciones de fusión tan rápido que los núcleos atómicos no tengan tiempo de moverse y acaben colisionando gracias a la compresión que produce la implosión. El confinamiento inercial se está experimentando en el norteamericano National Ignition Facility y también en algunas otras instalaciones en Francia, Japón y Reino Unido.

El ITER será el Tokamak más grande de la historia. El reactor pesará 23 mil toneladas, estará localizado en un edificio que tendrá una altura de 73 metros (aunque 13 de ellos estarán bajo tierra) y podrá contener un volumen de plasma de 830 metros cúbicos, casi nueve veces más que el Tokamak más grande que existe actualmente. Los imanes necesarios para el confinamiento magnético estarán formados por más de 100 000 kilómetros de hilos superconductores de niobio-estaño, que si los pusiésemos en línea podrían dar la vuelta a la tierra dos veces. Se trata, por tanto, de una obra de ingeniería colosal cuya construcción tendrá un coste final de alrededor de 20 000 millones de euros.

Con esta gran infraestructura se pretenden cumplir varios objetivos específicos. El objetivo fundamental es conseguir 500 MW de potencia de fusión, una cifra mucho mayor que las obtenidas hasta la fecha. Además, esta potencia de fusión se debe conseguir

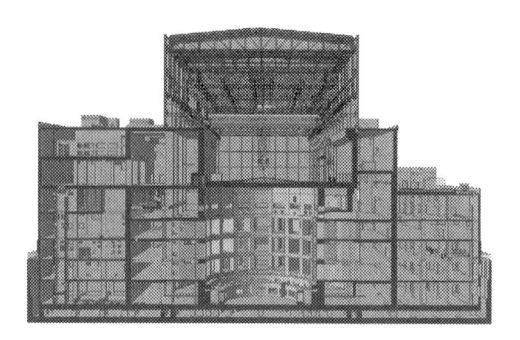

Imagen que muestra, en corte horizontal, como será el futuro edificio del reactor del ITER. La parte cilíndrica central será el lugar donde estará el reactor y se realizará la reacción de fusión con confinamiento magnético. Imagen cortesía de ITER Organization.

con una potencia de entrada mucho menor, que se estima en 50 MW, para que así la fusión genere diez veces más energía que la empleada en conseguirla y sea viable su uso comercial. Para obtener esto será necesario poder estabilizar el plasma durante mucho más tiempo que el conseguido actualmente, que no ha pasado de reacciones de unos pocos segundos, y alcanzar una temperatura de ciento cincuenta millones de grados para la fusión del deuterio y el tritio. Además de ese objetivo primordial, en el ITER se quiere demostrar la seguridad del reactor de fusión y la viabilidad de la generación de tritio dentro del propio reactor, algo muy importante ya que el tritio tiene un coste de mercado superior a treinta millones de dólares el kilo y, de tener que comprarlo, dispararía el coste de la energía de fusión y la situaría muy por encima del coste de generación de otras fuentes de energía.

El proyecto ITER comenzó a idearse en 1985 a propuesta del entonces *premier* soviético Mijail Gorbachov que quería desarrollar un proyecto internacional para el desarrollo de la energía de fusión con fines pacíficos, pero la firma del tratado definitivo no se produjo hasta el año 2006. El reactor comenzó a fabricarse en el año 2010 y aunque en teoría se deberían finalizar las obras en el año 2019, ha habido continuos retrasos y desfases presupuestarios que han dilatado las obras, que actualmente se espera que estén finalizadas en 2025.

Una vez construido, se espera que se tarde casi diez años hasta experimentar con el deuterio y el tritio, por lo que la posibilidad de una fusión nuclear comercialmente viable llegaría, en el mejor de los casos, alrededor de 2040. Y eso situaría la posibilidad de tener reactores de fusión comerciales muchos años después (cuesta mucho tiempo fabricar un reactor), ya que el objetivo del ITER no es generar electricidad, es generar simplemente la fusión nuclear y la cantidad de calor necesaria para hacerla viable y así servir como base para futuros desarrollos de centrales de fusión.

El proyecto, por tanto, tardará aún muchos años en dar resultados que, incluso siendo los esperados, difícilmente tendrían aplicación antes de mediados de siglo. Quizá demasiado tiempo y demasiadas incertidumbres.

95
¿PUEDE SER LA FUSIÓN NUCLEAR LA ENERGÍA DEL FUTURO?

Durante muchas décadas la humanidad ha puesto sus esperanzas en la fusión nuclear como la promesa de un futuro con energía limpia, abundante y segura. Cuando éramos niños seguramente ya escuchábamos hablar de la fusión nuclear como la energía del futuro y quizá incluso nuestros padres escucharon lo mismo durante su infancia y, a la vista del tiempo que falta para una fusión nuclear comercialmente viable, probablemente nuestros hijos escucharán lo mismo.

En sectores científicos ajenos al mundo de la fusión nuclear circula un chiste que dice que la investigación de la fusión nuclear ha conseguido descubrir una nueva constante física: los 50 años, que son los años que faltan para poder usar la energía nuclear independientemente del momento en que se diga esa frase. El chiste es bastante cruel pero no podemos negar que tiene algo de cierto, aunque no está muy claro si esa constante sería de 50 años o más bien de 30 años, que es el horizonte del que se suele hablar hoy en día.

Muchos expertos consideran que la posibilidad de conseguir una fusión nuclear controlada y que genere suficiente energía será siempre inviable. La fusión nuclear es un proceso inherentemente aleatorio, así lo es tanto en los experimentos que hacemos en la Tierra como en el Sol. En el Sol los núcleos de hidrógeno no se fusionan simplemente por estar a alta temperatura y presión, de hecho, es enormemente difícil que se fusionen dos núcleos de hidrógeno, lo que pasa es que hay tal cantidad de hidrógeno en el Sol que la minúscula parte que se fusiona cada día genera enormes cantidades de energía. De hecho, el Sol sigue brillando cada día gracias a que el hidrógeno no se está fusionando masivamente, si lo hiciese se produciría una enorme fusión general y ya no estaríamos aquí, pero se fusiona de forma tan lenta y tan aleatoria que va a permitir a nuestro Sol funcionar durante doce mil millones de años.

Lo que queremos hacer en la Tierra es una fusión controlada, es decir, introducir una determinada cantidad de combustible y que se fusione como nosotros queremos. Esto implica controlar un proceso físico básicamente aleatorio e incontrolable y ahí radican las dificultades. La solución que se está buscando es usar una temperatura mucho más alta que la del Sol y usar un elemento radioactivo para facilitar ese proceso, pero eso no elimina las dificultades de control y crea problemas adicionales, como la obtención del tritio.

Aunque la fusión nuclear se consiguiese controlar y se consiguiese generar más energía de la gastada en el proceso, eso aún no haría comercialmente viable la fusión. La energía generada en forma de calor en una central de fusión debería convertirse posteriormente en electricidad y en ese proceso hay muchas pérdidas. Una central nuclear de fisión actual tiene un rendimiento energético de alrededor del 30%, lo que quiere decir que el 70% de la energía generada se pierde. Si consiguiésemos una reacción de fusión que generase el doble o el triple de energía de la que consumimos para provocarla aún estaríamos hablando de un proceso económicamente inviable ya que la generación eléctrica tendría todavía más pérdidas.

Y aunque superásemos ese umbral, que llevaría a una generación técnicamente viable, seguiría sin serlo económicamente. Una central nuclear es una obra carísima y una central de fusión no lo sería menos, así que una inversión de ese tamaño sería económicamente ruinosa si solo se generase un poco más de electricidad que la energía gastada en el proceso. Por eso el objetivo del ITER no es simplemente generar más energía de la consumida, sino que se ha puesto el objetivo de generar diez veces más, porque es evidente que con tres o cuatro veces más no tendría ninguna aplicación práctica.

Un problema adicional es la obtención del tritio. El objetivo que se persigue es poder generar el tritio en el propio reactor nuclear mediante la absorción por parte de átomos de litio de los neutrones emitidos en la reacción de fusión. Sin embargo, algunos expertos sostienen que este proceso no podrá ser total, es decir, que siempre se generarán menos átomos de tritio por captación de neutrones que átomos de tritio se consuman en la fusión, estimando que no se podrá recuperar más del 30% del tritio gastado.

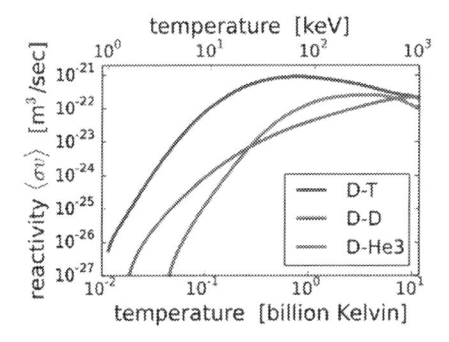

Reactividad de las reacciones de fusión de dos átomos de deuterio, de deuterio con helio-3 y del deuterio con tritio, en función de la temperatura. Como se puede observar, la reacción de fusión del deuterio y el tritio es la que alcanza una máxima reactividad a una temperatura más baja y por eso es la que se está desarrollando. Otras reacciones que no requiriesen de tritio necesitarían temperaturas muy superiores, lo que aumentaría su complejidad técnica y el gasto de energía para llevar a cabo la reacción. Imagen: Dstrozi, Wikimedia Commons.

Esto es un problema técnico y económico de gran magnitud. El tritio es uno de los materiales más caros del mundo y cuesta alrededor de 30 millones de dólares el kilo. Hagamos un cálculo muy simple con estos números. Con un kilo de tritio (y otro de deuterio) obtendríamos, en un caso ideal con una fusión total, 670 millones de MJ, que son unos 186 000 MWh de energía en forma de calor. Si usamos el mismo rendimiento que en una central de fisión actual, tendríamos una generación de electricidad de unos 56 000 MWh. Si para generar esta cantidad tenemos que gastar treinta millones de dólares en combustible, el coste solo por combustible sería de 535 $/MWh en un proceso de fusión total (que no se daría), a lo que habría que añadir el coste de la energía usada para provocar la fusión, los costes de amortización de la central, los variables, etc. Aunque efectivamente se pudiese recuperar el 30% del tritio gastado, en cualquiera de las circunstancias los precios que obtendríamos superarían ampliamente los 500 $/MWh, un precio mucho más alto que cualquiera de las energías experimentales más caras y que multiplica por diez el coste de generación eléctrico de muchas fuentes de energía (50 $/MWh).

La inviabilidad económica de la operación, si no se consigue generar el tritio en la propia central es evidente. ¿Podría generarse una industria de fabricación de tritio que redujese estos precios?

Podría ser, pero actualmente el tritio se genera fundamentalmente en los reactores nucleares de fisión tipo CANDU que existen en países como Canadá o Argentina. Tener que hacer reactores de fisión para poder satisfacer las necesidades de los reactores de fusión sería, cuanto menos, una cruel paradoja.

Los problemas, como se puede observar, son múltiples y dejan bastantes dudas respecto a la viabilidad futura de la fusión nuclear, pero conviene hacer una consideración adicional. En el mejor de los casos tendríamos reactores nucleares de fusión generando electricidad pasado el ecuador del siglo XXI, sin embargo, en aquel momento los países ya deberían haber avanzado mucho en sus compromisos de reducción de gases de efecto invernadero. La Unión Europea, por ejemplo, necesita que prácticamente todos los vehículos de sus carreteras sean eléctricos en 2050 si quiere cumplir con los objetivos del acuerdo de París y en esa fecha la energía nuclear de fusión no habría llegado todavía.

Muchos expertos consideran que si en 70 años se ha avanzado tan poco es que estamos claramente ante un camino imposible. Yo no me atrevería a decir tanto, la evolución de la ciencia no es unívoca y no considero imposible que a largo plazo la fusión nuclear pueda ser una técnica viable. Quizá se desarrolle una fusión distinta con elementos que no sean el tritio o quizá haya un avance científico muy importante que permita solventar los problemas de la fusión nuclear, todo puede pasar. Lo que sí parece evidente es que, incluso en la mejor de las hipótesis, la fusión nuclear llegaría demasiado tarde para suponer una solución a las amenazas del cambio climático y, por tanto, no puede considerarse una alternativa a la descarbonización de la economía.

96

¿LLEGAREMOS A VER UN MUNDO MOVIDO POR HIDRÓGENO?

El hidrógeno es el elemento más abundante del universo, representando el 90% de los átomos que hay en él. Forma parte de muchísimas estructuras químicas, pero de forma pura se encuentra formando una molécula formada por dos átomos de hidrógeno (H_2) que está en estado gaseoso. El hidrógeno gaseoso no se encuentra en forma libre en la tierra, ya que la atmósfera no puede retenerlo y se escapa al espacio, pero sí se puede generar en multitud de procesos de carácter biológico o químico.

Al no encontrarse libre y disponible en la tierra, el hidrógeno no es una fuente de energía, ya que no podemos usar la energía química acumulada en su estructura. En los combustibles fósiles lo que estamos usando realmente es la energía acumulada en sus formas químicas, indirectamente producto de la fijación de carbono por parte de las plantas gracias a la energía del sol, pero con el hidrógeno no podemos hacerlo al no existir fuente utilizable del mismo. Lo que se pretende con el hidrógeno es que actúe como vector energético, es decir, como mecanismo para acumular y transportar la energía. La energía se crearía por otros medios y se usaría para generar hidrógeno que la almacenaría en su propia estructura química y la liberaría en un simple proceso de combustión o en una reacción de oxidación-reducción en una pila de combustible.

La ventaja del hidrógeno es que es enormemente fácil de obtener y se puede generar desde una fuente ilimitada, el agua. El hidrógeno se puede producir por simple electrólisis del agua, un proceso que se conoce desde 1800 y que se realiza hasta en los laboratorios de los colegios de secundaria, el cual permite descomponer el hidrógeno y el oxígeno del agua aplicando una corriente eléctrica. El proceso químico por el que cada dos moléculas de agua se generan dos moléculas de hidrógeno y una de oxígeno es el siguiente:

Ánodo: $2 H_2O \rightarrow O_2 + 4 H^+ + 4 e^-$
Cátodo: $2 H^+ + 2 e^- \rightarrow H_2$
Reacción global: $2 H_2O \rightarrow 2 H_2 + O_2$

En un electrolizador que funcionase con un 100% de rendimiento, este proceso consumiría casi 40 kWh por cada kilo de hidrógeno generado, aunque en condiciones reales esta cantidad se acerca a los 50 kWh. Además de ese consumo, posteriormente este hidrógeno debe ser manipulado, transportado y normalmente comprimido, todos ellos procesos que también consumen energía adicional.

Para liberar la energía del hidrógeno se puede optar por ejemplo por su combustión:

$$2 H_2 + O2 \rightarrow 2 H_2O$$

Esta reacción generaría, en condiciones ideales, 33,33 kWh por cada kilo de hidrógeno quemado, que en condiciones reales es menos al no producirse una combustión perfecta. Además, si pretendiésemos usar esta energía térmica para producir electricidad, el rendimiento de la generación eléctrica reduciría esta energía a menos de la mitad. Si en cambio usamos una celda de combustible en la que se produce el mismo producto, pero por una reacción de oxidación-reducción (es la misma reacción de la electrólisis pero en sentido inverso), se generaría alrededor del 60% la energía que contiene el hidrógeno aunque en forma de electricidad directamente, por lo que para generación de electricidad es un proceso más eficiente.

A la vista de estas cifras hay algo que se observa claramente: la energía consumida para la generación de hidrógeno es bastante mayor que la energía que posteriormente se puede obtener del mismo. Se trata, por tanto, de un proceso en el que se pierde bastante energía por el camino, algo que pasa con cualquier sistema de almacenamiento de energía al ser imposibles rendimientos del 100%, pero que en este caso es especialmente elevado, ya que hablamos de pérdidas de energía que podrían estar entre el 70 y el 80%.

A pesar de eso, el hidrógeno también tiene ventajas. Una de las ventajas fundamentales del uso del hidrógeno como combustible es que no produce ningún tipo de contaminación, tan solo vapor de agua. Sin embargo, sí puede haber un impacto medioambiental en la obtención de la energía generada para poder producir ese hidrógeno, por lo que es necesario atender al proceso completo, tanto a cómo se ha producido el hidrógeno como de qué fuente se ha obtenido la energía. Si el hidrógeno se generase gracias a fuentes de energía renovables, sí podríamos decir que se trata de un combustible totalmente limpio, pero si esta electricidad se produjese por fuentes contaminantes difícilmente podríamos hablar de una energía limpia. De la misma manera, si el hidrógeno no se ha obtenido por electrólisis del agua sino a partir del petróleo o el gas natural (como se obtiene el 95% del hidrógeno que se comercializa actualmente), tampoco hablaríamos de una energía limpia sino de un derivado más de los combustibles fósiles.

En la actualidad el uso del hidrógeno en el mundo es relativamente importante. Se comercializan alrededor de 300 000 millones de metros cúbicos anuales, pero la inmensa mayoría se dedica a la producción de amoniaco y al craqueo (fraccionamiento) de petróleo. Sus aplicaciones como fuente de energía son residuales, la más

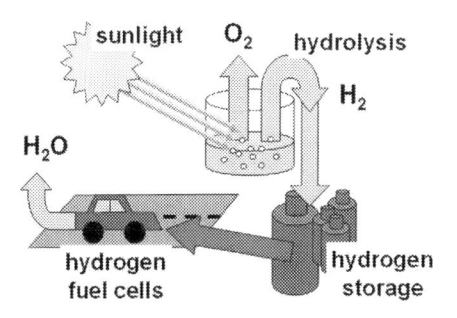

Ciclo del hidrógeno generado en una situación ideal, en este caso generado mediante la energía del sol. El hidrógeno se genera a partir del agua y también el agua es el producto final de su combustión o reacción de oxidación-reducción, de manera que el hidrógeno es simplemente un vector energético para acumular la energía solar. El problema de este proceso es la enorme cantidad de energía que se pierde en el proceso.

importante es la alimentación de unos pocos miles de coches que funcionan con celdas de combustible de hidrógeno donde su uso tiene la ventaja de que no produce contaminantes en los núcleos urbanos.

Pero ese hidrógeno sigue siendo un combustible producido por combustibles fósiles y, por tanto, contaminante. El uso de hidrógeno producido a partir del agua no está desarrollado por la sencilla razón de que, como hemos visto, se pierde muchísima energía en el proceso de generación y liberación de la energía del hidrógeno, mucha más que en otros métodos de almacenamiento de electricidad. Para poder desarrollarse debería existir una generación eléctrica abundante en la que no fuesen un problema las enormes pérdidas que son inherentes al proceso de producción y manejo del hidrógeno, situación que no existe actualmente y que resulta difícil pensar que pueda existir en un futuro cercano.

Durante varias décadas el hidrógeno fue una de las promesas futuristas sobre un porvenir de energía limpia, pero hoy en día ya existen alternativas de acumulación energética más eficientes que el hidrógeno como pueden ser las baterías, cuyo desarrollo ha desplazado a este en las predicciones sobre el futuro cercano. Eso no quiere decir que el hidrógeno no vaya a ser usado nunca, su sencillez a la hora de ser generado a partir del agua y su naturaleza limpia (si proviene de energía renovable) le puede dejar un papel en el futuro si se mejora la eficiencia de su proceso de generación y uso. Quizá pueda ser una manera más de almacenar picos de generación de energía renovable o combustible para ciertos transportes donde los motores eléctricos presentan dificultades, como pueden ser los aviones o los grandes barcos. Sin embargo, no parece que vayamos a ese mundo movido por hidrógeno que nos prometían hace unas décadas.

97

¿Cuáles serán las baterías del futuro?

A pesar de que las baterías de ion-litio son la tecnología actualmente dominante y que parece que tiene todavía bastante margen de mejora, inevitablemente llegará un momento en que será sustituida por otras tecnologías más eficientes. Estas tecnologías aún están en fase de experimentación y probablemente tardarán aún un par de décadas en ser comercialmente dominantes, pero ya podemos vislumbrar muchas de las líneas de trabajo de las que saldrán las baterías del futuro que sustituirán, o al menos convivirán, con las baterías de ion-litio.

Entre las investigaciones más prometedoras tenemos a las siguientes:

- Baterías de estado sólido. La primera innovación que nos llegará en el mundo de las baterías probablemente serán las baterías de estado sólido. Estas baterías son también baterías de ion-litio pero se diferencian de estas en que el electrolito es sólido en lugar de líquido. Usar un electrolito sólido tiene muchas ventajas, entre ellas el aumento de la densidad energética, con cifras que oscilan entre un 20% y un 150% de mayor capacidad de almacenamiento que las baterías de ion-litio. Además, este tipo de baterías son más seguras al calentarse mucho menos y, en teoría, deberían tener una vida útil mucho más larga y permitir una recarga más rápida en vehículos eléctricos. Las baterías de estado sólido no se han desarrollado hasta ahora debido a que los iones se mueven lentamente a través de un electrolito sólido, lo que limitaba su conductividad respecto a un electrolito líquido. En cualquier caso parece

que estos problemas ya han encontrado una solución, ya que empresas como Toyota han asegurado que comercializarán vehículos eléctricos con baterías de estado sólido a principios de la década del 2020.
- Baterías de grafeno. El grafeno es un material del que se lleva años hablando debido a su excelente conductividad térmica y eléctrica junto a su bajo peso y enorme dureza. Entre sus aplicaciones industriales está su uso en baterías, que supondría mayores densidades energéticas, mayor durabilidad y menor peso. El grafeno puede ser utilizado como material de mejora en muchos tipos de baterías y también como cátodo sustituyendo al grafito en las baterías de ion-litio. Actualmente ya algunas empresas como Huawei o Samsung ya han anunciado desarrollos de baterías de ion-litio mejoradas con grafeno para sus teléfonos móviles, con mejoras en su durabilidad y velocidad de carga. Las aplicaciones del grafeno pueden ser múltiples para la mejora de todo tipo de baterías, incluso algunas tipologías actualmente obsoletas. El problema es que producir grafeno es todavía muy caro (su coste era de 100 dólares por gramo a finales de 2016), pero es esperable que su precio caiga fuertemente en cuanto se consiga un método para fabricarlo masivamente a coste razonable.
- Baterías de sodio. Las baterías de sodio surgen como una alternativa al uso del litio, un material relativamente escaso y cada vez más caro. Las baterías de sodio no tienen tanta densidad energética como las de litio pero, en cambio, son mucho más baratas de fabricar, tanto porque el sodio es un elemento enormemente abundante como porque estas baterías no necesitan usar cobre y otros elementos caros. Hay quien ha llamado a las baterías de sodio alternativa *low-cost* del litio. Las baterías de sodio podrían costar alrededor de cinco veces menos que una batería de litio, pero tienen menos capacidad y pesan más. Su desarrollo más probable sería en lugares donde el peso y el espacio no fuesen demasiado problemáticos como por ejemplo para almacenar energía renovable.
- Baterías metal-aire. Este tipo de baterías funcionan con un metal puro como ánodo y un cátodo que funciona con el oxígeno del aire. Estas baterías resultan muy interesantes porque no requieren contener el oxígeno dentro de la batería, lo que puede hacerlas bastante más ligeras que sus

competidoras. Baterías metal-aire no recargables existen desde hace mucho tiempo, pero ahora el reto es hacerlas recargables y que puedan tener una larga vida útil, que es el principal problema en la investigación de este tipo de baterías, sus pocos ciclos de carga y descarga debido a problemas de precipitación de dendritas. También se han observado problemas a bajas temperaturas y con malas calidades de aire exterior, como se da en las ciudades. Se están investigando distintos tipos de baterías metal-aire, como las de litio-aire, las de aluminio-aire, sodio-aire, magnesio-aire y otras variables, cada una con sus ventajas e inconvenientes. Se espera que este tipo de baterías puedan ofrecer una energía específica hasta ocho veces mayor que las baterías de ion-litio, pero su investigación aún está en una fase preliminar y no se esperan los primeros modelos hasta alrededor de 2025.

Estos tipos de baterías (y otras más que se están investigando) están en distintas fases de desarrollo, pero que nadie espere una aparición súbita y fulgurante que las haga acaparar todo el mercado mundial. Pensemos que las baterías recargables de ion-litio se desarrollaron en los años 80, no comenzaron a comercializarse en ciertos dispositivos hasta los 90 y su uso en coches eléctricos y sistemas de almacenamiento de energía no se dio hasta prácticamente la década del 2010. Durante todos estos años, las baterías de ion-lito aumentaron su densidad energética y redujeron su precio gracias a las economías de escala hasta llegar a ser el tipo de baterías que conocemos hoy.

Con las más exitosas de estas nuevas baterías probablemente pasará lo mismo: comenzarán teniendo precios altos o características modestas y mejorarán con el paso de los años. Otras, directamente, no llegarán a nada. Las promesas son muchas y los objetivos revolucionarios, pero muchas veces las empresas que las desarrollan sobredimensionan las ventajas y minimizan los inconvenientes para captar inversiones o por otras razones de marketing, así que conviene ser muy cautos con los anuncios de baterías que van a dejar obsoletas a las de ion-litio en cuanto aparezcan.

En cualquier caso, sean estas o sean otras, a medio plazo las baterías de ion-litio serán superadas por otros tipos de baterías con más capacidad y más vida útil, es prácticamente una ley fatal de la tecnología. La pregunta fundamental es cuáles serán y sobre todo cuándo será.

98

¿SE PODRÁ ELIMINAR EL CO_2 DEL AIRE?

Actualmente ya existen sistemas por los que el CO_2 generado en las centrales térmicas se puede capturar antes de que se libere a la atmósfera, evitando así los efectos de este gas en el calentamiento del planeta. Son los sistemas de captura y almacenamiento de carbono que han sido valorados como una aportación en la lucha contra las emisiones de CO_2 por el panel IPCC y en las conferencias anuales sobre el cambio climático. Estos sistemas de captura de carbono funcionan de forma parecida a otros mecanismos para limitar la contaminación de los gases residuales. Antes de la salida a la atmósfera de los gases de combustión, estos se hacen pasar por algún sistema que absorba el CO_2 del aire, impidiendo que parte de él pueda ser liberado. El CO_2 puede ser absorbido de forma química, como por ejemplo pasando el gas por una disolución de aminas que forman un complejo químico con el CO_2 para posteriormente volver a separar el CO_2 aplicando calor a la mezcla y, una vez liberado, almacenarlo y comprimirlo. También se pueden usar adsorbentes sólidos de carbón activo o membranas para retener el CO_2 y posteriormente liberarlo, aunque son sistemas más caros y menos desarrollados que la absorción en solución de aminas.

Una vez se consigue tener el CO_2 almacenado y comprimido, este se debe llevar a un sumidero donde se pueda inmovilizar. Hay varias posibilidades para almacenar este CO_2 como pueden ser determinadas estructuras geológicas donde en el pasado había bolsas de otras sustancias (como gas natural), acuíferos salinos (que permitirían que el CO_2 quedase disuelto permanentemente en el agua) o directamente su disolución en el agua del océano, aunque esta última posibilidad es bastante polémica.

Estas operaciones de captura de CO_2 pueden llegar a retener entre el 80 y el 90% del CO_2 que se genera en las plantas térmicas ya que, aunque técnicamente se podría capturar prácticamente el 100%, eso dispararía los costes energéticos del proceso. Aun así, los sistemas de captura de carbono no se están utilizando actualmente porque consumen bastante energía y por tanto aumenta los costes de producción de la electricidad entre un 30 y un 70%, mucho más que los costes de emisión de CO_2 incluso en los países donde este es más caro. Y hablamos solo de los costes de separación y almacenamiento temporal, también hay que tener en cuenta el coste a la hora de almacenar el CO_2 en yacimientos geológicos o en medios líquidos.

Esta captura y almacenamiento de CO_2 es un proceso que recuerda al proceso natural por el que el CO_2 ha sido almacenado bajo tierra en forma de combustibles fósiles en eras anteriores, aunque en este caso existen dudas sobre la capacidad de contención del gas a largo plazo. Desde determinados sectores se mira con bastante recelo estos sistemas, ya que consideran que servirían de excusa para que las plantas de carbón siguiesen funcionando y que no se avanzase hacia una descarbonización de la economía.

Los sistemas de captura y almacenamiento de carbono capturan el CO_2 antes de ser emitido, pero realmente no extraen el CO_2 del aire, donde este se encuentra en concentraciones muy bajas. Sin embargo, hay otros proyectos que sí lo hacen y que en cierta manera pretenden revertir el cambio climático mediante cierto tipo de ingeniería climática que afectaría a la composición de la atmósfera de la tierra y por tanto a su clima. Una forma que rozaría la ingeniería climática sería utilizar el sistema anterior en plantas que funcionasen con biomasa. La materia vegetal sería la encargada de absorber el CO_2 del aire y, cuando esta se quemase, se absorbería el CO_2 de las emisiones para capturarlo posteriormente. De forma neta hablaríamos de una extracción de CO_2 de la atmósfera, aunque fuese gracias a la acción fotosintética de las plantas.

Un sistema más artificial es el que ha instalado la empresa suiza Climeworks que inauguró en 2017 una instalación que absorbe el CO_2 del aire. Esta instalación está compuesta por enormes ventiladores que succionan aire y lo hacen pasar por unos filtros impregnados con aminas que absorben el CO_2. Una vez están saturados, se calientan y liberan el CO_2 impregnado, que se almacena comprimido. En la instalación desarrollada en Suiza este CO_2 va a parar a un invernadero, donde se usa para la fertilización carbónica, representando *de facto* un sistema de eliminación del CO_2 atmosférico. También se ha instalado una de estas máquinas de forma experimental en una central geotérmica islandesa, donde el CO_2 disuelto se inyecta bajo tierra hacia un depósito de rocas basálticas donde queda fijado. Aunque el objetivo de esta empresa es suministrar CO_2 «limpio» a empresas que lo requieran, como invernaderos, embotelladoras de refrescos gaseosos o empresas energéticas, ayudando a que no se genere CO_2 adicional, bien podría servir para retirar CO_2 atmosférico. Eso sí, se necesitarían setenta y cinco millones de estas máquinas para absorber todas las emisiones de CO_2

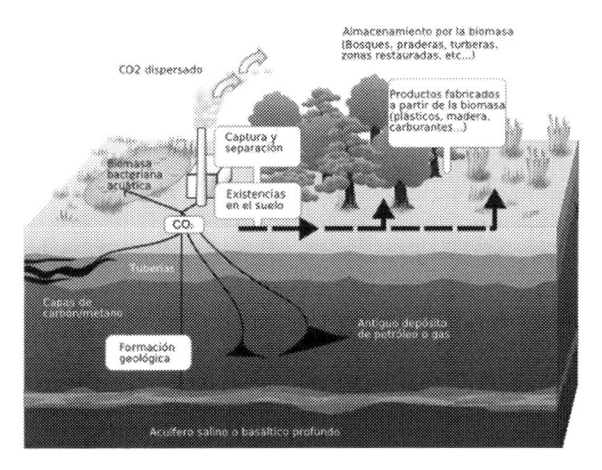

Esquema que muestra las distintas alternativas de captura y fijación del CO_2. Además de la captura y fijación natural del CO_2 por parte de las plantas, están las alternativas tecnológicas como su almacenamiento en formaciones geológicas o antiguos yacimientos, o su disolución en acuíferos subterráneos o aguas superficiales. Imagen: LeJean Hardin y Jaime Payne, cortesía del Oak Ridge National Laboratory, Department of Energy. Modificado por Ortisa.

que generan los seres humanos, así que por ahora no resulta una solución ni remotamente factible.

Otros sistemas de absorción del CO_2 atmosférico se han basado en las microalgas, que tienen una velocidad de absorción del CO_2 mucho mayor a las de una planta debido a su rápido crecimiento. Uno de los sistemas que se está estudiando es el cultivo de microalgas alimentadas con los gases de salida de las centrales térmicas con el objetivo de absorber parte de este CO_2 y poder generar biocombustibles con ellas. Uno de estos proyectos fue el programa CO_2Algaefix (fijación de CO_2 por algas) que instaló una planta experimental junto a la central de ciclo combinado de Arcos de la Frontera en Cádiz, España, lugar ideal para al crecimiento de estas microalgas por su alta radiación solar y altas temperaturas. Proyectos similares se están desarrollando en Australia, India y otros países.

Otro ejemplo son unas lámparas creadas con algas bioluminiscentes que absorben el CO_2 del aire y, a la vez, producen luz. Su potencial de eliminación de CO_2 de la atmósfera, no obstante, es relativamente residual, ya que una de estas lámparas puede absorber más o menos el mismo CO_2 que un árbol. Hay incluso proyectos para generar comida en microbioreactores gracias a microorganismos que absorben el CO_2 atmosférico, aunque en este caso se trata de bacterias y no de algas.

En definitiva, la retirada de CO_2 de la atmósfera o de las fuentes de emisión comienza a ser un campo de estudio cada vez más importante y parece que soluciones de este tipo van a comenzar a ser implantadas en algunos lugares. En un futuro lejano, si no hemos conseguido reducir las emisiones de CO_2 y paliar los efectos del cambio climático, podrían llegar a ser la única manera de arreglar el destrozo causado. Pero hoy por hoy la mejor manera de retirar el CO_2 de la atmósfera sigue siendo cuidar de nuestra biodiversidad y de nuestros bosques. La mejor manera de evitar que suba la concentración de CO_2 en la atmósfera es, sencillamente, no emitirlo.

99

¿Es el decrecimiento la única solución para el planeta?

El decrecimiento es una teoría socioeconómica que aboga por la reducción de la producción económica y, por tanto, por extirpar la idea del crecimiento económico como base del progreso social mundial. Es una rama del movimiento ecologista que se opone parcialmente a los defensores del desarrollo sostenible, quienes opinan que se puede seguir creciendo económicamente pero reduciendo el impacto ambiental de las actividades humanas.

El decrecentismo proviene tanto de las ideas del economista rumano Nicholas Georgescu-Roegen que consideraba que la idea de un crecimiento exponencial era absurda e imposible en un planeta de recursos limitados, como del informe «Los límites del crecimiento» publicado en 1972 pronosticaba que en los siguientes cien años se alcanzarían los límites de sostenibilidad en la tierra si se seguían las dinámicas de crecimiento económico de ese momento. Además de estas raíces, el decrecentismo tiene ciertas bases filosóficas y éticas que reflexionan sobre la inserción del ser humano en la naturaleza y sobre un modo de vida que no persiga como fin principal el consumo y la producción sino un tipo de vida más simple.

El argumento central de los decrecentistas es que los seres humanos actualmente consumen más recursos que los que la naturaleza es capaz de generar, por lo que la estructura de crecimiento va inevitablemente hacia el colapso de recursos y, por tanto, hacia un colapso económico. Entre los recursos que se pueden agotar se encuentran los combustibles fósiles, ciertos minerales, especies animales o, en el caso de recursos como el agua dulce, se puede llegar a necesitar una cantidad mayor a su tasa de reposición natural, lo que provocaría un colapso temporal.

La teoría del decrecimiento tiene claras implicaciones en el mundo de la energía. Obviamente los recursos fósiles son limitados y es evidente que, independientemente del ritmo de consumo, se va a llegar finalmente a un colapso en su producción y por tanto a su fin. Sin embargo, los decrecentistas van más allá y se oponen a la visión optimista de los defensores de la descarbonización de la economía y de promoción de las energías renovables, ya que consideran que es imposible satisfacer la demanda energética mundial en base a energías renovables o con unas tasas de impacto ambiental asumibles. Por tanto, y al igual que en su idea general sobre los recursos, consideran necesario reducir el consumo energético mundial mediante un replanteamiento del estilo de vida de las sociedades modernas.

Los decrecentistas prevén un escenario donde los habitantes de todo el planeta van a aspirar a tener un consumo energético como el existente en los países occidentales, lo que unido al aumento de la población mundial hará inviable su satisfacción. La energía será cada vez más cara y el mantenimiento del crecimiento económico requerirá cada vez más consumo de energía, por lo que se entrará en una espiral insostenible. Respecto a las nuevas fuentes de energía renovables se muestran escépticos y piensan que serán insuficientes para satisfacer tal demanda, que habrá problemas en cuanto a la existencia de recursos naturales suficientes (silicio, litio, etc.) para poder crear las infraestructuras renovables necesarias y que, en cualquier caso, el cambio a un sistema energético íntegramente renovable no se podrá alcanzar antes de que suceda el colapso.

Uno de los indicadores más usados por los decrecentistas es la huella ecológica, un indicador que muestra el impacto ambiental que ejerce la demanda humana sobre los recursos disponibles y la posibilidad de la tierra para regenerarlos. Se mide en unidades de superficie ecológicamente productiva para producir esos recursos y absorber los residuos que un ciudadano genera. Según las estimaciones, cada habitante de la tierra necesitaría 2,87 hectáreas ecológicamente productivas para poder absorber su impacto ecológico, pero

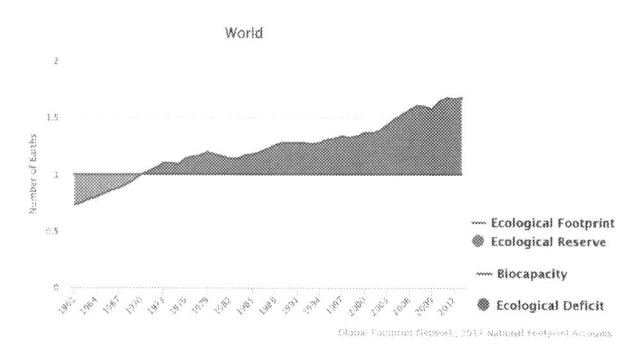

Huella ecológica de la sociedad humana entre 1961 y 2012. Como se puede observar, el impacto de los seres humanos fue inferior a la capacidad de absorción del planeta hasta 1970, a partir de ahí cada año se ha generado un déficit ecológico que, además, es creciente. En el eje de ordenadas tenemos el número de «planetas tierra» que serían necesarios para absorber el impacto humano, que en 2012, el último año estudiado, estaba en 1,7 planetas. Imagen cortesía de Global Footprint Network.

si dividimos la superficie ecológicamente productiva de la tierra por sus habitantes actuales obtenemos que cada ciudadano dispone solamente de 1,71 hectáreas. Este resultado implica que necesitaríamos un 70% adicional de superficie del planeta (o 1,7 planetas) para que nuestro impacto fuese asumible por el ecosistema. Otra manera en que se suele presentar este resultado es en escala anual y, en ese caso, el 2 de agosto de 2017 la humanidad ya habría consumido todos los recursos que la tierra puede regenerar anualmente, a partir de ahí estaríamos realizando un consumo e impacto insostenible.

No todos los países tienen la misma huella ecológica. Si todos los ciudadanos tuviesen el impacto de los ciudadanos de Estados Unidos o Australia, se necesitarían cinco planetas para poder convertir su impacto en sostenible, tres planetas en el caso de franceses y alemanes, y dos y medio en caso de italianos y españoles. Si comparásemos los países o regiones respecto a su entorno natural, veríamos que el impacto de los ciudadanos de regiones como América Latina u Oceanía estarían dentro de los límites sostenibles de sus regiones (que tienen menos densidad de población y más recursos naturales), mientras que la mayoría del resto del mundo lo superaría con creces.

La quema de combustibles fósiles representa el 60% de este impacto ambiental, por lo que aun reduciendo el 50% de las emisiones de CO_2 estaríamos todavía sobrepasando el límite ecológico de la tierra en un 20% (1,2 planetas). Una total descarbonización de la generación de energía sí parece que nos situaría dentro de los límites del planeta, pero para conseguirla se ocasionarían nuevos impactos y habría que estudiarlos para poder asegurarlo.

Las tendencias actuales se alinean claramente con el desarrollo sostenible y no plantean escenarios decrecentistas, que representarían un cambio radical en la economía mundial, orientada totalmente al crecimiento. Sin embargo, de fracasar estas políticas quizá esas teorías tomen fuerza en el futuro en todas sus posibles variantes. En cualquier caso, las teorías decrecentistas son interesantes, sobre todo porque llegará el día que inevitablemente la población mundial dejará de crecer, en ese momento iremos a un decrecimiento forzado por la demografía y eso tendrá un impacto evidente en la economía mundial y en la forma como esta se ha concebido.

100

¿Llegaremos a ver un mundo donde la energía sea 100 % renovable?

Quizá la pregunta no debería ser si llegaremos a ver un mundo con energía 100 % renovable, sino cuándo vamos a ver un mundo con energía 100% renovable, ya que por la propia definición de las energías no renovables estas son finitas y acabarán desapareciendo en algún momento por puro agotamiento o bien porque dejarán de usarse antes. El futuro a largo plazo es, por tanto, un mundo con fuentes de energía de base renovable, inagotables y con impactos ambientales asumibles, es la única manera de garantizar la pervivencia del ser humano y de su sociedad en los siglos y milenios venideros.

Los seres humanos ya disponemos de la tecnología necesaria para que esto sea así. Tenemos muchas fuentes diferentes de energía renovable que son capaces de producir la energía que necesitamos y disponemos de alternativas renovables para cualquiera de los usos energéticos que tenemos como sociedad. Nos falta la infraestructura para que esto sea así, pero podemos crearla a medio plazo sin que haya un impedimento técnico insalvable.

No lo hacemos porque, al menos hasta ahora, no nos parecía rentable en un sentido estrictamente económico. Quemar carbón, derivados del petróleo o gas natural es una forma fácil de generar energía; hemos creado nuestras infraestructuras energéticas en base a ellas, ya tenemos los pozos de hidrocarburos, las minas y la tecnología para hacer funcionar la rueda de los combustibles fósiles. De la misma manera, tenemos centrales nucleares amortizadas y una estructura creada para su funcionamiento. Es natural que haya resistencias a abandonar algo que funciona, que es cómodo y que siempre hemos conocido.

Afortunadamente, poco a poco hemos conseguido interiorizar que la generación de energía no renovable tiene unas enormes externalidades negativas. La emisión de contaminantes como los óxidos de nitrógeno o azufre y las partículas afectan a la salud de millones de personas y acortan su esperanza de vida. La emisión de enormes cantidades de CO_2 está cambiando el clima y comenzamos a entender que eso puede tener un impacto económico y vital directamente incalculable. Con los residuos nucleares, sencillamente, no sabemos qué hacer a largo plazo.

Estas externalidades implican que ya no importa solo qué es más barato entre fuentes renovables y las que no lo son, sino que hay multitud de factores difícilmente monetizables que son esenciales a la hora de tomar decisiones energéticas y que van mucho más allá del mero coste. Hay cosas que el mercado no puede resolver por sí solo y la defensa de la salud y el medio ambiente es un caso clarísimo de esta realidad. Hemos introducido mecanismos de mercado para intentar gestionar estas externalidades (como el coste de CO_2), pero también recurrimos frecuentemente a regulaciones, prohibiciones y limitaciones legales para poder manejar este problema.

Si mañana se implantase una prohibición generalizada al uso de energías no renovables, con un plazo razonable para su entrada en vigor, se podría crear ese sistema totalmente renovable. Quizá requeriría volcar gran parte de los esfuerzos económicos de nuestras sociedades en ello, quizá tendría repercusiones económicas en el crecimiento o en la futura estructura de costes en la economía, pero hacerse se podría hacer, insisto, con un plazo razonable.

Pero además de la cuestión técnica, resulta que las energías renovables sí son rentables desde un punto de vista económico, al menos las más maduras de ellas. Hoy en día se instala energía eólica y solar sin ayudas y de forma plenamente competitiva y la energía hidroeléctrica (la gran hidroeléctrica al menos) siempre ha sido una energía muy competitiva. Las subastas a lo largo del mundo nos muestran que estas energías están batiendo en costes a las energías fósiles y generando electricidad a precios menores. Su hándicap es la intermitencia de muchas de ellas, lo que actualmente no es un problema pero sí lo sería en el caso de suponer estas el pilar del sistema eléctrico, pues obligaría a tener sistemas de almacenamiento de energía. Este es el reto de los próximos años, que los sistemas de almacenamiento sean plenamente competitivos. Esto, además, redundaría en una electrificación masiva del transporte, donde más allá de la electricidad no hay un sistema renovable plenamente confiable, ya que los biocombustibles también generan problemas.

El futuro es renovable y, además, parece que va a ser eléctrico. Usaremos electricidad para producir riqueza y para hacer funcionar nuestras viviendas, pero también para el transporte y la climatización. Y eso no va a aumentar nuestra dependencia de la red eléctrica, al contrario, otra de las tendencias del futuro es hacia una generación cada vez más descentralizada, más autónoma, más democrática si se quiere decir así. Podremos generar nuestra propia electricidad, podremos almacenarla, usarla, venderla y compartirla, dejaremos de ser consumidores para ser *prosumidores*.

Uno de los visionarios más conocidos de nuestra época, el economista estadounidense Jeremy Rifkin, defiende en su libro *La sociedad del coste marginal cero* que en un futuro próximo la generación de energía será renovable, masiva y llegará a costes marginales prácticamente nulos. Existirán unos costes iniciales, cada vez más bajos porque la tecnología se abaratará, pero a partir de ahí crear más energía prácticamente no tendrá coste. Eso ya está pasando con las instalaciones de autoconsumo y, en cierta manera, incluso con el coche eléctrico, ya que una vez se paga el coste del vehículo y la instalación del cargador, cada kilómetro adicional tiene un coste entre seis y siete veces menor que un kilómetro hecho con un coche de combustión.

En cualquier caso, que todo esto sea posible dependerá de que se tomen las medidas políticas y legislativas adecuadas. Para que pueda haber *prosumidores* y que la gente pueda vender su energía debe haber marcos legales que promuevan y faciliten esas interacciones. La tecnología existe y condicionará los futuros desarrollos legales, pero el diablo está en los detalles y estos pueden generar dificultades e impedimentos si no se es cuidadoso con la regulación.

¿Cuándo podremos llegar a ese futuro renovable, eléctrico y descentralizado? Pues es difícil de decir. Ahora estamos en pleno inicio de una transición energética y no es probable que se culmine en menos de un par de generaciones. Quizá muchos países tengan desarrollada esta transición a mediados del siglo XXI, pero los países emergentes pueden llegar más tarde si no existe una implicación honesta y desprendida por parte de los países más ricos para poder culminar esta transición a nivel global. Además, van a existir resistencias por parte de países y grupos a los que beneficia el *statu quo*, como podrían ser los países productores de petróleo.

Y aquí entra la que quizá es la nota pesimista dentro de esta proyección optimista: si esta transición no es rápida o si no se encauza a mediados de siglo, quizá lleguemos demasiado tarde para evitar un cambio climático catastrófico. Si atendemos a las proyecciones climáticas del panel IPCC, no podemos permitirnos parones en esta transición, porque no llegaríamos a tiempo para evitar un aumento de la temperatura de menos de 2 °C y nos iríamos fácilmente por encima de los 3 °C. Un «accidente» en forma de regresión en algún gran bloque o en una ruptura del consenso climático un tanto precario que se ha alcanzado podría dar al traste con todos los objetivos del Acuerdo de París. Afortunadamente parece que la tecnología, en este caso, va a echarnos una mano.

Que nadie dude que esta transición energética (o revolución energética como dicen algunos) ya está aquí y ha llegado para quedarse. Que las empresas petroleras estén invirtiendo en energías renovables, que las empresas energéticas tradicionales usen términos como «revolución solar» o que países como China estén cerrando masivamente plantas de carbón y potencien el coche eléctrico no son casualidades ni síntomas aislados, es la adaptación a una nueva situación que no tiene vuelta atrás.

Decía Víctor Hugo que el futuro tenía muchos nombres, que para los débiles era lo inalcanzable, para los temerosos lo desconocido y para los valientes una oportunidad. Sin la osadía de declararme valiente, creo honestamente que el futuro de la energía abre muchas oportunidades, oportunidades de cambio, de negocio, de evolución tecnológica y también de unir a la humanidad en lo que es un proyecto común que nos muestra la evidente interdependencia que tenemos los unos de los otros. Un futuro que será renovable, que será eléctrico, que será descentralizado y que, por tanto, será un futuro mejor.

Glosario de términos

Aerogenerador: Es un generador eléctrico que convierte la energía mecánica del viento en electricidad gracias al movimiento de una hélice.

Ánodo: Es el electrodo que sufre la reacción de oxidación en una célula electrolítica.

Cátodo: Es el electrodo que sufre la reacción de reducción en una célula electrolítica.

CO_2 equivalente: Medida por la cual se unifica el efecto en el calentamiento global que causan los distintos gases de efecto invernadero. Cada uno de estos gases tiene una equivalencia en CO_2 equivalente que representa la cantidad de CO_2 que causaría ese mismo calentamiento.

Digestor: Tanque cerrado que se usa para el tratamiento de aguas residuales o deshechos biológicos.

Efecto Joule: Es el efecto por el cual una corriente eléctrica que circula por un material conductor pierde parte de su energía en forma de calor.

Energía eólica offshore: Se conoce como eólica *offshore* a la energía eólica que se instala en el mar.

Energía final: Es la energía que es consumida de forma efectiva después de pasar los distintos procesos de transformación y transporte. Siempre es menor que la energía primaria.

Energía primaria: Es la energía bruta contenida en las fuentes de energía naturales antes de ser transformada.

Feed-in-Tariff: Son tarifas especiales y superiores a los precios del mercado eléctrico que se pagan a ciertos generadores, fundamentalmente de energías renovables, para que puedan instalar estas energías. Se pagan con el objetivo de promocionar energías que todavía no son competitivas en el mercado.

Forzamiento radiativo: Es el cambio del flujo neto de energía radiativa que recibe la superficie de la tierra a causa de la presencia de gases de efecto invernadero en la atmósfera.

Fracking: El *fracking* o fractura hidráulica, es una técnica de extracción de hidrocarburos que consiste en la ruptura de la roca madre para extraer el petróleo que se encuentra en su interior.

Garantías de origen: Son certificados sobre el origen renovable de la energía comprada por un consumidor que se emiten en la Unión Europea.

Gas Natural Comprimido (GNC): Gas Natural que se comprime a alta presión para poder ser almacenado en recipientes relativamente pequeños. Es habitual en la industria y en la automoción.

Gases Licuados de Petróleo (GLP): Combustible basado en una mezcla de gases que se licuan a presiones relativamente bajas, fundamentalmente propano y butano.

Generación distribuida: Se conoce por este término a aquella generación de electricidad que se produce en pequeñas instalaciones a lo largo de un sistema eléctrico, en contraste con la generación centralizada que se produce en grandes plantas generadoras.

Hub: Es el término por el que se conoce a los principales mercados en que se negocia gas natural.

Huella de carbono: Representa la cantidad de CO_2 emitida directa o indirectamente por cualquier persona, fuente de energía o actividad, durante todo su ciclo de vida.

Intensidad de carbono: Cantidad de CO_2 emitida por unidad de PIB en un país determinado. Es una medida relacionada con la eficiencia energética y la descarbonización de una economía.

Levelized cost of electricity (LCOE): Parámetro que mide el coste de generar electricidad de una fuente de energía en función de los costes que tiene durante toda su vida útil.

Mercado marginalista: Es un tipo de mercado eléctrico en el que el precio lo marca la última de las ofertas que entra a cubrir la demanda de electricidad, que es la más cara de entre todas las ofertas aceptadas. Todos los productores cuyas ofertas hayan sido aceptadas al tener un precio por debajo de ese precio de casación, cobrarán ese precio más alto independientemente de lo que hayan ofertado.

Mercado *pay-as-bid*: Es un tipo de mercado eléctrico donde los productores cobran exactamente el precio que han ofertado en caso de que su oferta sea aceptada. El precio de mercado se genera por la media de las ofertas aceptadas, no por la más alta de ellas como en los mercados marginalistas.

Mix eléctrico: También conocido como matriz eléctrica, es la combinación de fuentes de energía que cubren el suministro eléctrico de un país.

Peak Oil: Momento en que la producción de petróleo alcanzará su máximo absoluto. Según la teoría del *Peak Oil*, a partir de ese momento la producción descenderá progresivamente y los precios del petróleo se incrementarán fuertemente provocando importantes problemas económicos.

Power Purchase Agreement (PPA): Es un contrato de compraventa de energía a largo plazo. Son muy habituales en el desarrollo de proyectos de energía renovable, ya que garantizan al productor los ingresos necesarios para poder realizar la inversión con garantías.

Precio de casación: En los mercados de electricidad, se conoce como precio de casación a aquel que se produce por el cruce de las ofertas de compra y venta de electricidad. Es el precio de la última oferta necesaria para cubrir la demanda, y es por tanto el más caro entre todas las ofertas aceptadas.

Radiación horizontal global (*global horizontal irradiation*, GHI): Suma de la radiación solar difusa y la radiación solar directa multiplicada por el coseno del ángulo que forman el suelo y el sol.

Radiación solar difusa (*diffuse horizontal irradiation*, DHI): Radiación solar que llega a la tierra proveniente de la atmósfera a causa de la dispersión de parte de la radiación solar en la misma.

Radiación solar directa (*direct normal irradiation*, DNI): Radiación solar que llega a la tierra directamente del sol.

Revisión de pares: Es una práctica usada para la valoración de artículos científicos, por la cual los «pares» de los científicos, es decir, otros científicos de su mismo campo y especialidad, validan la calidad y adecuación de los artículos de sus colegas.

Sistemas *cap an trade*: Son regulaciones que pretenden incentivar la reducción de un determinado contaminante mediante la combinación de limitación en la emisión de ese contaminante y la posibilidad de comerciar con derechos de emisión del mismo.

Smart City: Una *Smart City* o ciudad inteligente es aquella ciudad que usa las tecnologías de la información y la comunicación para mejorar los servicios urbanos, garantizar la eficacia y eficiencia de los mismos y promover el desarrollo sostenible.

Trust: Un *trust* es una asociación de empresas de un mismo sector que se unen para alcanzar una situación prácticamente de monopolio.

Vehicle to Grid (V2G): Es un sistema, todavía en desarrollo, por el cual las baterías de los coches eléctricos forman parte del sistema eléctrico en los momentos en que estén enchufados a la red, que puede ceder energía a la misma y aportaría así un ingreso al propietario del vehículo.

BIBLIOGRAFÍA

BIBLIGRAFÍA CONSULTADA:

ALANNA, P. y TALL, Y. «What it costs to produce oil». En: *CNN MONEY*. http://money.cnn.com/interactive/economy/the-cost-to-produce-a-barrel-of-oil/index.html?iid=EL

ANDEREGG, W. L., PRALL, J. W., HAROLD, J. y SCHNEIDER, S. H. «Expert credibility in climate change». En: *Proceedings of the National Academy of Science*, 2010, n.º 27, vol. 107: 12107-12109. http://www.pnas.org/content/pnas/107/27/12107.full.pdf

ARANDA USÓN, J. *Guía de mercados energéticos*. Zaragoza: Prensas de la universidad de Zaragoza, 2013.

COOK, J. ET AL. «Quantifying the consensus on anthropogenic global warming in the scientific literature». En: *Environmental Research Letters*, 2013. n.º 8, 024024. http://iopscience.iop.org/article/10.1088/1748-9326/8/2/024024/pdf

DERRY, T.K. y WILLIAMS, T. I. *Historia de la tecnología: Desde 1750 a 1900 (II)*. Madrid: Siglo Veintiuno de España editores, 1977.

GUTIÉRREZ FUMERO, J. «Aprovechamiento de la energía de las olas. Energía Undimotriz». Trabajo de fin de grado. Santa Cruz de Tenerife: Escuela Politécnica superior de ingeniería, sección de náutica, máquinas y radioelectrónica naval; Universidad de la Laguna, 2016.
https://riull.ull.es/xmlui/handle/915/2522

FERNÁNDEZ DIEZ, P. «Energía geotérmica», En: *Libros sobre Ingeniería Energética*
http://files.pfernandezdiez.es/EnergiasAlternativas/geotermica/PDFs/01Geot.pdf

HAMEL FONSECA, J. «Celdas, pilas y baterías de ion-litio una alternativa para...???». En: *Journal boliviano de ciencias*, 2011, n.º 22, vol. 8: 40–47.

JACOBSON, M. Z., DELUCCI, M. A., BAUER, Z. A. F., et al. «100 % Clean and Renewable Wind, Water and Sunlight All-sector Energy Roadmaps for 139 Countries of the World». En: *Joule*, 2017, vol. 1: 1–14.
https://www.sciencedirect.com/science/article/pii/S2542435117300120?via%3Dihub

LINARES HURTADO, J. I. y MORATILLA SORTA, B. Y. *El hidrógeno y la energía*. Madrid: Asociación de ingenieros del ICAI y Universidad Pontificia de Comillas, 2007.
http://www.foronuclear.org/pdf/el_hidrogeno_y_la_energia.pdf

LÓPEZ RIDER, J. «La producción de carbón en el reino de Córdoba a fines de la Edad Media: Un ejemplo de aprovechamiento del monte mediterráneo». En: *Anuario de estudios medievales*, 2016, n.º 46, vol. 2: 819-858.

LUND, J.W. y BOYD, T.L. «Direct Utilization of Geothermal Energy 2015 Worldwide Review». En: *Proceedings World Geothermal Congress, 2015*.

https://pangea.stanford.edu/ERE/db/WGC/papers/
WGC/2015/01000.pdf

Menéndez Díaz, J. A. *El carbón en la vida cotidiana: De la pintura rupestre al ascensor espacial*, España: Bubok, 2012.

Meléndez Hevia, F. «El origen del petróleo». En: *Revistas científicas complutenses*, 1982.
Recuperado de: https://revistas.ucm.es/index.php/COPA/article/download/COPA8282110061A/34403

Pérez Arriaga, J. I. *Libro blanco sobre la reforma del marco regulatorio de la generación eléctrica en España*. Madrid: Ministerio de Industria, Turismo y Comercio, 2005.

Schallenberg Rodríguez, J. C., Piernavieja Izquierdo, G., Hernández Rodríguez, C. et al. «Energías renovables y eficiencia energética». Instituto tecnológico de Canarias, 2008.

Tipler, P. A. y Mosca, G. *Física para la ciencia y la tecnología*, Barcelona: Editorial Reverté, 2012.

VV. AA. «Nuclear Power Reactors in World». En: *Reference data series*. International Atomic Energy Agency Vienna, 2017, n.º 2.
https://www-pub.iaea.org/MTCD/Publications/PDF/RDS_2-37_web.pdf

Vian Ortuño, A. *Introducción a la química industrial*. Barcelona: Editorial Reverté, 1994.

Webgrafía consultada

2016 Annual Report. Executive Committee of Ocean Energy Systems, 2017.
https://tethys.pnnl.gov/sites/default/files/publications/OES-Annual-Report-2016.pdf

Geothermal Power: Technology Brief. International Renewable Energy Agency, 2017.
> http://www.irena.org/-/media/Files/IRENA/Agency/Publication/2017/Aug/IRENA_Geothermal_Power_2017.pdf

Global EV Outlook 2017. International Energy Agency, 2017.
> http://www.iea.org/publications/freepublications/publication/GlobalEVOutlook2017.pdf

Hydropower Status Report 2017. International Hydropower Association, 2017.
> https://www.hydropower.org/2017-hydropower-status-report

Renewable Power Generation Costs in 2017. International Renewable Energy Agency, 2018.
> https://www.irena.org/-/media/Files/IRENA/Agency/Publication/2018/Jan/IRENA_2017_Power_Costs_2018.pdf

World Energy Resources 2016. World Energy Council. 2016.
> https://www.worldenergy.org/publications/2016/world-energy-resources-2016/

Web de la ciudad autónoma de Buenos Aires:
> http://www.buenosaires.gob.ar/

Bibliografía y webgrafía recomendada

BP Statistical Review of World Energy, June 2017. https://www.bp.com/content/dam/bp/en/corporate/pdf/energy-economics/statistical-review-2017/bp-statistical-review-of-world-energy-2017-full-report.pdf
> Este informe anual de la compañía BP es una magnífica fuente de datos para analizar el consumo de energía y emisiones de gran parte de los países del mundo. Se muestran estadísticas relacionadas con el consumo,

reservas y producción de petróleo, carbón y gas natural, y también de consumo de energía nuclear, energía hidráulica, renovables, etc. El informe abarca los diez últimos años y se publica una nueva edición cada año. Hay incluso un programa para descargar y una App para el teléfono móvil que se pueden descargar aquí: https://www.bp.com/en/global/corporate/energy-economics/energy-charting-tool.html

Climate Change 2013. The Physical Science Basis. Intercontinental Panel on Climate Change (IPCC). Cambridge University Press, 2013.

El informe completo del grupo I del panel IPCC es este informe de 1.552 páginas que explica las bases físicas del cambio climático y que se puede encontrar en este link: http://www.climatechange2013.org/images/report/WG1AR5_ALL_FINAL.pdf

El informe está en inglés, pero existe una versión resumida de solo 34 páginas en español en este link: http://ipcc.ch/pdf/assessment-report/ar5/wg1/WG1AR5_SPM_brochure_es.pdf

Global Power Plant Database. World Resource Institute. 2018. https://resourcewatch.org/data/explore/Powerwatch

En esta base de datos se pueden consultar las centrales eléctricas que hay en el mundo, su naturaleza, potencia instalada y generación estimada. Hay varias formas de consultar los datos, pero la más llamativa es verlos situados en el mapa del mundo, pudiendo observar dónde se encuentra cada central. La base de datos se actualiza trimestralmente.

Global Solar Atlas. The World Bank Group. 2016. http://globalsolaratlas.info/

En esta interesante aplicación web se puede consultar la radiación solar media de todos los lugares del mundo. Desarrollada por el Banco Mundial, es una herramienta excelente tanto para particulares como para profesionales que quieran valorar la posibilidad de instalación de energía solar en un determinado lugar.

Global Wind Atlas. The World Bank Group. 2017. https://globalwindatlas.info/

De la misma manera que en el caso de la radiación solar, el Banco Mundial también facilita esta aplicación para consultar el potencial eólico de todos los lugares de la tierra.

MENÉNDEZ DÍAZ, J.A. *El carbón en la vida cotidiana: De la pintura rupestre al ascensor espacial*, Bubok, 2012.

Un libro centrado en el carbón o, mejor dicho, en todos aquellos compuestos del carbono. Libro de fácil lectura y lleno de curiosidades, cuyo autor es un reputado científico del Instituto Nacional del Carbón (INCAR) perteneciente al Centro Superior de Investigaciones Científicas (CSIC) español.

SCHALLENBERG RODRÍGUEZ, J.C., PIERNAVIEJA IZQUIERDO, G., HERNÁNDEZ RODRÍGUEZ, C. et al. «Energías renovables y eficiencia energética». Instituto tecnológico de Canarias, 2008.

Este libro está concebido como material docente para alumnos de bachillerato y ciclos formativos, siendo gratuito para ese fin. A pesar de ser un libro relativamente básico resulta muy interesante porque ofrece una visión global de todas las energías renovables sin entrar en complejidades excesivas.

TIPLER, P. A. y MOSCA, G. *Física para la ciencia y la tecnología*. Barcelona: Editorial Reverté. 2012.

Se trata de un libro bastante técnico, pensado para niveles universitarios, en el que se puede ampliar información sobre cuestiones como las reacciones nucleares, el funcionamiento de los semiconductores o el efecto fotoeléctrico.